재정판

울릉도와 독도

재정판

울릉도와 독도

송병기 지음

단국대학교출판부

서 문

이 책의 전전신인 『울릉도와 독도(鬱陵島와 獨島)-그 역사적 접근-』(단국대학교출판부, 1999)을 펴낸 것이 지금부터 8년 전의 일이다. 저자가 발표해 온 울릉도·독도관계 중요 논고들을 시대순으로 배열 정리하고 결론을 겸해서 「독도한국영유권론」을 부기(附記)한 것이었다.

『울릉도와 독도』는 그동안 독자 여러분들의 아낌을 받아왔다. 그러나 작금의 울릉도·독도에 관한 국민적 관심으로 미루어볼 때 보다 읽기 쉽고 정확한 개설서의 발간이 요청되었다. 이에, 비록 논문 모음이기는 하지만, 울릉도와 독도의 역사를 개설하였다고 할 수 있는 제1~5장을 수정 보완하고 제6장 독도한국영유권론을 재정리하는 한편 각주와 그 밖의 부득이한 경우를 제외한 일체의 서술을 한글로 한 『고쳐 쓴 울릉도와 독도』(단국대학교출판부, 2005)를 내놓게 되었다.

그러나 『고쳐 쓴 울릉도와 독도』도 여전히 만족스럽지 못하였다. 읽기는 다소 쉬워졌는지 모르지만 '정확한 개설서'와는 아직 거리가 있다고 생각되기 때문이다. 그리하여 책이 나오자마자 수정 보완작업에 들어갔고 1년여의 작업 끝에 『재정판 울릉도와 독도』를 내놓게 되었다. '재정판(再訂版)'의 '재정'은 '다시 고쳐 썼다'

는 뜻으로 사용한 것이다.

수정 보완작업은 책 전체(1~6장)에 걸쳐서 이루어졌다. 안용복(安龍福)의 활동과 조일간의 울릉도 영유권 분규를 검토하면서는 한국·일본의 관계 자료의 재해석도 시도하였다. 그 결과 전 6장이 8장으로 불어났고 제8장은 각 절의 제목(명칭)을 조정·통합하게 되었다. 또 각 장(1~5장)의 맺음말은 본문이나 8장의 각 절과 중복되기도 하여 빼버렸다. 그러고 보니 외형적으로나마 개설서의 면모를 갖추게 되지 않았는가 싶다. 이 작은 책자가 울릉도와 독도의 역사를 이해하는데 기여하기를 기대한다.

이 책을 펴내는 데는 여러분들의 도움이 있었다. 특히 한국학중앙연구원 한국학대학원 박사과정의 홍정원(洪政阮) 군의 노고는 잊을 수 없다. 컴퓨터에 어둡고 수족이 불편한 저자를 대신하여 끝없이 되풀이되는 원고 및 교정지의 입·출력 작업을 맡아 묵묵히 처리하여 주었다. 멀리 미국 UCLA에서 연구 중인 박성순(朴性淳) 군은 귀한 시간을 할애하여 교정을 보아 주었다. 두 사람에게 지면을 빌어 고맙다는 말을 전한다. 또 출판을 쾌히 응낙해 준 출판부장 강재철(姜在哲) 교수, 그리고 출판부 여러 선생들에게도 감사하다는 말씀을 드린다.

2007년 7월

저 자

재판 서 문

저자는 지난 1999년 2월 초에 『울릉도와 독도-그 역사적 접근-』을 펴낸 바 있다. 이 책은 그동안 독자 여러분들의 꾸준한 아낌을 받아왔다. 그러나 작금의 국민적 관심으로 미루어 볼 때, 보다 읽기 쉽고 정확한 울릉도와 독도의 역사·독도의 한국영유권에 관한 개설서의 발간이 절실히 요청되고 있다.

이에 필자는 『울릉도와 독도』의 내용을 대폭적으로 수정할 것을 구상하고, 그 방침을 1) 각주를 제외한 일체의 서술은 한글로 하고 한문은 괄호 안에 넣어 처리한다, 2) 논문을 모은 것이기는 하지만 울릉도와 독도의 역사를 개설한 제1~5장, 특히 제2·3·5장의 내용을 수정 보완하며, 제6장을 개편하여 독도한국영유권을 역사적, 체계적, 종합적으로 재정리한다는 것으로 정하였다. 그리하여 약 1년간의 작업 끝에, 각 장·절의 제목을 바꾸는(1·2·3·6장) 등의 번거로움도 있었지만, 이 책 『고쳐 쓴 울릉도와 독도』를 내놓게 되었다. 이 작은 책자가 독도 문제의 역사적 검토에 일정한 기여가 있기를 기대한다.

이 책이 나오기까지에는 여러 분들의 도움이 있었다. 단국대학교출판부에서는 어려운 재정 형편에도 불구하고 출판을 쾌히 응낙해 주었다. 출판부장 강재철(姜在哲) 교수와 출판차장 백경태(白

景台)·출판주임 정진형(鄭鎭炯) 선생에게 우선 감사하다는 말씀을 드린다. 교정과 색인 작업을 도와 준 성균관대학교 대동문화연구원 박성순(朴性淳) 연구교수, 입력·교정과 색인 작업을 도와 준 한국학중앙연구원 한국학대학원 박사과정의 홍정원(洪政阮) 군, 편집 등 출판 실무를 맡아 준 출판부 성두현(成斗鉉) 선생, 장정을 맡아 준 이어진(李於眞) 선생에게도 고마운 뜻을 전한다.

2005년 11월

저 자

초 판 서 문

이 책, 『울릉도와 독도(鬱陵島와 獨島)-그 역사적 접근-』은 저자가 그동안 발표하여 온 「고종조(高宗朝)의 울릉도 · 독도(鬱陵島 · 獨島) 경영(經營)」(한국근대사자료연구협의회 편, 『독도연구<獨島硏究>』, 1985, 소수) 등 울릉도 · 독도 관계 논문들을 재정리하여 수록하고, 여기에 연표와 참고 문헌 및 색인 등을 덧붙인 것이다.

그러니까 벌써 20년 전의 일이다. 1978년 4월에 한국사학회(韓國史學會)의 최영희(崔永禧) 선생을 중심으로 한 연구협의회(硏究協議會)가 구성되었다. 한 · 일 간에 논란이 되어 온 독도(獨島) 연구를 목적으로 한 것이었다. 저자도 연구위원으로 이 계획에 참여하여 고종조(高宗朝)의 독도(獨島) 경영(經營)을 담당하게 되었다. 이것이 저자의 독도 연구의 시작이었다.

고종조의 독도 경영에 관한 연구에 착수하면서 우선 다음 두 가지 점에 유념하기로 방침을 정하였다. 첫째, 독도는 울릉도와 모자 관계에 있는 섬이요, 오랫동안 무인도로 있었으므로, 그 연구는 오히려 울릉도를 중심으로 하여야 한다는 것이며, 둘째, 종전의 연구 성과에 비추어 볼 때 자료 수집, 특히 조선 후기 이래의 한국 문화의 보고라고 할 수 있는 규장각(奎章閣) 소장 자료의 활용이 절실히 요청된다는 것이었다(「고종조의 울릉도 · 독도 경영」, 머리말 참조).

이런 방침에 따라 연구 주제를 고종조의 울릉도 경영으로 고쳐 잡는 한편, 관계 자료의 수집을 위하여 연구 첫해의 여름방학을 꼬박 규장각에서 보냈다. 그 결과 울릉도와 독도에 관한 적지 않은 자료를 수집할 수 있었다(본서 부록 2, 참고 문헌 참조). 그 중에서도 「각관찰도안(各觀察道案)」 1(의정부 외사국<議政府 外事局>)에 편철되어 있는 강원도관찰사서리 춘천군수 이명래(江原道觀察使署理 春川郡守 李明來)의 의정부 참정대신(議政府 叅政大臣)에게 보낸 '보고서호외(報告書號外)'의 발견은 망외의 소득이었다. 이 보고서에는 고(故) 신석호(申奭鎬) 교수가 울릉도청에서 발견한(1947), 그러나 지금은 실전(失傳)하는 울도군수(欝島郡守) 「심흥택 보고서 부본(沈興澤報告書 副本)」의 내용이 그대로 수록되어 있고, 그 말미에는 독도의 일본 영유를 부인하는 참정대신(叅政大臣)의 '지령(指令) 제3호'도 실려 있다(본서 [도판 10] 참조).

집필에 들어간 것은 1979년 여름부터였다. 목차는 다음과 같이 정하였다. (1) 17세기 말 이후의 울릉도(鬱陵島) 수토제도(搜討制度)의 확립(確立), (2) 검찰사(檢察使) 이규원(李奎遠)의 파견(派遣)과 울릉도(鬱陵島) 개척(開拓), (3) 울릉도(鬱陵島)의 지방관제(地方官制) 편입(編入)과 석도(石島), (4) 일본(日本)의 「량고도」(독도) 영토 편입(領土編入)과 울도군수(鬱島郡守) 심흥택 보고서(沈興澤 報告書). 조선 후기의 수토제도를 포함시킨 것은 그것이 고종조의 울릉도 경영의 배경이 될 뿐 아니라 고종 31년 말(1895년 초)까지 오랫동안 계속되었기 때문이었다.

탈고하는 데는 3년의 시간이 소요되어, 1982년 여름에야 협의회에 원고를 제출할 수 있었다. 초고 상태로였다. 그런데 1985년 6월에 이르러 이 초고는 「고종조(高宗朝)의 울릉도(鬱陵島)·독도(獨島) 경영(經營)」으로 개제(改題)되어 다른 연구위원들의 논문과 함께 『독도연구(獨島研究)』로 간행되었다. 교정을 제대로 못 본

채였다. 거기에다 간행되자마자 이 책은 공개가 금지되었다.

이에 수정·보완도 할 겸, 「고종조의 울릉도·독도 경영」의 내용을 학계에 소개하기로 하였다. 먼저 위의 (1)·(2)를 한데 묶은 「조선 후기·고종조(朝鮮 後期·高宗朝)의 울릉도(鬱陵島) 수토(搜討)와 개척(開拓)」을 『최영희선생화갑기념한국사학논총(崔永禧先生華甲紀念韓國史學論叢)』(탐구당, 1987)에 발표하였고, 이어 「일본(日本)의 '량고도(독도)' 영토 편입(領土 編入)과 울도군수(鬱島郡守) 심흥택 보고서(沈興澤 報告書)」를 『윤병석교수화갑기념한국근대사논총(尹炳奭敎授華甲紀念韓國近代史論叢)』(지식산업사, 1990)에, 「울릉도(鬱陵島)의 지방관제(地方官制) 편입(編入)과 석도(石島)」를 『국사관논총(國史館論叢)』 23(국사편찬위원회, 1991)에 발표하였다.

한편, 조선 후기 이후의 울릉도·독도 문제를 살피다 보니 그 전 시대, 특히 내륙으로부터 사람들의 왕래가 점차 빈번해지는 고려 중·후기 내지 조선 초기의 울릉도와 독도 문제에도 관심을 갖지 않을 수 없었다. 「조선 초기(朝鮮 初期) 지리지(地理志)의 우산(于山)·울릉(무릉)도기사(鬱陵<武陵>島記事) 검토(檢討)」(『용암차문섭박사화갑기념논총 조선시대사연구<龍巖車文燮博士華甲紀念論叢 朝鮮時代史硏究>』, 신서원, 1989)는 그렇게 해서 나온 것이었다. 그리고 독립기념관 부설 한국독립운동사연구소의 요청에 따라 각 논문에서 다룬 독도의 한국 영유와 관련된 내용을 재정리한 「자료(資料)를 통해 본 한국(韓國)의 독도(獨島) 영유권(領有權)」도 발표하였다(『한국독립운동사연구』 10, 1996). 이제까지의 울릉도·독도 연구에 대한 결론을 겸한 것이었다고 할 수 있다.

이렇게 정리하다 보니 책으로 묶고 싶은 욕심도 생겼다. 그리하여 이미 발표한 논문들을 재검토하기 시작했다. 그 결과 「조선 후기·고종조(朝鮮後期·高宗朝)의 울릉도(鬱陵島) 수토(搜討)와 개척(開拓)」은 조선 후기와 고종조의 울릉도 경영으로 나누되, 특히 전자의 경우 『강계고(疆界考)』·『동국문헌비고(東國文獻備考)』·『만기요람(萬機要覽)』의 울릉도·독도 기사에 관한 철저한 분석이 필요하며, 「조선 초기(朝鮮 初期) 지리지(地理志)의 우산·울릉(무릉)도기사 검토(于山·鬱陵<武陵>島記事 檢討)」도 수록하는 것이 바람직하다는 판단을 하게 되었다.

그리하여 「조선 후기(朝鮮 後期)의 울릉도(鬱陵島) 경영(經營)」은 「수토제도(搜討制度)의 확립(確立)」이란 부제를 달아 전면 개고하여 작년 12월에 『진단학보(震檀學報)』(86)에 발표하였고, 「고종조(高宗朝)의 울릉도(鬱陵島) 경영(經營)」은 「검찰사(檢察使)의 파견(派遣)과 개척(開拓)」이란 부제를 달아 개고하여(1998) 「김정학교수송수기념논총(金廷鶴敎授頌壽紀念論叢)」(가제<假題>) 간행준비위원회에 제출 중에 있다. 또 「조선 초기 지리지(朝鮮 初期 地理志)…」는 부제로 하고 제목을 「고려 중·후기(高麗 中·後期), 조선 초기(朝鮮 初期)의 울릉도(鬱陵島) 경영(經營)」으로 고쳤으며, 조선 후기의 울릉도 경영을 전면 개고함에 따라 결론에 해당하는 「자료(資料)를 통해 본 한국(韓國)의 독도영유권(獨島領有權)」의 내용도 적절하게 보완하였다.

20년이 넘는, 지리하기까지 했던 울릉도·독도 연구를 마무리 지으면서 두어 가지 밝혀 두고 싶은 것이 있다. 하나는 일본의 울릉도·독도 침략은 일본의 한국 침략의 축쇄판이라는 사실이다. 17세기 말엽의 울릉도 영유권 주장, 1890년대 이후의 일본인들의 울릉도 불법 이주와 주거권(住居權) 주장, 1905년의 독도 병합 선언 등이 그러한 것이었다. 다른 하나는 울릉도의 '울'은 『삼국사기(三國史記)』·『고려사(高麗史)』·『고려사절요(高麗史節要)』·『조선왕조실록(朝鮮王朝實錄)』·『승정원일기(承政院日記)』 등의 자료는 물론 조선 후기의 정부 문서 거의 전부가 '欝'자를 쓰고 있다는 사실이다. 모두 우리가 되새겨 보아야 할 것들이다.

이 책을 출판함에 즈음하여 저자로서 감사의 말씀을 드려야 할 분들이 너무 많다. 먼저 저자에게 울릉도·독도 연구의 계기를 마련해 주신 한국근대사자료연구협의회장(韓國近代史資料硏究協議會長) 최영희(崔永禧) 선생께 고맙다는 말씀을 드리고 싶다. 한 해 여름방학 내내 매일 수백 건의 자료를 묵묵히 찾아서 날라다 주신 서울대학 내 규장각의 이상은(李相殷, 현 민창문화사<民昌文化社> 대표)·조광옥(趙廣玉) 선생, 일본 측 자료를 수집해 주신 국사편찬위원회 임영정 편사연구관(林英正 編史硏究官, 현 동국대 역사학과 교수)과 단국대 국문학과 황패강(黃浿江) 교수, 석도(石島)·독도(獨島)에 대한 국어학적 해석을 도와주신 단국대 국문학과 남풍현(南豊鉉)·전광현(田光鉉) 교수께도 감사의 말씀을 드린다. 그리고 컴퓨터 입력 작업을 도맡아 준 고려대 사학과 박사과정의 박성순(朴性淳) 군, 교정을 보아 준 단국대 사학과 박사과정의 오연숙(吳蓮淑) 양에게도 감사의 뜻을 전해야겠다.

끝으로 어려운 재정 형편 속에서도 거액의 출판 보조금을 지원해 주신 단국대학교 당국 여러분들, 이 책을 동양학연구총서 제3집으로 선정해 주신 동양학연구소 김상배(金相培) 소장님, 출판을 쾌히 응낙해 주신 출판부 최우일(崔宇一) 부장님과 출판을 도와 준 부원 여러분들에게도 감사하다는 말씀을 드린다.

1999년 2월
저 자

범　　례

(1) 1985년에 저자의 논문, 「고종조(高宗朝)의 울릉도 · 독도(鬱陵島 · 獨島) 경영(經營)」이 나온 뒤 독도 문제 연구의 진전을 보여주는 2편의 논문, 즉 호리 가즈오(堀和生) 교수의 「1905년 일본의 죽도 영토 편입(一九〇五年日本の竹島領土編入)」(『조선사연구회논문집<朝鮮史硏究會論文集>』 24, 1987, 소수)과 이 논문 등을 참작한 신용하(愼鏞廈) 교수의 「조선왕조(朝鮮王朝)의 독도영유(獨島領有)와 일본제국주의(日本帝國主義)의 독도(獨島) 침략(侵略)」(『한국독립운동사연구』 3, 1989, 소수)이 발표되었다. 이 두 논문, 특히 호리 가즈오(堀和生)교수의 논문은 「고종조(高宗朝)의 울릉도 · 독도(鬱陵島 · 獨島) 경영(經營)」의 논지를 뒷받침하여 주는 새로운 사실과 자료를 제시해 주고 있다. 이에 개고(改稿)를 하면서 이를 *표로 주석을 달아 설명해 두었다(『고쳐 쓴 울릉도와 독도』에서는 *표 주석을 일반 각주에 통합하였다).

(2) 연월일의 표기는 대체로 태양력(太陽曆)을 공식 사용하는 1896년(건양 원년<建陽 元年>)을 기준으로 하여 그 이전은 음력(陰曆)으로, 이후(일본의 경우 1873년<명치 6> 이후)를 양력(陽曆)으로 하였다.

(3) 연표(年表)는 울릉도에 관한 기록이 시작되는 512년(지증왕

13)부터 대한제국이 몰락하는 1910년(융희 4)까지를 다루었다.

(4) 난해한 용어는 해설을 붙여 ( )로 묶고 부록 Ⅲ. 색인 끝머리의 「용어 색인」에 수록하여 찾아보기 쉽게 하였다.

(5) 이 책에 수록한 논문의 원제목과 발표지·연도는 다음과 같다.

1장 「朝鮮初期 地理志의 于山·欝陵(武陵)島 記事 檢討」, 『龍巖車文燮博士華甲紀念論叢 朝鮮時代史硏究』. 신서원, 1989.

2~3장 「安龍福의 活動과 欝陵島爭界」, 『歷史學報』 192. 2006.

4장 「朝鮮後期의 欝陵島 經營-搜討制度의 確立-」, 『震檀學報』 86. 1998.

5장 「高宗朝의 欝陵島 經營-檢察使의 派遣과 開拓-」, 『金廷鶴教授頌壽紀念韓國史學論叢』. 學硏社, 1997.

6장 「欝陵島의 地方官制 編入과 石島」, 『國史館論叢』 23. 國史編纂委員會, 1991.

7장 「日本의 '량고島(獨島)' 領土編入과 欝島郡守 沈興澤報告書」, 『尹炳奭教授華甲紀念韓國近代史論叢』. 知識産業社, 1990.

8장 「資料를 통해 본 韓國의 獨島領有權」, 『韓國獨立運動史硏究』 10. 1996.

목　　차

[7] 일본의 '량고'도(독도) 영토 편입과 울도군수 심흥택 보고서(沈興澤 報告書) / 207

[8] 독도한국영유권론 / 245

□ 부　록

도판 목차

1

조선 초기 지리지의 우산·무〔울〕릉도 기사 검토

세종~성종대(1418~1494)는 조선왕조의 통치 체제가 일단 완성되는 시기였다. 그리고 이와 관련하여 통지적(統志的, 전판도를 대상으로 한)인 지리지(地理志)가 편찬되고 전왕조[고려]의 역사도 정리되었다. 『세종실록(世宗實錄)』 지리지(地理志)(1432, 세종 14)[1]·「팔도지리지(八道地理志)」(1477, 성종 8)·「동국여지승람(東國輿地勝覽)」(1486·성종 17 편찬, 1499·연산군 5 교정)과 『고려사(高麗史)』(1451, 문종 1)·『고려사절요(高麗史節要)』(1452, 문종 2) 등이 그것이다.

이들 관찬 지리서나 사서에는, 실전(失傳)된 「팔도지리지」나 편년체인 『고려사절요』를 논외로 한다면, 모두 울릉도와 독도에 관한 지지(地誌, 지리에 관한 기록)를 싣고 있다. 즉, 『세종실록』 지리

1) 『세종실록(世宗實錄)』이 찬진(撰進, 지어 올림)된 것은 1454년(단종 2)이지만 동서(同書) 지리지(「신찬팔도지리지<新撰八道地理志>」)는 1430년(세종 12)을 기준 연도로 하여 1432년(세종 14)에 편찬되었다고 한다. 鄭杜熙, 「朝鮮初期 地理志의 編纂」, 『歷史學報』 69(1976), pp.70~74.

지와 「동국여지승람(東國輿地勝覽)」을 증보한 『신증동국여지승람(新增東國輿地勝覽)』(1530, 중종 25)[2]은 강원도 울진현(江原道 蔚珍縣)조에서, 『고려사』 지리지는 동계 울진현(東界 蔚珍縣)조에서 각각 이를 다루고 있는 것이다.

이들 관찬 지리서나 사서에 울릉도나 우산도에 관한 지지를 싣고 있다는 것은 그것이 조선왕조나 고려왕조의 판도였다는 것을 천명하는 것이어서,[3] 지금 한일 양국 간의 외교상 현안으로 되어 있는 독도 영유권 문제를 가늠하는 데 있어서도 대단히 중요한 의미를 갖는다. 그럼에도 불구하고 세 지리지의 울릉도·우산도에 관한 기사는 내용상 조금씩 차이를 보이고 있어 그 해석상 혼란을 빚게 한다.

지금 세 지리지의 울릉도·독도에 관한 기사를 적시하면 다음과 같다.

> 『세종실록』 지리지
>
> 우산(于山)·무릉(武陵) 두 섬이 현(縣)의 정동(正東) 바다 가운데 있다. 두 섬은 서로 떨어짐이 멀지 않아 풍일(風日)이 청명(淸明)하면 바라볼 수 있다. 신라 때 우산국(于山國)이라 일컬었다. 혹은 울릉도(鬱陵島)라 한다. 지방(地方)이 100리(里)이다.[4]

---

2) 『신증동국여지승람(新增東國輿地勝覽)』에서는 「동국여지승람(東國輿地勝覽)」을 증보할 때 반드시 '신증(新增)'이라 표시하고 있는데, 우산도·울릉도에는 그러한 표시가 없다. 이는 『신증동국여지승람』이 「동국여지승람」의 우산도·울릉도 기사를 그대로 전재하였음을 시사하는 것이다.

3) 이에 대해서는, 가령 17세기 말 일본 측과의 울릉도 영유권 분규 때 조선 측이 대마도주(對馬島主)에게 보낸 서계(書契, 일본 등 교린국<交隣國>과 왕복한 공함<公函>, 즉 공적 서신)에서 울릉도의 지지가 「여지승람(輿地勝覽)」에 실려 있음을 들어 조선 영토임을 주장하고 있는 것도 좋은 참고가 될 것이다(『肅宗實錄』, 肅宗 20年 8月 己酉).

4) 원문은 다음과 같다.

于山武陵二島 在縣正東海中 二島相去不遠 風日淸明 則可望見 新羅時 稱于山國 一云鬱陵島 地方百里

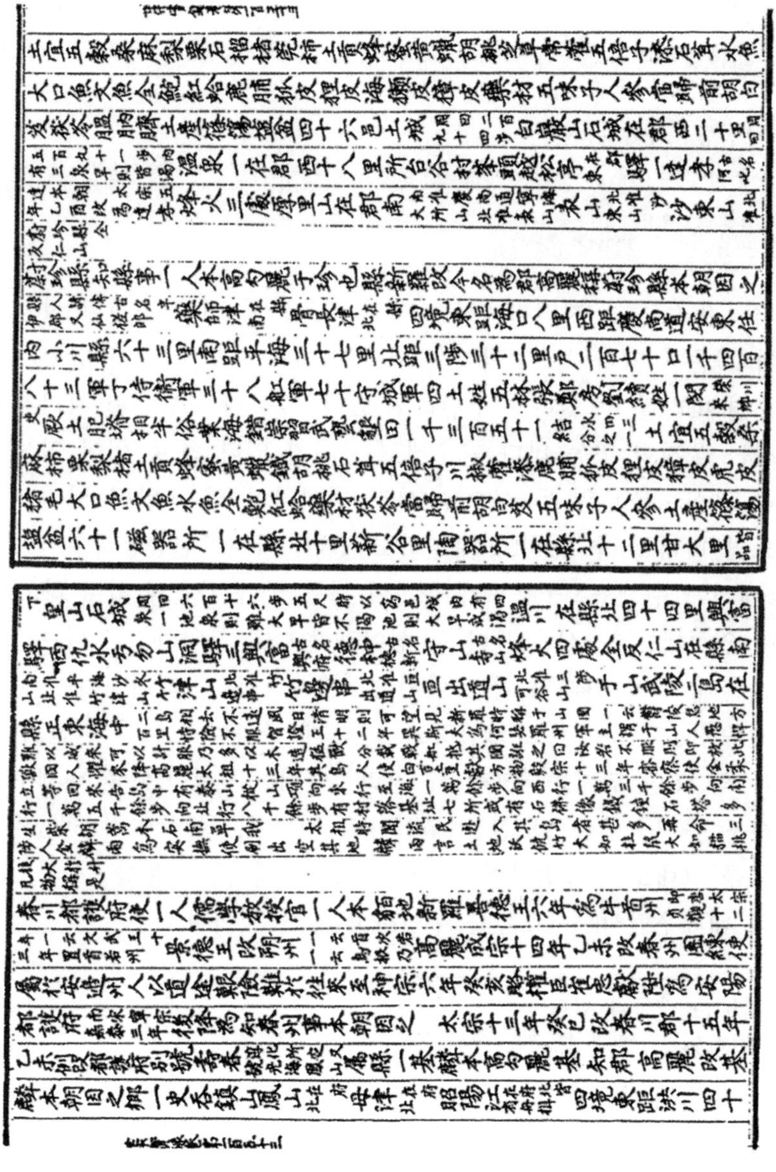

[도판 1] 『세종실록(世宗實錄)』(1454, 단종 2, 국사편찬위원회 영인, 1956) 지리지(地理志) 강원도(江原道) 울진현(蔚珍縣)

『고려사』 지리지

울릉도(鬱陵島)가 있다. 현(縣)의 정동(正東) 바다 가운데 있다. 신라 때 우산국(于山國)이라 일컬었다. 혹은 무릉(武陵) 혹은 우릉(羽陵)이라고도 한다. 지방(地方)이 백리이다.…혹은 우산(于山)과 무릉(武陵)은 본디 두 섬으로 서로 떨어짐이 멀지 않아 풍일(風日)이 청명(淸明)할 때 바라볼 수 있다고 한다.5)

『신증동국여지승람』

우산도(于山島)·울릉도(鬱陵島) 혹은 무릉(武陵), 혹은 우릉(羽陵)이라고도 한다. 두 섬은 현(縣)의 정동(正東) 바다 가운데 있다.…일설에는 우산(于山)·울릉(鬱陵)은 본디 한 섬이라고 한다.6)

즉,『세종실록』 지리지에서는 우산·무릉 두 섬이 울진현 정동 바다 가운데 있다 하고, 이어서 서로 떨어짐이 멀지 않아 날씨가 맑으면 바라볼 수 있다고 부언하고 있다. 그런데『고려사』 지리지에서는 울진현 정동 바다 가운데 울릉도가 있다 하고, 이어 일설에는 우산·무릉은 두 섬으로 서로 떨어짐이 멀지 않아 날씨가 맑으면 바라볼 수 있다고 부언하고 있다. 다시『신증동국여지승람』에서는 우산도·울릉도가 울진현 정동 바다 가운데 있다 하고, 이어 일설에는 두 섬은 본디 한 섬이라 한다고 부언하고 있다.

요컨대, 편찬 연대가 가장 앞서는『세종실록』 지리지에서는 우산·무릉 2도의 존재로 확인하고 있는 데 반하여 이보다 편찬 연대가 약 20년 뒤지는『고려사』 지리지에서는 울릉 1도를 내세우면서도 우산·무릉 2도설을 부언하고 있으며,「동국여지승람」의 기사를 그대로 전재한『신증동국여지승람』에서는7) 우산·무릉 2도를 내세우면서도 1도설을 부언하고 있는 것이다.

---

5) 원문은 다음과 같다.
有鬱陵島 在縣正東海中 新羅時稱于山國 一云武陵 一云羽陵 地方百里 一云于山武陵本二島 相去不遠 風日淸明時 可望見.

6) 원문은 다음과 같다.
于山島 鬱陵島 一云武陵 一云羽陵 在縣正東海中…一說 于山鬱陵 本一島.

7) 주 2) 참조.

여기에서 우선 제기되는 의문은『세종실록』지리지에서 우산·무릉 두 섬의 존재를 인정하다가 왜『고려사』지리지에서는 울릉 1도를 내세우면서 2도설을 부언하는 선으로 후퇴하고 있느냐 하는 것이다. 그러나 이 의문은『고려사』지리지가 고려 시대 지리에 한하여 기술하고 있다는 점을 감안하면 쉽사리 해명될 수 있는 것이다. 즉,『고려사』지리지는 울진현 정동 바다 가운데 울릉도가 있다고 하면서도, 혹은 우산(于山)·무릉(武陵)의 두 섬이라는 설도 있다는 고려 시대의 울릉도·독도에 관한 지견을 반영하는 것이라 하겠다.

이와 같이 보면 울릉도·우산도에 관한 세 지리지의 기사는 그런대로 큰 무리 없이 연결되는 셈이다. 즉,『고려사』지리지에서 울릉 1도설을 내세우면서도 우산·무릉 2도설을 부언하다가『세종실록』지리지에서 우산·무릉 2도설로 발전하였으며,「동국여지승람」에서는『세종실록』지리지의 우산·무릉 2도설을 계승하면서도 1도설을 부언하는 선으로 후퇴하고 있는 것이다.

그리고 울릉도·우산도에 대한 이와 같은 인식의 변화는 고려 중·후기나 조선 초기의 두 섬에 대한 지리적 지견과 깊은 관련이 있음은 더 말할 나위가 없겠다. 여기서 우리는 이 시기의 고려나 조선왕조의 울릉도 경영에 대하여 다시 한 번 살펴볼 필요를 느끼게 된다.

Ⅰ. 우산(于山)·무[울]릉(武[蔚]陵) 2도설의 대두

울릉도에 언제부터 사람이 살기 시작하였으며, 이들이 언제쯤 우산국이라는 작은 나라를 세우게 되었는지는 확실하지 않다.8)

그런데 이 우산국이 신라에 귀복(歸服)한 것은, 잘 알려진 바와 같이, 이찬(伊飡) 이사부(異斯夫)의 정벌이 있던 6세기 초(512, 지증왕 13)부터였다. 이후 우산국은 신라에 매년 토산물을 바쳐 왔다.[9)]

고려가 개창(開創, 처음 세움)되자, 우산국은 이 새 왕조에도 토산물을 바쳤다. 즉 '우릉도(芋陵島)'에서는 930년(태조 13) 8월에 사자(使者) 백길(白吉)과 토두(土豆)를 보내어 '방물(方物, 토산물)'을 바쳤던 것이다. 이에 고려에서는 백길(白吉)에게 정위(正位), 토두(土豆)에게 정조(正朝)의 벼슬[향직(鄕職, 향리<鄕吏>에게 주는 벼슬)]을 내렸다.[10)] 930년은 태조가 고창(古昌, 안동<安東>)전투에서 후백제의 견훤(甄萱)을 크게 패배시킨 해(1월)였다.

이처럼 우산국은 6세기 초 이후 신라와 고려에 토산물을 바쳐 왔다. 이는 우산국이 6세기 초부터 내륙과 조공 관계를 맺어 왔음을 의미하는 것이다. 그리고 내륙에 조공을 하던 우산국 지배자를 성주(城主)라고 불렀던 것 같다. 『고려사』 세가(世家) 덕종 원년(1032) 11월 병자(丙子)에 "우릉성주(羽陵城主)가 아들 부어잉다랑(夫於仍多郞)을 보내어 토물(土物)을 바쳤다"는 기사도 이를 뒷받침하여 주는 것이라 하겠다.

이 우산국은 11세기 초엽(1018, 현종 9년경)에 동북여진족의 침략을 받았다.[11)] 이때 우산국이 입은 손실은 매우 컸던 것 같다. 일부 주민은 여진족에게 잡혀 갔고,[12)] 일부 주민은 내륙으로 피난

---

8) 지내굉(池內宏)은 울릉도(鬱陵島)의 고대의 주민을 예족(濊族)으로 추정하였다(池內宏, 「朝鮮高麗朝に於ける東女眞の海寇」, 『滿鮮地理歷史硏究報告』 8<1921>, pp.216~217).

9) 『三國史記』, 新羅本紀, 智證麻立干 13年 6月, 列傳 4, 異斯夫; 『三國遺事』 卷1, 智哲老王.

10) 『高麗史』, 世家 太祖 13年 8月 丙午.

11) 『高麗史』, 世家 顯宗 9年 11月 丙寅.

하였으며,[13] 농구(農具)를 빼앗겨 농사도 망쳤다.[14] 고려에서는 이원구(李元龜)를 우산국에 파견(1018, 현종 9)하였다. 농기(農器)를 지급하기 위해서였다.[15] 고려가 울릉도에 파견한 최초의 관원이었다. 이어 내륙으로 피난하여 온 우산국인들을 모두 귀환시켰고(1019, 현종 10),[16] 여진 지역에서 도망하여 온 우산국인들을 예주(禮州, 영덕<盈德>)에 편호(編戶, 호적에 편입함)시키는 조치(1022, 현종 12)를 취하기도 하였다.[17]

그런데 1022년(현종 13)까지 쓰여 오던 우산국이라는 호칭은 더 이상 『고려사』나 『고려사절요』에 보이지 않는다.[18] 또 1032년(덕종 원년)을 마지막으로 내륙에 사자를 보내어 토산물을 바쳤다는 기사도 찾아볼 수 없다.[19] 이러한 사실은 우산국이 11세기 초엽 동북여진족의 침략을 받은 뒤 급격히 쇠망하여 갔음을 시사한다. 그리하여 마침내 울릉도는, 다음에서 설명하는 12세기 중엽의 김유립(金柔立)의 보고에 보이는 바와 같이, 촌락의 자취만 남아 있는, 사람이 살지 않는 도서가 되었던 것 같다.

울릉도로부터 사자가 끊어지는 대신 12세기 중엽부터 내륙 관원들이 그곳으로 파견되었다. 그 첫 사례는 명주도감창사(溟州道監倉使) 이양실(李陽實)이 파견한 사람이었다. 이 사람은 울릉도를 다녀와 내륙에서 볼 수 없는 과일과 나뭇잎 등을 바쳤다(1141,

---

12) 『高麗史』, 世家 顯宗 13年 7月 丙子; 『高麗史節要』, 顯宗 13年 7月.
13) 『高麗史』, 世家 顯宗 10年 7月 己卯; 『高麗史節要』, 顯宗 10年 7月.
14) 『高麗史』, 世家 顯宗 9年 11月 丙寅, 食貨志 2, 顯宗 9年 11月.
15) 위와 같다.
16) 주 13)과 같다.
17) 주 12)와 같다.
18) 위와 같다.
19) 『高麗史』, 世家 德宗 元年 11月 丙子.

인종 19).[20] 그리고 이 무렵, 즉 12세기 중엽부터 울릉도는 울릉도(蔚陵島)·우릉도(羽陵島·芋陵島) 등으로 불렸다. 이 가운데서도 자주 쓰인 것이 울릉도(蔚陵島)이며, 공민왕대(14세기 말엽)부터는 무릉도(武陵島)가 등장한다.

이어 같은 12세기 중엽(1157, 의종 11)에는 내륙인을 이주시킬 목적으로 명주도감창전중내급사(溟州道監倉殿中內給事) 김유립(金柔立)이 울릉도로 파견되었다.[21] 그리고 그의 보고에 의하면, 섬 한가운데 큰 산[성인봉(聖人峰)]이 있으며, 이 산정에서 동쪽 해안까지가 1만여 보(步), 서쪽 해안까지가 1만 3천여 보, 남쪽 해안까지가 1만 5천여 보, 북쪽 해안까지가 8천여 보에 달하였다. 또 7군데의 촌락 기지와 석불·철종·석탑 등의 유물·유적이 있으며, 시호(柴胡, 미나리과에 속하는 다년초)·고본(藁本, 백합과에 속하는 다년초)·석남초(石南草, 석남<石南>, 석남과에 속하는 상록활엽 관목<灌木>) 등이 많이 자라고 있다는 것도 확인하였다. 김유립(金柔立)은 울릉도의 지리를 자세히 조사하였던 것이다. 그러나 암석이 많아 사람이 살기에 적합하지 않다는 그의 보고에 따라 이민 문제는 더 이상의 진전을 보지 못하고 말았다.[22]

내륙 관원들이 파견되면서 울릉도는 동계(東界) 울진현(蔚珍縣)의 관할로 편입되었던 것 같다. 그 시기는 확실히 알 수 없지만, 하한은 "동계(東界) 우릉도인(芋陵島人)이 내조(來朝)하였다"는 기록이 보이는 1346년(충목왕 2) 이전으로,[23] 아무래도 김유립(金柔立)이 울릉도를 다녀오는 12세기 중엽이 아닐까 한다. 『고려사』

20) 『高麗史』, 世家 仁宗 19年 7月 己亥.

21) 『高麗史』, 世家 毅宗 11年 5月 丙子, 地理志 3, 東界 蔚珍縣; 『高麗史節要』, 毅宗 11年 5月.

22) 위와 같다.

23) 『高麗史』, 世家 忠穆王 2年 3月 乙巳.

지리지 동계 울진현조에서 울릉도 지리를 설명하는 가운데 김유립(金柔立)의 파견에 대하여 자세히 언급하고 있는 것도 이런 추정을 하는 데 참고가 되리라고 생각한다.

울릉도에의 이민은 무인정권기의 집권자 최이[우](崔怡[瑀])에 의해서도 추진되었다. 이 무렵 울릉도는 땅이 기름지고 진기한 나무와 해산물이 많은 것으로 알려져 있었다. 이에 최이(崔怡)는 관원을 보내어 살핀 결과 사람이 살던 집터가 있음을 확인하고 동군민(東郡民)[동부(東部) 지방의 군민(郡民)?]을 이주시켰다(1243, 고종 30). 그러나 풍랑이 험악하여 익사자가 많이 생김에 따라 마침내 이주민을 철수시키고 말았다.[24]

울릉도에 진기한 나무가 많은 것으로 알려지고, 몽고 지배기로 들어서면서 원(元)의 목재 요청이 있자, 한때 울릉도 목재의 벌채가 계획되기도 하였다(1273, 원종 14).[25] 또 고려 말년에 이르러서는 울릉도가 유배지로도 이용되었으며,[26] 왜(倭)의 침입이 알려지기도 하였다.[27]

이처럼 12세기 중엽 이후 여러 차례에 걸쳐 관원들이 울릉도로 파견되고 그 지리가 자세히 조사된 결과 울릉도는 물론 우산도에 대한 지견도 어느 만큼 가질 수 있게 되었던 것으로 보인다. 『고려사』 지리지 울진현조에, "울릉도가 있다"하고 그 주기(注記, 주석)에 비록 '혹은'이라는 단서가 붙기는 하였지만, "우산(于山)·무릉(武陵)은 본디 두 섬으로 서로 떨어짐이 멀지 않아 풍일(風日)이 청명하면 바라볼 수 있다"고 하고 있는 것이 바로 그러한 지견을

24) 『高麗史』, 列傳 42, 崔怡.

25) 『高麗史』, 世家, 元宗 14年 2月 辛亥, 列傳 43 李樞; 『高麗史節要』, 元宗 14年 2月.

26) 『高麗史』, 列傳 4, 永興君 環; 『高麗史節要』, 辛昌 元年 9月.

27) 『高麗史』, 列傳 47, 辛禑 5年 7月.

반영하는 것이라 하겠다. 지금도 날씨가 맑을 때 울릉도에서 독도를 바라볼 수 있다.

Ⅱ. 우산(于山)·무〔울〕릉(武[欝]陵) 2도설의 정착

앞에서 지적한 바와 같이, 울릉도는 공민왕대(14세기 말)부터 무릉도(武陵島)로 불렸다. 이 호칭은 조선 태조·태종대에도 그대로 사용되었다. 그런데 태종대에는 무릉도(茂陵島)라고도 하였으며, 세종~성종대에는 무릉도(武陵島)보다 무릉도(茂陵島)로 쓰인 경우가 더 많았던 편이다. 그러나 울릉도는, 때로는 우산도로 불리기도 하였다. 다음에서 설명하는 바와 같이, 무릉등처안무사(武陵等處安[按]撫使) 김인우(金麟雨)는 무릉도(武[茂]陵島)에 가 거민(居民)을 쇄환(刷還, 찾아 데려옴)하여 왔는데(1417, 태종 17), 이에 대하여 『태종실록』에 "안무사 김인우(金麟雨)가 우산도에서 돌아왔다 운운(云云)"하고 있는 것이 그러한 예이다.[28]

한편, 현지 거민들은 울릉도를 유산국도(流山國島)로 부르기도 하였던 것 같다. 강원도관찰사(江原道觀察使)의 보고(1412, 태종 12)에 보이는 바, 고성(高城) 어라진(於羅津)에 내박(來泊)한 유산국도인(流山國島人) 백가물(白加勿) 등 11명의 본도(本島)[유산국도]에 대한 설명은 바로 울릉도를 가리키는 것으로 보이기 때문이다.[29] 그리고 그럴 경우 백가물(白加勿) 등 11호 60여 명이 유산국도로 옮기기 전에 살았다는 무릉도는 어느 섬을 가리키는 것인지 알 수 없게 된다.[30] 청취 기술(記述)상 착오가 있거나 진술

28) 『太宗實錄』, 太宗 17年 2月 壬戌.

29) 『太宗實錄』, 太宗 12年 4月 己巳.

에 허위가 있다고 보아야 할 것이다.[31]

무릉도(武[茂]陵島)에는 고려 말부터 내륙 연해민들의 입거(入居, 들어가 살음)가 다시 시작되었던 것 같다. 앞에서 언급한 백가물(白加勿) 등 11호 60여 명이나, 일찍이(1411, 태종 11) 강원도관찰사를 역임했던 호조참판(戶曹叅判) 박습(朴習)의 계언(啓言, 1416, 태종 16년 9월, 계언은 왕에게 아뢰는 말)에 "옛날 방지용(方之用)이란 자가 15호를 이끌고 [무릉도에] 입거하였는데, 혹 때로는 가왜(假倭, 가짜 왜)로 입구(入寇, 외국의 군대나 도적 떼가 쳐들어옴)하였다"는[32] 방지용(方之用) 등도 아마 울릉도에 입거한 사람이었을 것이다.

그러나 태종은 연해민들의 무릉도 이주를 용납하려 하지 않았다. 그리하여 1403년(태종 3) 8월에 무릉도 거민을 출륙(出陸)시키는 조처를 취하였다.[33] 이 무렵 왜(倭)가 강릉(江陵) 임내(任內)·우계(羽溪)와 장기(長鬐) 등지에 침입하고 있었으므로[34] 이에 대비하기 위함이었던 것으로 보인다. 조선 초기 울릉도 공도정책(空島政策)의 단서가 열리기 시작한 것이라고 할 수 있다.

그런데 1407년(태종 7) 7월에는 대마도 수호(守護) 종정무(宗貞茂)가 사람을 보내어 도내 여러 부락을 이끌고 무릉도에 옮겨 살기를 청하였다.[35] 이는 이미 단서가 열린 공도정책을 더욱 굳히게 하였던 것으로 보인다. 그리고 고성(高城) 어라진(於羅津)에 내박했

30) 위와 같다.

31) 崔南善, 「鬱陵島와 獨島」, 『六堂全集』 2(高麗大學校 亞細亞問題硏究所, 1973), p.682; 川上健三, 『竹島の歷史地理學的硏究』(東京 : 古今書院, 1966), p.108.

32) 『太宗實錄』, 太宗 11年 2月 甲寅, 16年 9月 庚寅.

33) 『太宗實錄』, 太宗 3年 8月 丙辰.

34) 『太宗實錄』, 太宗 3年 7月 辛丑, 8月 丙午.

35) 『太宗實錄』, 太宗 7年 3月 庚午.

던 유산국도인(流山國島人) 백가물(白加勿) 등 11명을 귀환시키지 않고 통주(通州)·고성(高城)·간성(杆城) 등지에 분치(分置)한 것도(1412, 태종 12)[36] 공도정책의 맥락에서 이해되어야 할 것이다.

호조참판 박습(朴習)의 계언에 따라 1416년(태종 16) 9월에 무릉도를 잘 아는 전만호(前萬戶) 김인우(金麟雨)를 무릉등처안무사(武陵等處安撫使)에 임명하고, 이 섬을 다녀온 바 있는 삼척인(三陟人) 이만(李萬)을 반인(伴人, 수행원)으로 삼아 파견하기로 한 것도 거민의 쇄환과 관련된 것이었다고 하겠다. 김인우(金麟雨)는 국왕의 부름을 받게 되자 이만(李萬)을 천거하는 한편, "무릉도는 멀리 바다 가운데 있어 사람들의 왕래가 없기 때문에 군역을 피하려는 자가 혹은 도망해 들어가기도 하는데, 만약 이 섬에 사람들이 많아지면 왜가 반드시 입구(入寇)하고, 인하여 강원도에도 침입할 것"이라고 진언하였던 것이다.[37]

안무사 김인우(金麟雨)가 언제 무릉도로 파견되었는지는 잘 알 수 없지만, 폭풍으로 큰 어려움을 겪은 끝에 1417년(태종 17) 2월에 '우산도(于山島)'에서 돌아왔다. 그는 대죽(大竹)·수우피(水牛皮, 가지어<可支魚>의 가죽)·생저(生苧, 생모시)·면자(綿子, 목화)·검박목(檢樸木, 통나무토막) 등의 토산물을 바쳤고, 거민(居民) 3명도 데려왔다. 또 도내(島內)에 15호 남녀 86명이 살고 있다는 것도 확인하였다.[38]

김인우(金麟雨)가 돌아오자 국왕은 즉시(2월) 우의정(右議政) 한상경(韓尙敬)과 6조(六曹)·대간(臺諫, 사헌부<司憲府>와 사간원<司諫院>)으로 하여금 우산·무릉도(于山·武陵島) 거민의 쇄환(刷還) 여

36) 주 29)와 같다.
37) 주 32)와 같다.
38) 주 28)과 같다.

부를 의논케 하였다. 다수의 의견은 거민들에게 5곡과 농구를 지급, 안업(安業, 안심하고 생업에 종사함)케 하는 것이 옳다고 하였다. 쇄환을 건의한 사람은 오직 공조판서(工曹判書) 황희(黃喜)뿐이었다. 그런데 국왕은 이 황희(黃喜)의 건의를 받아들여 거민의 쇄환을 결정하고 김인우(金麟雨)를 다시 안무사에 임명, 파견하게 되었다.[39] 공도정책이 확정을 보게 된 것이었다.

안무사 김인우(金麟雨)가 언제 우산·울릉도를 다녀왔고, 또 거민 몇 명을 쇄환하였는지는 자세히 알 수 없다. 적어도 『태종실록』에는 그러한 기록이 보이지 않는다. 그런데 『세종실록』에 강원도(江原道) 평해인(平海人) 김을지(金乙之) 등이 일찍이 무릉도(武陵島)로 도망갔는데, "병신(丙申, 정유<丁酉> 즉 1417년<태종 17>의 오<誤>)에 국가에서 인우(麟雨)를 보내어 모두 쇄환하였다"하고,[40] [원년(1419) 4월 을해(乙亥)에] "무릉(武陵)에서 출래한 남녀 17명이 경기(京畿) 평구역리(平丘驛里)에 이르러 양식이 떨어졌다"고 하고 있는 것을 보면[41] 1417년(태종 17), 늦어도 1419년(세종 원년) 초까지는 거민의 쇄환을 일단 마무리 지은 것으로 보인다.

김인우(金麟雨)는 세종대에 들어와서도 다시 우산·무릉도(于山·武陵島)로 파견되었다. 제3차 울릉도행이었다. 앞에서 언급한 바와 같이, 김인우(金麟雨)는 제2차 울릉도행 때(1417, 태종 17년경) 김을지(金乙之) 등을 쇄환하였다. 그런데 김을지(金乙之) 등 남녀 28명이 다시 무릉도(武陵島)로 도망갔고, 이어 김을지(金乙之) 등 7명이 평해군(平海郡) 구미포(仇彌浦)에 잠입했다가 체포되었다. 이에 정부에서는 잔여 거민을 쇄환하기 위하여 1425년(세종 7) 8월

39) 『太宗實錄』, 太宗 17年 2月 乙丑.

40) 『世宗實錄』, 世宗 7年 8月 甲戌.

41) 『世宗實錄』, 世宗 元年 4月 乙亥.

에 김인우(金麟雨)를 우산·무릉등처안무사(于山·武陵等處安撫使)에 임명·파견하게 되었던 것이다.[42)]

우산·무릉등처안무사 김인우(金麟雨)는 이해 10월 사명을 마치고 복명(復命, 일의 처리 결과를 보고함)했다.[43)] 그는 무릉도의 남녀 20명을 수포(搜捕)하여 왔다. 정부 관원들 가운데에는 이들의 역(役)을 피한 허물을 들어 처벌을 주장하기도 하였다. 국왕도 이들의 범죄를 인정하였다. 그러나 그 범행은 사면령이 내리기 이전임을 들어 형벌을 과하지 않고 다만 충청도의 심원(深遠)한 산군(山郡)에 배치하여 다시 도망가지 못하도록 하였다.[44)]

공도정책(空島政策)에 대해서는 이를 수정하여야 한다는 견해가 제기되기도 하였다. 이런 견해를 제시한 이는 바로 울릉도를 관할하는 강원도관찰사 유계문(柳季聞)이었다. 그는 6월에 장계(狀啓, 관찰사<감사> 또는 지방에 파견된 관원이 왕에게 올리는 보고서)를 올려(1436, 세종 18) 무릉도(武陵島) 우산(于山)은 땅이 기름지고 산물이 많을 뿐 아니라, 동서남북이 각각 50여 리나 되고 선박을 정박시킬 곳도 있으므로 모민(募民), 이주시키되 만호(萬戶, 각 진<鎭>에 배치된 무관직)나 수령(守令, 목사·부사·군수·현감·현령 등 지방관의 총칭) 등을 배치해야 한다고 건의하였던 것이다.[45)]

그러나 유계문(柳季聞)의 건의는 받아들여지지 않았다.[46)] 유계

---

42) 주 40)과 같다.

43) 『世宗實錄』, 世宗 7年 10月 乙酉. 당초에 안무사(安撫使) 김인우(金麟雨)는 2척의 병선을 이끌고 무릉도(武陵島)로 떠났다. 그런데 46명이 탄 1척은 폭풍으로 침몰하여 그 가운데 36명은 익사하였고, 나머지 10명은 일본 석견주(石見州)에 표류하였다가 이해(1435, 세종 7) 12월 대마도를 거쳐 귀국하였다(『世宗實錄』, 世宗 7年 10月 癸未, 12月 癸巳).

44) 『世宗實錄』, 世宗 7年 10月 乙酉.

45) 『世宗實錄』, 世宗 18年 閏6月 甲申.

문(柳季聞)은 다음해, 즉 1437년(세종 19)에도 장계를 올려, 고로(古老)들에 의하면 옛적에 왜(倭)가 무릉도(茂陵島)를 근거지로 하여 연년 영동에 침략한 바 있었음을 들어 이 섬에 현을 설치하고 이민할 것을 요청하였던 것 같다. 국왕도 왜의 무릉도 점거를 우려하였다. 그러나 현을 설치하고 이민하는 데에는 어려움이 있음을 지적하면서 매년 관원을 보내어 도내(島內)를 탐사하고 토산물을 채집하며, 혹은 마장(馬場)을 설치하여, 왜의 점거를 막는 것이 바람직하다는 뜻을 피력하였다. 그리고 만약 사람을 파견할 경우, 그 시기, 갖추어야 할 물건, 선박의 수 등을 조사 보고할 것을 지시하였다.[47]

그리하여 다음해(1438, 세종 20) 4월에는 전호군(前護軍) 남회(南薈), 전부사직(前副司直) 조민(曹敏)을 순심경차관(巡審敬差官)에 임명하여 무릉도(武陵島)로 파견하였다. 도닉(逃匿) 인구(人口)의 수색을 겸한 것이었다.[48] 두 경차관(敬差官)은 7월에 무릉도에서 돌아와 복명하였다. 이들은 남녀 66명을 붙잡아 왔다. 또 사철(沙鐵, 광물<鑛物>, 재철 원료)·석종유(石鍾乳, 돌 고드름)·생포(生鮑, 전복)·대죽(大竹) 등의 토산물도 바쳤다.[49]

15세기 초엽부터 공도정책을 결정하고 거민 쇄환을 위하여 관원들을 자주 울릉도에 파견한 결과, 울진현(蔚珍縣) 정동(正東) 바다 가운데 우산·무릉의 두 섬이 있다는 것이 더욱 분명해지게

---

46) 위와 같다.

47) 『世宗實錄』, 世宗 19年 2月 戊辰. 세조 초년(1457, 세조 3)에도 우산(于山)·무릉(茂陵) 두 섬에 읍을 설치하자는 건의가 있었으나 역시 채택되지 않았다. 다만 두 섬 입거인은 쇄환하지 말라는 비답(批答, 상소에 대한 왕의 답변)이 있었다(『世祖實錄』, 世祖 3年 4月 己酉).

48) 『世宗實錄』, 世宗 20年 4月 甲戌.

49) 『世宗實錄』, 世宗 20年 7月 戊戌.

되었다. 가령 공도정책을 확정짓고 안무사 김인우(金麟雨)를 파견(1417, 태종 17)할 때 그 사명이 무릉도(武陵島)와 우산도(于山島) 거민을 출륙시키는 데 있었다든지, 세종대에 다시 김인우(金麟雨)를 파견(1425, 세종 7)할 때 그 직함이 우산무릉등처안무사(于山武陵等處安撫使)였다는 사실이 이를 뒷받침하여 준다.

15세기 30년대 초(1432, 세종 14)에 편찬된 『세종실록』 지리지 강원도 울진현조에서 "우산(于山)·무릉(武陵) 두 섬이 현(縣)의 정동(正東) 바다 가운데 있다"하고, 그 주기(注記)에서 "두 섬은 떨어짐이 멀지 않아 풍일(風日)이 청명하면 바라볼 수 있다"고 한 것은 바로 두 섬에 대한 조선 초기의 인식을 반영하는 것이라고 하겠다. 편찬 연대가 뒤짐에도 불구하고 고려 후기의 지리적 지견을 반영하는 『고려사』 지리지에 붙어 있던 '혹은'이라는 단서가 두 섬에 대한 지리적 지견이 확대되어 감에 따라 『세종실록』 지리지에 이르러 비로소 삭제되기에 이르렀던 것이다.

Ⅲ. 우산(于山)·무〔울〕릉(武[欝]陵) 2도설의 동요
-동해 신도설(新島說)의 대두-

남회(南薈)·조민(曹敏) 두 경차관에게 붙잡혀 온 무릉도 입거인들은 '본국(本國)을 모배(謀背)한 죄(罪)'로 관헌의 국문(鞫問, 죄인을 심문함)을 받았다. 그리하여 수모죄인(首謀罪人) 김안(金安)을 교형(絞刑)에 처하고, 그 밖에 종죄인(從罪人)들을 모두 종성(鍾城)으로 이주시키는 결정이 내려졌다.[50] 이어 다음해(1439, 세종 21) 2월에도 무릉도 입거인 수 명을 교형에 처하였다.[51]

---

50) 『世宗實錄』, 世宗 20年 7月 戊戌, 11月 乙巳.

이처럼 울릉도 공도정책(鬱陵島 空島政策)은 세종 20년(1438)대로 들어서면서 더욱 강화되어 갔다. 그리고 그것은 한때(세조대) 완화된 적도 없지 않았지만,[52] 그 뒤에도 계속 여행(勵行, 힘써 시행함)되었다. 그 결과 울릉도는 다시 사람들이 살지 않는 섬이 되어버렸다. 다음에서 설명하는 바와 같이, 1472년(성종 3) 5월 삼봉도경차관(三峯島敬差官) 박종원(朴宗元) 휘하의 곽영강(郭永江) 등이 울릉도에 상륙하여 3일 동안을 머무르면서 도내(島內)를 수색한 결과 "거민은 보이지 않고 다만 옛 집터가 있을 뿐이었다"는 것은[53] 바로 그러한 상황을 말하여 주는 것이다.

물론 연해민들의 왕래도 끊기게 되고, 그리하여 우산·울릉도는 점차 잊혀져 갔다. 1438년(세종 20)경 정부에서 울릉도를 찾고자 하였을 때 사람들은 이 섬이 어디쯤에 있는지조차 알지 못하였다. 그리고 그런 가운데 경차관 남회(南薈)·조민(曹敏) 등이 이 섬을 찾아냈기 때문에 국가로부터 포상까지 받았던 것이다.[54] 반면, 1430년(세종 12)경부터 신도설(新島說)이 나돌기 시작했다. 그 중심이 된 것은 함길도(咸吉道) 연해민(沿海民)들이었다.[55] 동해 가운데, 혹은 양양(襄陽) 동쪽에 요도(蓼島)라는 섬이 있다는 것이었다.[56] 그리고 실제 요도를 다녀왔다는 사람도 나타났다.[57]

---

51) 『世宗實錄』, 世宗 21年 2月 丙辰.

52) 주 47)에서 지적한 바와 같이, 세조가 우산(于山)·무릉(武陵)에 읍(邑)을 설치하자는 요청을 거부하면서도 두 섬 입거인은 쇄환하지 말라는 비답(批答)을 내리고 있는 것이 그것이다.

53) 『成宗實錄』, 成宗 3年 6月 丁丑.

54) 『世宗實錄』, 世宗 23年 7月 戊申.

55) 『世宗實錄』, 世宗 12年 1月 丁卯.

56) 『世宗實錄』, 世宗 20年 7月 戊申, 27年 6月 甲寅, 8月 戊午.

57) 주 55)와 같다.

국왕[세종]은 요도(蓼島)를 찾으려고 노력하였다. 그리고 그러한 노력은 1445년(세종 27)경까지 계속되었다. 관원을 강원도 등지로 파견하기도 하였고,58) 함길도·강원도관찰사(咸吉道·江原道觀察使)에게 유지(諭旨, 왕이 신료<臣僚>에게 내리는 글)를 내려 독려하기도 하였다.59) 하지만 끝내 요도를 찾아 내지 못하였다.

그러나 요도(蓼島)가 가공의 섬이었던 것으로는 생각되지 않는다. 만약 실재하지 않았다면 그토록 오래 두고 신도설이 나돌지 않았을 것이다. 그리고 그렇다면 요도는 독도로 비정할 수 있지 않을까 한다. 당시(1445, 세종 27) 갑사(甲士, 조선시대 5위<衛>중 의흥위<義興衛>에 소속된 군인)로 있던 최운저(崔雲渚)의 증언, 즉 "일찍이 삼척 봉화현(三陟 烽火峴)에 올라갔다가 [요도를] 바라보았으며, 그 뒤 무릉(武陵)에 갔다가 또한 이 섬을 바라보았다"는 것도60) 이를 뒷받침하여 주는 것이라 하겠다.

성종대에 들어서면서 또 다른 신도설이 영안도(永安道) 연해민들 사이에 나돌았다. 강원 경내인 동해 가운데에 삼봉도(三峯島)가 있으며, 그곳에는 피역민(避役民, 군역<軍役> 등을 기피한 백성)들이 많이 도망가 살고 있다는 것이었다.61) 그 발설자는 종성인(鍾城人) 혹은 부령인(富寧人)이라고도 하는62) 김한경(金漢京)이었다.63) 그는 1471년(성종 2) 5월에 동료 1명과 같이 삼봉도에 표박(漂泊)하여 거민들과 만나기도 하였다고 한다.64) 물론 이것이 사실이라면

58) 『世宗實錄』, 世宗 12年 1月 丁卯, 4月 甲戌.

59) 『世宗實錄』, 世宗 12年 1月 丁卯, 4月 癸酉, 20年 7月 戊申, 23年 7月 戊申, 27年 6月 甲寅, 8月 戊午.

60) 『世宗實錄』, 世宗 27年 8月 戊午.

61) 『成宗實錄』, 成宗 元年 12月 甲寅, 3年 2月 庚午, 3月 壬寅.

62) 『成宗實錄』, 成宗 3年 2月 庚午, 7年 2月 壬午, 6月 癸巳.

63) 『成宗實錄』, 成宗 10年 閏 10月 戊寅, 12年 1月 癸未.

울릉도를 삼봉도로 오해한 것으로 보아야 할 것이다.

삼봉도(三峯島)에 대한 국왕[성종]의 관심은 요도(蓼島)에 대한 세종의 그것만큼이나 대단하였다. 신도설에 접하자 국왕은 여러 차례 영안도관찰사(永安道觀察使)에게 이 섬의 탐문을 지시하였다.[65] 또 삼봉도 문제를 책사(策士, 과거시험의 하나, 시무<時務>를 출제한다)의 제목으로 삼기까지 하였다.[66] 한편 1472년(성종 3) 2월에는 이 섬을 찾아내고 역을 피하여 도망간 그곳의 거민들을 쇄환하기 위하여 삼봉도경차관(三峯島敬差官) 박종원(朴宗元)의 파견을 결정하였다.[67] 그리고 이 섬의 위치를 잘 안다는 김한경(金漢京)과 왜·여진통사(倭·女眞通事) 각 1명도 경차관을 수행토록 하였다.[68]

경차관 박종원(朴宗元) 일행은 이해(1472, 성종 3) 5월 말 울진포(蔚珍浦)를 떠나 삼봉도(三峯島)로 향하였다. 그런데 도중에 폭풍을 만나 박종원(朴宗元)이 탄 선박은 무릉도 앞 15리쯤까지 갔다가 간성(杆城) 청간진(淸簡津)으로 돌아왔다. 경차관 휘하 사직(司直) 곽영강(郭永江) 등이 탄 3척은 무릉도에 도박하였다. 곽영강(郭永江) 등은 3일 동안 무릉도에 머무르면서 도내를 수색하였다. 거민은 보이지 않고 다만 옛 집터가 있을 뿐이었다. 이상하게 큰 대나무도 자라고 있었다. 이들은 대나무 두어 개를 베어 싣고 강릉(江陵) 우계현(羽溪縣) 오이진(梧耳津)으로 돌아왔다.[69]

경차관 박종원(朴宗元)을 수행했던 김한경(金漢京)은 그 뒤 다시

---

64) 『成宗實錄』, 成宗 7年 6月 癸巳.

65) 『成宗實錄』, 成宗 元年 12月 甲寅, 3年 8月 丙子, 4年 1月 庚子.

66) 『成宗實錄』, 成宗 3年 3月 壬寅.

67) 『成宗實錄』, 成宗 3年 2月 庚午, 3月 丙辰, 4月 丁卯.

68) 『成宗實錄』, 成宗 3年 2月 庚午, 3月 丙辰.

69) 『成宗實錄』, 成宗 3年 6月 丁丑.

삼봉도(三峯島) 탐사에 나섰다. 그는 1475년(성종 6) 5월에 영안도민(永安道民) 5~6명과 같이 경원(慶源) 말응대진(末應大津)을 떠났던 것 같다. 그리고 떠난 지 3일 만에 멀리 삼봉도(三峯島)가 바라보이는 곳까지 당도하였으나 상륙하지 못한 채 되돌아왔다.70) 그 까닭은 혹은 바람 때문이라고도 하고, 혹은 섬에 7~8명의 사람이 있어 대적할 수 없었기 때문이었다고도 한다.71)

김한경(金漢京)은 다음해(1476, 성종 7)에도 영흥인(永興人) 김자주(金自周) 등 11명과 같이 삼봉도(三峯島)를 탐사하였다. 영안도관찰사가 파견한 것이었다. 이들은 9월 종성(鍾城) 옹구미(瓮仇未)를 떠나 부령(富寧)·회령(會寧)·경원(慶源) 앞바다를 거쳐 10일 만에 삼봉도에서 7~8리 떨어진 곳까지 당도하였다. 여러 섬들이 흩어져 있고, 섬에는 바닷물이 관통하여 흘렀으며, 섬과 바다 사이에는 30개의 사람 모습과 같은 것들[아마도 가지어(可支魚, 가지<可支, 可之> 해려<海驢>)인 듯]이 줄 서 있었다. 이들은 두려워 상륙하지 못하고 다만 섬의 모습을 그려 가지고 돌아왔다.72)

김한경(金漢京)이 삼봉도(三峯島)를 다녀오면서 정부에서는 다음해(1477, 성종 8) 4월에 관원을 파견하여 이 섬을 찾자는 결정을 내렸다. 병조(兵曹)의 계청(啓請, 왕에게 아뢰어 청함)에 따른 것이었다.73) 그러나 관원들 사이에 삼봉도를 포기해야 한다는 주장도 있고 하여, 국왕의 적극적 의지에도 불구하고, 선뜻 관원을 파견하지 못하고 있었다.74)

그러던 중 1479년(성종 10) 5월에는 영안도관찰사의 계본(啓本,

---

70) 『成宗實錄』, 成宗 7年 2月 壬午, 6月 癸巳.

71) 위와 같다.

72) 『成宗實錄』, 成宗 7年 10月 壬辰·丁酉.

73) 『成宗實錄』, 成宗 7年 10月 丁酉.

74) 『成宗實錄』, 成宗 8年 3月 辛未.

장계<狀啓>)에 따라 병조로부터 관원을 삼봉도(三峯島)로 파견하여 거민을 쇄환하자는 요청이 있었다. 그러나 이에 대한 대신들의 견해는 그곳에 거민이 있는지 자세히 알아본 뒤 다시 의논하는 것이 좋겠다는 것이었다.[75] 이 무렵 있었던 것으로 보이는 경차관 신중거(辛仲琚)의 영안도(永安道) 파견은 이러한 대신들의 요청에 따른 것으로 보인다.

영안도(永安道)로부터 돌아온 경차관 신중거(辛仲琚)는 국왕에게 본도민(本道民)이 역을 피하여 삼봉도(三峯島)로 도망갔는데, 그 수가 1천여 명에 이른다고 보고하였던 것 같다. 이에 국왕은 이해(1479, 성종 10) 8월에, 신중거(辛仲琚)를 참석시킨 가운데, 대신(大臣)·부원군(府院君)·승지(承旨)들과 삼봉도 정토 문제를 논의하였다. 그리하여 다음해 2~3월에 관원을 파견하여 초무(招撫)하되, 영안도관찰사·절도사(永安道觀察使·節度使)로 하여금 전함을 준비케 하기로 결정하였다. 그런데 이 자리에서는 삼봉도 옆에 작은 섬이 있고 그곳에 2호가 살고 있다는 보고도 있었다.[76]

곧이어(9월) 영안도경차관(永安道敬差官)의 파견이 결정되었다. 경차관은 조위(曹偉)였다. 그는 삼봉도(三峯島) 정토에 사용할 전함의 건조를 감독하고 거민을 쇄환하는 사명을 띠고 있었다. 그는 삼봉도 거민을 효유하는 국왕의 유서(諭書, 왕이 백성에게 내리는 글)도 준비하였으며, 그의 재거사목(賫去事目, 지니고 가는 규정<規程>, 또는 조건) 중에는 정토에 앞서 삼봉도로 유서를 보내어 거민을 초무하되, 그 재거인(賫去人)은 이 섬을 다녀왔거나 투접(投接)한 사람의 족속 가운데에서 모집한다는 것도 들어 있었다.[77]

75) 『成宗實錄』, 成宗 10年 5月 丁卯.

76) 『成宗實錄』, 成宗 10年 7月 丁卯, 8月 癸丑.

77) 『成宗實錄』, 成宗 10年 9月 丁巳·戊午·甲子·乙丑.

경차관 조위(曹偉)는 영안도(永安道)에서 삼봉도(三峯島)에 보낼 사람들을 모집하였다. 응모자는 김한경(金漢京) 등 32명이었다. 이들은 3척의 선박에 나누어 타고, 이해(1479, 성종 10) 10월 말 부령(富寧) 남면(南面) 해변을 떠나 삼봉도로 향하였다. 각 선박의 패두(牌頭, 인부의 우두머리)는 문식(文識)이 있거나 직함(職啣)을 가지고 있는 엄근(嚴謹)·김자주(金自周)·김려강(金麗[呂]江) 등이었다. 이들은 국왕의 유서(諭書)도 휴대하고 있었다.[78]

부령(富寧) 남면(南面) 해변을 떠난 김한경(金漢京) 등은 역풍을 만나 곧 되돌아오고 말았다. 경차관 조위(曹偉)는 다시 이들을 출발시켰다. 그러나 이들은 한 달이 다 되도록 돌아오지 않았다. 역풍 때문에 삼봉도행(三峯島行)을 포기하였던 것이다. 그리고 이 때문에 김한경(金漢京)과 3패두(牌頭)는 서울로 잡혀가 병조의 국문을 받았다.[79]

김한경(金漢京) 등의 삼봉도(三峯島) 파견이 좌절되자 정부에서는 다시 삼봉도초무사(三峯島招撫使)의 파견을 계획하였고, 이 계획은 다음해(1480, 성종 11) 2월에 확정되었다. 초무사(招撫使)·부사(副使)와 경군(京軍) 중에서 선발하는 군관(軍官) 각 10명, 경기수군(京畿水軍)·어부(漁夫)·염부(鹽夫, 소금 굽는 사람) 중에서 선발하는 고공(篙工, 사공) 30명으로 사행(使行)을 구성한다는 것이었다.[80] 그리고 이런 결정에 따라, 곡절을 겪은 끝에, 심안인(沈安仁)이 초무사에, 성건(成健)이 부사에 임명되었다.[81]

정신(廷臣)들 사이에는 초무사(招撫使) 파견에 반대하는 이들이

---

78) 『成宗實錄』, 成宗 10年 10月 壬子, 閏10月 戊午.

79) 『成宗實錄』, 成宗 10年 閏10月 戊寅, 12月 庚午·丙子.

80) 『成宗實錄』, 成宗 10年 12月 丙子, 11年 2月 壬戌.

81) 『成宗實錄』, 成宗 11年 2月 庚午·甲戌·戊寅, 3月 戊子·丁酉.

많았던 것 같다. 섬의 유무를 확실히 안 뒤 파견해야 한다는 것이었다. 그러나 국왕은 파견을 고집하였고, 초무사 심안인(沈安仁)은 이해(1480, 성종 11) 3월에 사폐(辭陛, 사명을 띠고 외지로 가는 관원이 왕에게 올리는 하직<下直>인사)하였다. 초무사 일행은 영안도(永安道)로 가 이미 석방된 김한경(金漢京) 등과 합류, 9척의 선박을 동원하여 삼봉도(三峯島)로 출발할 예정이었다.[82] 그러나 심안인(沈安仁)이 떠난 지 얼마 안 되어, 흙비가 내려 풍수가 고르지 못하다는 이유로 소환령이 내림으로써 초무사의 삼봉도행은 중단되었다.[83]

초무사의 삼봉도행(三峯島行)이 중단되자 1481년(성종 12) 초에 정부에서는 다시 삼봉도수득책(三峯島搜得策)을 결정하였다. 영안도(永安道) 자원인 30여 명으로 하여금 국왕의 유서(諭書)를 휴대·입송케 하되 섬의 소재를 확실히 알게 되면 사절을 보내어 거민을 초무하며, 초무에 응하지 않을 때는 군사를 보내어 토벌한다는 것이었다. 영안도관찰사 이극돈(李克墩)의 헌의(獻議)에 따른 것이었다.[84] 그러나 이 수득책(搜得策)도 실현되었던 것 같지 않다. 적어도 『성종실록』에는 그러한 기록이 보이지 않기 때문이다.

국왕[성종]의 온갖 노력에도 불구하고 삼봉도(三峯島)는 마침내 찾아내지 못하였다. 그렇다고 삼봉도 또한 가공의 섬으로 보긴 어렵다. 그것은 아마도 독도이거나 울릉도였을 것이다. 그리고 실제로 김한경(金漢京)·김자주(金自周) 등이 삼봉도로부터 7~8리 떨어진 곳까지 다녀와서(1476, 성종 7) 한 지형·지리에 대한 설명은 오늘의 독도와 일치하며, 삼봉도 정토 문제를 논의하는 자리에서

82) 『成宗實錄』, 成宗 10年 12月 丙子, 11年 3月 辛卯·丁酉.
83) 『成宗實錄』, 成宗 11年 5月 己酉.
84) 『成宗實錄』, 成宗 12年 1月 甲申.

(1479, 성종 10) 삼봉도 옆에 2호(戶)가 사는 작은 섬이 있다는 보고는 지세 지리상 그것이 울릉도와 죽도(竹島, 죽서<竹嶼>)였음을 말하여 준다.

요컨대 15세기 초엽 이래 울릉도에 대한 공도정책이 계속 시행되어 거민들을 쇄환하고 이들에게 '본국(本國)을 모배(謀背)한 죄(罪)'를 적용, 처형한 결과 연해민들의 왕래는 끊어지게 되고, 그리하여 우산도나 무릉도는 점차 잊혀져 가는 섬들이 되었다. 그리고 그 대신 동해에 요도(蓼島)니 삼봉도(三峯島)니 하는 섬이 있다는, 필경에는 독도와 울릉도를 일컫는 것으로 보아야 할 신도설(新島說)이 세종·성종대에 특히 함길도(咸吉道, 영안도<永安道>) 연해민들 사이에 나돌게 되었던 것이다.

「동국여지승람」의 우산도·울릉도 기사를 그대로 옮겨 실은 『신증동국여지승람』(1530, 중종 25) 강원도 울진현조에서 "두 섬(우산도·울릉도)이 울진현 정동 바다 가운데 있다"고 하여 『세종실록』 지리지의 기록을 계승하면서도 그 주기(注記)에서 "일설에는 우산·무릉은 본디 한 섬이라고 한다"는 단서를 붙이고 있는 것도, 이와 같은 사정을 반영하는 것이라고 하겠다.

사람들의 왕래가 끊기면서 우산(于山)·무릉도(武陵島)는 점차 잊혀져 갔고, 그리하여 신도설이 나돈 것은 매우 자연스러운 현상으로 보아야 할 것이다.[85] 그리고 울릉도와 우산도가 다시 주목을 받기 시작하는 것은, 조·일(朝·日) 양국 간에 울릉도 영유권

---

85) 그러한 예는 일본에서도 찾아볼 수 있다. 막부에서 죽도, 즉 울릉도가 조선 영토임을 인정하여 17세기 말(1696, 숙종 22, 원록 9)에 죽도도해금지령(竹島渡海禁止令)을 내린 결과 죽도(竹島, 울릉도)와 송도(松島, 독도)는 점차 잊혀져 갔고, 그 대신 19세기 중엽(막부 말, 명치 초)부터 죽도를 송도로, 송도를 량고도(リャンコ島)로 부르게 된 것이 그러한 것이다. 이에 관하여는 이 책, pp.136~138 참조.

분규가 매듭지어지고, 이와 거의 때를 같이하여 울릉도 수토제도(搜討制度)가 실시되는 17세기 말엽부터였다.[86]

86) 울릉도 수토제도(欝陵島 搜討制度)에 대하여는 이 책 4장 「울릉도 수토제도의 확립과 지리적 지견의 확대」 참조.

2

안용복의 활동과 울릉도쟁계 1

-안용복의 일본 피랍과 죽도(울릉도)도해금지령-

15세기 초엽 이래의 공도정책(空島政策)으로 점차 잊혀져 갔던 울릉도(欝陵島)가 다시 주목받기 시작하는 것은 조선 후기로 들어선 17세기 말엽(숙종조)부터였다. 그리고 그 직접적인 계기가 된 것이 동래(東萊) 노군(櫓軍) 안용복(安龍福)의 일본 피랍사건(日本被拉事件, 1693, 숙종 19)과 일본밀항정문사건(日本密航呈文事件, 1696 · 숙종 22, 정문<정단 · 呈單>은 소장<訴狀>의 정납<呈納, 제출>), 그리고 일본 측(대마도주<對馬島主>)의 집요한 울릉도(죽도<竹島>) 일본영유권 주장이었다.

조 · 일(朝 · 日) 간의 울릉도 영유권 분규, 즉 울릉도쟁계(欝陵島爭界)[1]는 막부(幕府)가 이 섬이 조선의 지계(地界)임을 인정하여 일

1) 조선 후기 예조(禮曹) 관원들의 실무 지침서인 『춘관지(春官志)』(1744 · 영조 20 편찬, 1781 · 정조 5 증보)에서도 조 · 일 간의 울릉도 영유권 분규(1693~1699)를 다루고 있는데, 이를 '울릉도쟁계(欝陵島爭界)'로 이름붙이고 있다. 일본에서는 '죽도일건(竹島一件)'이라고 한다.

본 어민의 왕래를 금한다는 명을 내리고, 대마번이 이 사실을 조선 측에 알려 옴으로써(1696, 숙종 22) 일단 매듭지어졌다. 그러나 이 사건은 조선으로 하여금 울릉도 비어책(備禦策)에 관심을 갖게 하여 분규가 시작되면서 삼척첨사(三陟僉使) 장한상(張漢相)의 순찰이 있었고(1694, 숙종 20), 분규가 매듭지어지면서 울릉도 수토(搜討, 순검<巡檢>, 수색<搜索>)가 정식화(定式化, 정식은 법식<法式> 또는 제도<制度>)되어(1697, 숙종 23) 전임도장제(專任島長制)가 실시되기 직전인 19세기 말엽(1895, 고종 31, 음12월)까지 약 2세기에 걸쳐 계속되었다.

한편 서양인들이 울릉도와 독도를 발견한 것도 조선 후기의 일이었다. 울릉도는 1787년(정조 11) 프랑스 해군 대령 라 뻬루즈(La Pe'rouse, Jean Francois Galaup de)가 이끄는 부솔(Boussole)함 등이 발견하여, 일행 중 최초의 목격자 해군사관학교 교수 다줄레(Dagelet, Lepaute)의 이름을 따 '다줄레도(I'le Dagelet島)'로 명명되었고, 독도는 1849년(헌종 15) 프랑스 포경선(捕鯨船) 리앙쿠르(Liancourt) 호가 발견하여 이 배 이름을 따 '리앙쿠르 암초(Rochers Liancourt)'로 명명되었다.[2)]

서양인의 울릉도·독도 발견, 안용복의 피랍·밀항 정문사건, 울릉도 영유권 분규, 즉 울릉도쟁계, 울릉도 수토제도 등은 조선 후기의 울릉도, 나아가 독도의 역사를 살피는 데 있어 중요한 과제가 되는 것들이다. 그리하여 필자는 그동안 안용복(安龍福)의 피랍·정문사건, 울릉도쟁계, 울릉도 수토제도 등의 3과제에 주목하여 왔고, 그 결과를 「울릉도쟁계와 수토제도의 확립」이란 제목으로 『고쳐 쓴 울릉도와 독도』(단국대학교출판부, 2005)에 수록(제2장)한 바 있다. 그러나 안용복(安龍福)의 피랍·정문사건과 울

---

2) 田保橋潔, 「鬱陵島 その發見と領有」, 『靑丘學叢』 3(1931), pp.1～12.

릉도쟁계의 경우, 최근 일본에 있어서의 연구 성과를 미처 충분히 검토 참고하지 못한 것이었다.

본고는 이러한 점을 보완하는 한편, 이를 통하여 관계 한국 및 일본자료의 재해석을 시도한 것이다. 제목을 원제목 「울릉도쟁계와 수토제도의 확립」 중에서 울릉도쟁계를 독립시켜, 「안용복의 활동과 울릉도쟁계」로 정하고, 우선 제2장에서는 쟁계의 전기라고 할 수 있는 안용복(安龍福)의 일본 피랍(被拉, 1693)부터 죽도(울릉도)도해금지령(1696. 1)까지를 (1) 안용복의 일본 피랍, (2) 조·일의 울릉도(죽도)영유권 협상, (3) 죽도도해금지령으로 나누어 살펴보기로 한다.[3)]

Ⅰ. 안용복의 일본 피랍

조선 후기로 접어들면서, 늦어도 조일 양국 간에 영유권 분규가 일기 시작하는 17세기 말엽(숙종조)부터 울릉도에는 다시 내륙인들이 왕래하기 시작하였다. 동래부(東萊府)의 노군(櫓軍) 안용복(安龍福)과 울산(蔚山)의 염한(塩干) 박어둔(朴於屯)도 1693년(숙종 19) 3월에 울릉도(欝陵島)에 출어(出漁, 고기잡이를 나감)했었는데, 이들은 그곳에 와 있던 일본 어민들에게 붙들려 일본으로 끌려갔다.[4)]

3) 안용복(安龍福)의 피랍・밀항 정문사건, 울릉도쟁계, 서양인들의 울릉도・독도 발견과 관련해서는 일찍이 전보교결(田保橋潔)의 고전적 연구 -「鬱陵島 その發見と領有」(『青丘學叢』 3<1931>, pp.1~30) 가 있다. 안용복(安龍福)의 일본 피랍・정문사건과 울릉도쟁계에 관한 최근의 연구로는 내등정중(內藤正中)의 『竹島(鬱陵島)をめぐる日朝關係史』(東京 : 多賀出版, 2000)가 자세하고, 지내민(池内敏)의 (『大君外交と「武威」』(名古屋:名古屋大學出版會, 2006)가 치밀하다.

안용복(安龍福)이나 박어둔(朴於屯)의 신상은 잘 알려져 있지 않다. 그런데 1828년(순조 28, 문정<文政> 11)에 조취번(鳥取藩)의 번사(藩士) 강도정의(岡嶋正義)가 저술한 『죽도고(竹島考)』에는 두 사람의 신상에 관한 약간의 기록을 전하고 있다. 즉 안용복(安龍福)은 피랍 당시 일본 어민들에게 자신은 동래 사람으로 42세이며, 안삔샤(アンピンシヤ), 또는 안삐샹(アンピシヤン)·안뻰죠(アンペンチウ), 즉 안비장(安裨將, 비장은 감사·유수·병사·수사<監司·留守·兵使·水使> 등을 수행하는 무관)으로 불리우며, 염한(塩干) 박어둔(朴於屯)은 자신의 종자(從者, 수행하는 사람)로 울산 사람이며 나이는 34세, 이름은 도라헤(トラヘ)라고 밝혔다.5)

『죽도고』에는 안용복(安龍福)과 박어둔(朴於屯)의 신상을 적은 다음과 같은 요패(腰牌, 허리에 차는 패), 즉 호패(號牌)도 소개하고 있다.6) 원문 옆의 [ ]나 □ 안의 글자는 필자가 해석 판독한 바를 적어 넣은 것이다.

---

4) 『承政院日記』, 肅宗 19年 11月 13日; 『肅宗實錄』, 肅宗 19년 11월 丁巳, 20年 2月 癸酉; 『邊例集要』 下(國史編纂委員會, 1970) 17, 欝陵島 1693年 12月, 1694年 8月; 申景濬, 『疆界考[誌]』(高麗大學校 中央圖書館 所藏), 「欝陵島」·「安龍福事」; 『東國文獻備考』(國立中央圖書館 所藏) 「輿地考」 13, 關防 3, 海防 1, 東海 蔚珍; 『萬機要覽』, 軍政篇(朝鮮總督府 中樞院, 1937) 4, 海防, 東海, 「文獻備考欝陵島事實」; 『朝鮮通交大紀』 8; 『善隣通交事考』, 「考竹島一件事考」; 『竹島考』 下(岡山正義, 1828, 「大谷之船人拿歸朝鮮人」); 田保橋潔, 「鬱陵島 その發見と領有」, 『靑丘學叢』 3, pp.14~15.

5) 『竹島考』 下, 「大谷之船人 拿歸朝鮮人」.

6) 위와 같다. 요패는 군졸(軍卒)이나 조례(皂隷, 관청에서 부리는 하인)가 허리에 차는 나무패를 말하는데, 여기서는 호패를 가리킨다.

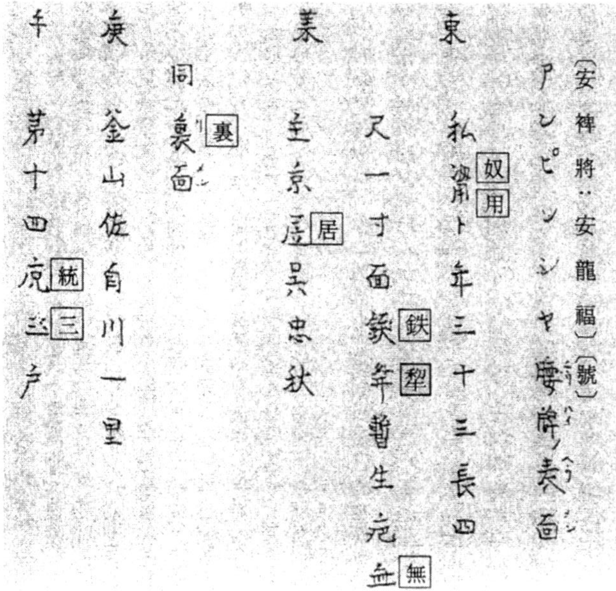

［도판 2］ 안비장(安裨將, 안용복<安龍福>)의 호패(號牌 1690, 숙종 16) 표·이면(表·裏面), 『죽도고(竹島考)』(1828, 조취현립박물관 소장) 하(下) 소수.

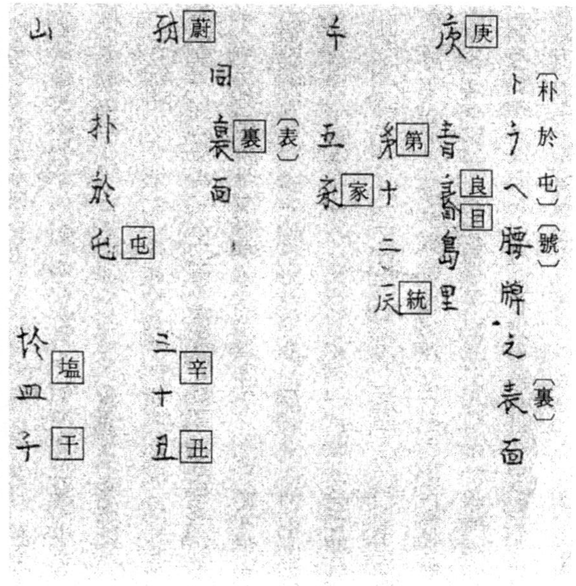

［도판 3］ 박어둔(朴於屯)의 호패(號牌 1690, 숙종 16) 이·표면(裏·表面), 『죽도고(竹島考)』(1828, 조취현립박물관 소장) 하(下) 소수.

이 호패의 기록에 의하면 안용복(安龍福)은 서울에 사는 오충추(吳忠秋)의 사노(私奴)로 주소를 부산 좌자천1리 14통 3호(釜山 佐自川一里 十四統 三戶, 현재의 부산 동구 좌천동<釜山 東區 佐川洞>)에 두고 있었다. 그러니까 그는 사노이자 외거노비(外居奴婢)였던 것이다. 그는 노비이기 때문에 미처 성도 없이 '용복(用卜)'이라는 이름만 가지고 있었던 것 같다. 나이도 일본 선원들에게 42세라고 하였지만 호패를 발급한 경오년(1690, 숙종 16) 당시가 33세였으므로 1693년 현재 36세가 된다. 얼굴은 검은데 검버섯이 돋았고 흉터는 없으며 키는 4척 1촌으로 기록되어 있다. 키가 너무 작은 편인데 당시의 신장척(身長尺)에 의한 것으로 환산하면 1m 46㎝가 된다. 옮겨 적는 과정에서 잘못이 있었는지도 모른다. 『죽도고』의 저자도 요패의 전사(傳寫)상의 잘못이 있음을 지적하고 있다.7)

박어둔(朴於屯)은 소금을 굽는 염한(塩干, 염부<塩夫>)으로 '신축(辛丑)'생, 즉 1693년 현재 33세이며, 주소는 울산 청량 목도리 12통 5가(蔚山 靑良 目島里 十二統 五家, 현재의 울주군 온산면 방도리 목도<蔚州郡 溫山面 方島里 目島>)였다. 이 기록은 서울대학교내 규장각 소장 「울산호적대장(蔚山戶籍臺帳)」(1687, 숙종 13)에 실려 있는 박어둔(朴於屯, 朴於叱屯<박엇둔>)의 호적기록과 일치하고 있다. 두 호패의 기록이, 전사상의 잘못은 있을지라도, 정확하게 작성된 것임을 말해준다.8) 두 사람은 노군(櫓軍, 노를 젓는 수졸<水卒>)·염한(塩干)이라는 천역(賤役)을 지고 있었지만 안용복(安龍福)의 신분은 천민(賤民)이었고, 박어둔(朴於屯)은 양인(良人)이었다.

안용복(安龍福)의 주소였던 부산 동구 좌천동 이웃에는 왜관(倭

---

7) 주 5); 이준구, 「17세기 말 號牌·戶籍이 말하는 울릉도·독도 파수꾼 安龍福과 朴於屯」, 『朝鮮史硏究』 14(2005), pp.73~74.

8) 주 5); 이준구, 위 논문, 『朝鮮史硏究』 14, p.62의 주 8), pp.74~76.

館)이 있었고, 좌천동에서 그리 멀지 않은 곳에 경상좌수영(慶尙左水營)이 있었다. 안용복(安龍福)은 바로 "동래부(경상좌수영<慶尙左水營>) 전선(戰船)의 노군이었다. [그리고 진작부터]왜관을 출입하여 왜어(倭語, 일본어)를 잘 하였다." 안용복(安龍福, 1658~?)과 거의 같은 시기의 실학자 성호(星湖) 이익(李瀷, 1681~1763)의 저서 『성호사설(星湖僿說)』의 기록이다.[9)]

안용복(安龍福) 등을 붙들어 간 일본인들은 백기주(伯耆州) 미자정(米子町) 대곡가(大谷家) 등의 선원(船員, 어부)들이었다. 일찍이 1625년(인조 3, 관영<寬永> 2)에 미자정(米子町)의 대곡·촌천(大谷·村川) 양가(兩家)에서는 막부(幕府)로부터 죽도도해(竹島渡海)를 면허받아 울릉도 근해에서의 고기잡이를 독점해 왔다. 그런데 이제 조선인들의 출어가 있자 대곡가(大谷家) 등의 어부들은 이를 그 어장(漁場)에 대한 침범으로 보고 전년(1692, 숙종 18, 원록<元祿> 5)부터 그 증인으로 조선 어민의 납치를 모의하여 오다가 이제 드디어 실현에 옮겼던 것이다.[10)]

안용복(安龍福) 등은 대곡가(大谷家)의 어선에 실려 3월 18일 울릉도를 출발하였고, 20일 은기도(隱岐島)의 복포(福浦)에 도착했다. 복포에서는 재번역인(在番役人)의 조사를 받았다.[11)] 안용복(安龍

---

9) 李瀷, 『星湖僿說』「鬱陵島」; 鄭淳台, 「안용복, 그는 누구인가」, 『WIN』 1995. 5月號, p.259; 金鴻均, 「특종 현지추적-안용복의 일본행적」, 『WIN』 1995. 5月號, p.282; 金學俊(Hosaka Yu Ji 譯), 『獨島·竹島 韓國の論理』(東京 : 論創社, 2004), pp.70~71.

10) 주 4)와 같다.

지내민(池內敏)에 의하면, 대곡(大谷)·촌천(村川) 양가의 죽도도해면허는 조취번주 앞으로 내려졌고, 1회에 한하여 발급되었다고 한다. 그러므로 양가의 죽도 어업이 1696년(숙종 22)까지 계속되었다는 것은 비정상적인 것이었다(池內敏, 앞의 책, pp.249~251).

11) 內藤正中, 앞의 책, pp.67~69, 「隱岐の安龍福」, 『北東アジア文化研究』

福)이 대담(對談)하였다는 '은기도주'는 바로 이 재번역인을 과장한 것이었다. 안용복(安龍福)은 '은기도주'에게 울릉도(죽도)가 조선의 지계(地界)임을 들어 자신에 대한 납치 구금의 부당성을 주장하였다.[12)]

안용복(安龍福) 등은 23일 복포를 출발, 도전(島前), 운주(雲州) 장빈(長濱)을 거쳐 27일 미자(米子)에 도착하였다. 미자에서는 조취번(鳥取藩)의 가로(家老)이며 미자의 성주인 황미대화(荒尾大和), 성주의 백부(伯父) 황미수리(荒尾修理) 등의 조사를 받았다. 안용복(安龍福)에 의하여 '백기주태수(伯耆州太守)'로 격상된 황미대화(荒尾大和) 등의 조사는 4월 하순(28일)까지 계속되었다.[13)]

안용복(安龍福)은 조사를 받으면서 울릉도와 자산도가 조선령임을 설득, 이 사실을 인정하는 공문의 발급을 요청하였고, 마침내 조취번은 그의 주장을 수용하여 두 섬이 조선령임을 인정하는 문서(서계, 공문)를 발급하였다고 한다.[14)] 그 시기는 짐작컨대, 후술하는 바와 같이, 안용복(安龍福) 등이 막부의 지시에 따라 장기(長崎)로 이송되어가는 도중 조취 성하(城下, 성을 중심으로 발달한 시가 <市街>)에 들려 머물렀던 1주일(6월1일~7일), 그 중에서도 6월 2일 쯤이 아니었을까 한다. 조취번의 서계(공문) 발급 시기나 안용

22(2005).

12) 申景濬, 『疆界考』, 「安龍福事」; 『東國文獻備考』 「輿地考」 13, 關防 3, 海防 1, 東海 蔚珍.

13) 內藤正中, 위의 책, pp. 67~71.

14) 『肅宗實錄』 肅宗 22年 9月 戊寅, 10月 丙申; 申景濬, 『疆界考』, 「安龍福事」; 『東國文獻備考』 「輿地考」 13, 關防 3, 海防 1, 東海 蔚珍.

자산도(子山島)는 우산도(于山島)의 이칭(異稱)으로 후술(3장 주 4)하는 바와 같이 일본에서 부르던 송도(松島), 즉 오늘의 독도(獨島, 죽도 <竹島>)를 가리킨다.

복(安龍福) 주장 수용에 대해서는 뒤에 다시 언급하기로 한다.

조사가 끝나자 곧 「조선인의 구술서(唐人の口書)」 등이 작성되어 강호(江戶)의 번저(藩邸, 강호에 있는 제후의 저택)에 머무르고 있는 송평(松平) 번주에게 보내졌다(4월 말). 번저로부터 안용복(安龍福) 등에 대한 조사결과를 보고받은 막부(월번<月番> 노중<老中, 관백 직속의 정무담당 최고책임자> 토옥상모수<土屋相模守>)는 5월 13일자로 조취번에 '조선인들(안용복<安龍福> 등)을 장기(長崎)로 이송할 것을 지시하는 한편, 같은 날 대마번(對馬藩) 강호유수거(江戶留守居)로도 안용복(安龍福) 등을 장기에서 대마로 이송, 귀국시키고 조선 어민의 죽도 출어금지를 조선 측에 요청하라는 지시가 내렸다. 이 지시는 5월 26일 조취번에, 6월 3일 대마번에 도착되었다.[15]

번청(藩廳)의 지시에 따라 안용복(安龍福) 등이 5월 29일 미자를 떠나 조취성하에 당도한 것은 6월 1일, 그로부터 6월 7일 장기로 떠날 때까지의 1주일을 이곳에서 머물렀다. 성하에서의 첫날 밤은 황미대화(荒尾大和)의 저택(별장)에서 지냈다. 나머지 6일 동안은 정회소(町會所, 정<町>의 회관<회합장소>)에서 숙식을 하였다. 융숭한 대접이었다. 정회소로 옮긴 6월 2일 밤에 안용복(安龍福)은 황미대화(荒尾大和)의 저택에서 황미(荒尾)를 비롯한 조취번의 중신 4명과 모임을 가졌다.[16] 안용복(安龍福)이 울릉도와 자산도가 조선령이라는 조취번의 서계(공문)를 받은 것이 바로 이 자리가 아니었을까 한다.

안용복(安龍福) 등은 6월 7일 성하를 떠나 장기로 향하였다. 해

---

15) 內藤正中, 앞의 책, pp. 71~74; 池內敏, 앞의 책, pp.277~280.

16) 『竹島考』 下, 「大谷之船人 拿歸朝鮮人」; 內藤正中, 앞의 책, pp. 71~74.; 池內敏, 앞의 책, pp.277~280.

로(海路)가 아닌 육로(陸路)였다. 이날 조취번에서 베푼 전별(餞別)도 각별한 것이었다. 호송사절이 구성되고 안용복(安龍福) 등은 교자(轎子)에 타는 환송을 받았던 것이다. 『죽도고』의 저자 강도정의(岡嶋正義)는 이를 두고 "실로 희유(稀有)의 변사(變事)"라고 평하였다.[17] 있을 수 없는 일이 일어났다는 것이다. 그러나 이 각별한 전별은 성하에서의 환대, 서계(공문)의 발급과 함께 안용복(安龍福)이 무엇인가 조취번에 공헌하게 된 데 대한 배려나 보답으로 보아야 할 것이다.

생각건대 안용복(安龍福)이 조취번에 크게 공헌한 것이란 두 섬이 조선령이라는 사실을 명확히 함으로써 조취번으로 하여금 죽도도해어업이 해금(海禁, 해외 왕래를 금함)에 노출되어 온 번(藩)이 곤경에 빠지게 되는 위급한 처지에 놓여 있다는 것을 깨닫게 하여준 데 있다고 보인다. 이에 대하여는 뒤에서 다시 언급하게 될 것이다.

안용복(安龍福) 등이 장기(長崎)에 도착한 것은 6월 말(30일)이었고, 7월 1일 장기 봉행소(長崎 奉行所, 막부의 대외 업무를 담당하는 지방장관인 장기봉행<長崎奉行>들이 집무하는 곳)에 인계되었다. 다시 대마번 사자(使者)에게 인계되어(8월 14일) 대마에 도착한 것은 9월 초(3일)였다.[18] 그런데 장기로 인도된 뒤부터 처우가 일변하고 있다. 안용복(安龍福) 등에 대한 침책(侵責, 침범하여 꾸짖음)이 시작되었던 것이다. 대마번에 당도하여서는 조취번에서 받은 서계(공문)를 빼앗겼다.[19] 울릉도(죽도)를 일본령으로 간주하여 안용복(安龍福) 등을 범경죄인(犯境罪人)으로 몰았던 것이다.

---

17) 『竹島考』 下, 「大谷之船人 拿歸朝鮮人」

18) 주 15)와 같다.

19) 『肅宗實錄』, 肅宗 22年 10月 丙申・甲辰; 申景濬, 『疆界考』, 「欝陵島」・「安龍福事」; 『東國文獻備考』 「輿地考」 13, 關防 3, 海防 1, 東海 蔚珍.

Ⅱ. 조·일의 울릉도(죽도) 영유권 협상

대마도는 일찍이 15세기 초부터 울릉도 영유를 획책하여 왔었다.[20] 그러므로 조선 어민의 죽도 출어(出漁)금지를 조선 측에 요청하라는 막부의 지시는 그 숙원을 실현할 수 있는 좋은 기회를 맞게 된 것이라고 할 수 있다. 그리고 그것은 새 영지(領地)를 취

---

20) 가령 1407년(태종 7)에는 수호(守護) 종정무(宗貞茂)가 사람을 보내어 대마도 내의 여러 부락을 이끌고 무릉도(茂陵島, 울릉도)에 옮겨 살기를 청하였다. 울릉도 영유를 획책한 것이었다(『太宗實錄』 太宗 7年 3月 庚午).

조선 후기로 들어와 1614년(광해군 6) 6월에는 대마번에서 선박 3척을 보내어 경상・강원도 사이에 있다는 의[기]죽도(礒[磯]竹島)를 조사한다 하였고, 이어 이 섬에 대마도민을 이주시키겠다는 서계를 보내왔다. 울릉도가 조선령임을 알고 있으면서도 공도임을 기화로 그 영유를 도모한 것이었다. 이에 이해 7월과 9월에 조선 측(동래부사)에서는 의[기]죽도가 조선령 울릉도임을 설명하고 이 섬을 왕래하는 선박은 해적선으로 논할 것임을 경고하였다(『光海君日記』 (太白山・鼎足山本), 光海君 6年 9月 辛亥; 『肅宗實錄』 肅宗 20年 8月 己酉, 21年 6月 庚戌; 『邊例集要』 下 17, 鬱陵島, 1614年 6月; 申景濬, 『疆界考』, 鬱陵島; 『東國文獻備考』 「輿地考」 13, 關防 3, 海防 1, 東海 蔚珍; 『朝鮮通交大紀』 권 5 ; 田保橋潔, 「鬱陵島 その發見と領有」, 『靑丘學叢』 3<1931>, pp.13~14, 崔南善, 「鬱陵島와 獨島」, 『六堂全集』 2<高麗大學校 亞細亞問題硏究所, 1973>, p.684; 內藤正中, 앞의 책, pp.32~33.).

그런데 대마도주는 이 동래부사의 설명이나 경고를 때마침 있었던 대판(大阪)의 역(役) 때문에 막부에 미처 보고하지 못하였다. 그리하여 막부는 이 사실을 모른 채 송평백기수(松平伯耆守)에게 대곡・촌천(大谷・村川) 양가(兩家)의 죽도도해면허를 내주었고(1625년), 이후 양가에서는 근 70년 동안 울릉도에서 어채를 해 왔었던 것이라고 한다(北澤正誠, 「竹島版圖所屬考」).

득하는 것이어서, 다음에서 언급하는 안용복(安龍福)의 지적처럼, 대마번이 강호(막부)에 공을 세우는 계책이 되기도 하는 것이었다.

대마번은 이해(1693) 10월에 차왜(差倭, 사자<使者>) 귤진중(橘眞重, 다전여좌위문<多田與左衛門>)을 조선으로 파견하였다. 그가 안용복(安龍福) 등을 대동하고 대마를 떠나(10월 22일) 부산 왜관에 당도한 것은 11월 초, 원록(元祿) 6년(1693, 숙종 19) 9월자로 된 "본국 죽도"로의 출어(出漁)금지를 요청한 예조(예조참판)로 보내는 도주의 서계를 전하였다.[21] 막부에서 지시한 것은 조선 어민의 죽도로의 출어금지였는데 여기에 "본국"이 추가된 것이 주목된다. 영유권 문제를 들고 나온 것이었다. 교섭에 임하는 일본 측(대마도) 입장은, 조선이 임란 후부터 울릉도 지배를 방기(放棄)하였는데 반하여 일본은 오랫동안에 걸쳐 지배하여 왔으므로, 이 섬은 일본의 영토라는 데 있었던 것이다.[22]

조선 측에서는 교리(校理) 홍중하(洪重夏)를 접위관(接慰官)으로 발령, 동래로 파견(12월 7일)하여 안용복(安龍福) 등을 인수(12월 10일)하는 한편, "귀계죽도(貴界竹島, 귀국의 地界 죽도)"로의 출어를 금지시키되 "폐경지울릉도(弊境之欝陵島, 우리 地境 울릉도)" 즉 울릉도가 조선령임을 밝히는 다소 애매한 내용의 12월 자 예조(참판 권해<權瑎>)의 서계를 전하였다. 죽도가 울릉도임을 분명히 인식하고 있으면서도 일본과의 마찰을 피하여 소극적 자세를 취했던

---

21) 『肅宗實錄』, 肅宗 20年 2月 辛卯, 8月 己酉, 22年 9月 戊寅; 『邊例集要』 下 17, 欝陵島, 1693年 12月; 『通文館志』(朝鮮史編修會, 1944) 9, 紀年, 肅宗 19年 癸酉; 申景濬, 『疆界考』, 「欝陵島」·「安龍福事」; 『東國文獻備考』 「輿地考」 13, 關防 3, 海防 1, 東海 蔚珍; 『朝鮮通交大紀』 권 8; 『善隣通交事考』, 「告竹島一件事考」; 『田保橋潔, 앞의 論文, 『靑丘學叢』 3, p.15; 池內敏, 앞의 책, p.284.

22) 池內敏, 앞의 책, pp.285~286.

것이다. 좌의정 목래선(睦來善), 우의정 민암(閔黯)의 계청에 따른 것이었다.[23]

울릉도 소속에 관한 조선 측의 소극적 자세는 여기에서 그치지 않는다. 회답서계 사본을 받은 차왜(差倭) 귤진중(橘眞重)은 다음해(1694) 1월 조선 차비관(差備官) 박동지(朴同知)와 "폐경지울릉도" 삭제하는 문제를 논의하였다. 그런데 이 자리에 참석한 한 역관(박첨지<朴僉知>?)이 울릉도라는 명의만 존속시킨다면 그 토지는 일본 측에 넘길 수 있다는 조선 측의 입장을 밝히고 있는 것이다. 『여지도(輿地圖)』(『여지승람<輿地勝覽>』)에 실려 있는 조종조(祖宗朝)의 땅 울릉도를 명목상으로나마 지키는 것으로 만족하겠다는 것이었다.[24]

---

23) 『肅宗實錄』, 肅宗 19年 11月 丁巳, 20年 2月 辛卯; 『邊例集要』 下 17, 欝陵島, 1693年 12月; 申景濬, 『疆界考』, 「欝陵島」; 『東國文獻備考』 「輿地考」 13, 關防 3, 海防 1, 東海 蔚珍; 『朝鮮通交大紀』 권 8; 『善隣通交事考』, 「告竹島一件事考」; 田保橋潔, 앞의 論文, 『靑丘學叢』 3, pp.15~16; 池內敏, 앞의 책, p.286.

24) 『善隣通交事考』, 「考竹島一件事考」; 池內敏, 앞의 책, pp.288~289.
귤진중(橘眞重)은 2월에도 "울릉도"의 삭제문제를 차비관 박동지(朴同知)와 논의하였다. 박동지(朴同知)는 울릉도가 조선령임은 『여도(輿圖)』(『여지승람<輿地勝覽>』)에 실려 있고 상국(上國, 중국)에도 알려져 있으므로 마치 버린 땅을 일본이 줍는 것처럼 되어서는 조선 정부의 외문(外聞, 외부[국]의 평판)도 손상되는 만큼 "울릉도"는 삭제할 수 없는 것이라고 주장하였다. 그런데 지내민(池內敏)은 울릉도가 조선령이라는 사실이 중국에 알려졌기 때문에 "울릉도"를 삭제할 수 없다는 주장은 조공체제하의 조청관계를 염려한 때문으로 보고 있다(池內敏, 앞의 책, pp.78~79, 289~290). 그러나 중국(청국)은 일찍부터 조선의 내·외정에 간여하지 않았다. 19세기 중엽까지는 그러했다. 그러므로 박동지(朴同知)가 "울릉도"를 삭제할 수 없다고 한 것은 그의 지적대로 '외문(外聞)' 때문으로 보아야 할 것이다.

대마번은 여기에 만족하지 않았다. 1694년(숙종 20) 윤 5월에 차왜 귤진중(橘眞重)을 다시 부산으로 파견, 서계를 보내어 회답서계에 들어있는 '울릉(蔚陵)' 2자의 삭제를 요청하였다. 이런 요구가 받아들여진다면 회답서계에는 "귀계 죽도"만 남게 되어 울릉도는 사실상 대마도주의 관할로 들어가게 되고, 따라서 일본의 판도가 되어 버리는 것이었다.[25] 대마도주의 간교한 술책의 일단을 엿볼 수 있는 사례라고 할 것이다.

대마도의 이러한 요구를 두고 정부 내에서는 온건론이 고개를 들기도 하였다. 그 요구를 들어주자는 것이었다. 그러나 점차 강경론이 우세하여 갔다. 그리하여 접위관 유집일(兪集一)을 다시 동래로 파견하여(8월) 앞서의 서계를 회수하고 영의정 남구만(南九萬)이 개작(改作)한 서계를 왜관으로 전하였다(9월 10일). 예조참판 이여(李畬) 명의의 이 서계에는 죽도(竹島), 즉 울릉도(欝陵島)는 강원도(江原道) 울진현(蔚珍縣)의 속도(屬島)요, 따라서 조선 어민이 범계(犯界, 경계를 침범함)한 것이라고 할 수 없으며, 앞으로 일본 연해민(沿海民)의 울릉도 왕래를 금한다는 강경한 내용을 담고 있었다.[26]

정부가 강경론으로 선회한 데에는 접위관 유집일(兪集一, 1694,

---

25) 『肅宗實錄』, 肅宗 20年 2月 辛卯; 『邊例集要』 下 17, 欝陵島, 1694年 2月; 『通文館志』 9, 紀年, 肅宗 21年 乙亥; 『朝鮮通交大紀』 권 8; 『善隣通交事考』, 「告竹島一件事考」; 田保橋潔, 앞의 論文, 『靑丘學叢』 3, p.16; 內藤正中, 앞의 책, pp.76~77; 池內敏, 앞의 책, pp.290~291.

26) 『肅宗實錄』, 肅宗 20年 2月 辛卯, 8月 己酉; 『邊例集要』 下 17, 欝陵島, 1694年 8·10月; 『通文館志』 9, 紀年, 肅宗 21年 乙亥; 『朝鮮通交大紀』 권 8; 『善隣通交事考』, 「告竹島一件事考」; 田保橋潔, 앞의 論文, 『靑丘學叢』 3, pp.17~18; 內藤正中, 앞의 책, pp.77~78; 池內敏, 앞의 책, pp.291~292.

숙종 20. 1월 부임)의 조사에서 한 안용복(安龍福)의 진술 등이 크게 작용하였다. 안용복(安龍福)은 접위관에게 처음에 일본에 도착해서는 대우가 매우 좋았는데 장기로 오면서부터 침책(侵責)이 시작되었으며, 대마도 서계의 죽도에 관한 주장은 장차 강호(막부)에 공을 세우려는 계책임을 알렸다. 이에 접위관이 차왜(差倭)에게 조선에서 일본(막부)으로 서계를 보내어 안용복(安龍福) 등을 침책한 정황을 갖추어 말할 것이라고 하였더니 그들(차왜)이 실색을 하더라는 것이었다. 이런 사실은 접위관이 귀경하면서 정부에 보고되어 영의정 남구만(南九萬)의 개작한 서계가 나오게 된 것이라고 한다.[27]

조선 측의 서계 개작에도 불구하고 대마도주는 원 서계(1693, 숙종 19)의 수정을, 또는 그 제2서계에 회답할 것을 고집하였다. 도주(종의륜<宗義倫>)가 병사하여 나이 어린 종의방(宗義方)이 새 도주로 들어서고(1694, 숙종 20 · 원록<元祿> 7, 9월), 그의 부(父) 종의진(宗義眞)이 그 뒤를 보살피기 시작한 이후에도 새로운 변화는 없었다.[28] 조선 측의 회답을 기다리면서 왜관에 1년여를 머물러 있던 귤진중(橘眞重)이 종의진(宗義眞)의 뜻에 따라 동래부사에게 글을 보내어(1695, 숙종 21. 6월) 개작(改作)한 서계 중 사실과 다르다고 하는 4개조를 들어 조정의 답변을 요구한 것도 대마번의 강경기류를 반영하는 것이라 하겠다.[29]

---

27) 『肅宗實錄』, 肅宗 20年 8月 己酉.

28) 『肅宗實錄』, 肅宗 20年 8月 己酉, 21年 6月 庚戌; 『朝鮮通交大紀』 8; 『善隣通交事考』 4, 告竹島一件事考; 田保橋潔, 앞의 論文, 『靑丘學叢』 3, pp.17~18.

29) 『肅宗實錄』, 肅宗 21年 6月 庚戌; 『邊例集要』 下, 17, 欝陵島, 1695年 5·6·7月; 『善隣通交事考』 4, 「告竹島一件事考」; 田保橋潔, 앞의 論文, 『靑丘學叢』 3, pp.18~19; 內藤正中, 앞의 책, pp.79~80; 池內敏,

앞의 책, pp.292~294.

그 4개조, 이른바 '귤진중(橘眞重)의 힐문4개조(詰問四個條)'란 첫째, 서계에는 "때로 공차(公差, 관에서 파견하는 관원, 또는 사자<使者>)를 파견하여 왕래 수검(搜檢)하였다"고 하는데, 그렇다면 어찌하여 그곳에 와 있던 일본 어민이 만나지 못하였는가. 둘째, 서계에는 "뜻밖에 귀국 사람들이 스스로 범월(犯越, 경계를 침범함)하였다"든가 "귀국 사람들이 우리 지경을 침섭(侵涉)하였다"고 하였는데, 그렇다면 전에 죽도에 갔다가 귀국으로 표도(漂到)했던 어민들을 돌려보내면서 보낸 서계에서는 어찌하여 범월, 침섭하였다고 하지 않았는가. 셋째, 서계에는 "1도2명(一島二名)의 실상은 다만 우리나라 서적에 적혀 있을 뿐 아니라 귀주(貴州) 사람들도 또한 잘 안다"고 하였는데, 그렇다면 전 서계(1693)에서는 어찌하여 "귀국의 경계 죽도(貴界竹島)", "우리 지경 울릉도(我境鬱陵島)"라고 하였는가. 넷째, 82년 전 동래부사 박경업(朴慶業)이 보낸 서계에 기죽도(磯竹島)는 "우리나라가 이르는 바 죽도"라는 구절이 보이는데 이는 전 서계(1693)에서 말하는 바 "귀국의 경계 죽도", "우리 지경 울릉도"와 어긋나지 않는가 라는 것 등이다.

동래부사는 역관(譯官) 박재흥(朴再興)을 시켜 귤진중(橘眞重)에게 『동국여지승람(東國輿地勝覽)』이나 『지봉유설(芝峰類說)』에 의하면, 죽도는 울릉도의 별칭으로 신라(新羅) 이래의 조선 영토임을 되풀이하여 설명했다. 조정에서도 같은 취지의 답서를 그에게 내렸다. 그러나 귤진중(橘眞重)은 『여지승람』은 200년 전의 저술로 죽도가 일본 영토로 편입되는 것이 80년래의 일임을 들어 조선 측 주장에 동의하려 하지 않았다. 마침내 뜻을 이루지 못한 귤진중(橘眞重)은 조정에서 예에 따라 지급하는 백미(白米) 1,860섬을 반납한 채 귀국하였다(1695, 숙종 21. 6월). 이 때문에 인심이 흉흉하여 '임진의 변(壬辰之變)'의 재발을 우려하였다고 한다(위의 주 29)의 자료 참조).

귤진중(橘眞重)이 말하는 울릉도가 80년래로 일본 영토였다는 것은 1614년(광해군 6)경에 대마번이 서계를 보내어 의(기)죽도의 일본 영유를 주장한 것(주 20) 참조)과 막부에서 1618년(광해군 10, 원화<元和> 4)경(사실은 1625, 인조 3, 관영<寬永> 2)에 백기주수(伯耆州守)에게 미자정(米子町)의 대곡(大谷)·촌천(村川) 양가의 죽도(울릉도)도해면허

Ⅲ. 죽도(울릉도)도해금지령

그러나 쟁계가 3년째로 접어들었지만, 조선 측에서 양보할 기미를 보이지 않았다. 그런데다가 안용복(安龍福)에 대한 백기주(伯耆州, 조취번<鳥取藩>)의 환대도 신경이 쓰이는 문제였다. 마침내 종의진(宗義眞)은 1695년(숙종 21, 원록 8) 10월 강호로 올라가 관백(關白) 덕천강길(德川綱吉)을 배알한 데 이어 집정(執政, 노중<老中>) 아부풍후수(阿部豊後守)를 방문, 이제까지의 교섭 전말을 보고하고 막부의 지시를 기다렸다. 번내의 온건론자 도산장우위문(陶山庄右衛門)의 건의를 받아들인 결과였다.[30]

아부풍후수(阿部豊後守)는 울릉도쟁계(죽도일건<竹島一件>)에 관한 대책을 검토하기 시작했다. 조취번(鳥取藩)으로는 죽도(竹島)에 관련된 설문지가 보내졌다(12월 24일). 그 문항 중에는

(竹島<欝陵島>渡海免許)를 내주어 울릉도 근해에서 어업을 계속하여 온 사실을 가리키는 것 같다. 그러나 조선 측에서는, 전술한 바와 같이, 의(기)죽도가 조선령 울릉도임을 일본 측에 밝혔다(주 20) 참조). 또 후술하는 바와 같이, 조취번 강호 번저(江戶 藩邸)에서는 죽도(竹島)와 송도(松島, 우산도·자산도)가 그 부속도서가 아님을 막부에 보고하고 있고, 노중(老中) 아부풍후수(阿部豊後守)는 죽도에 일본인이 거주한 사실이 없음을 밝히고 있다. 그러므로 울릉도가 80년래로 일본 영토였다는 귤진중(橘眞重)의 주장은 성립될 수 없는 것이다. 그리고 임란(壬亂) 당시에도 침략군이 울릉도를 점령한 사실은 없었다(주 35) 참조).

30) 『肅宗實錄』, 肅宗 20年 8月 己酉, 22년 10월 丙申; 『邊例集要』 下 17, 欝陵島, 1697年 1·3月; 『朝鮮通交大紀』 8; 『善隣通交事考』 4, 告竹島一件事考; 田保橋潔, 앞의 論文, 『靑丘學叢』 3, p.20; 池內敏, 앞의 책, pp.295~301.

> 인번・백기주(因幡・伯耆州)에 부속된 죽도는 어느 때부터 두 나라(인번・백기주)에 부속되었는가(因州・伯州え附候竹島は, いつの頃より兩國之附屬候哉), 죽도 외 양국에 부속된 섬이 있는가(竹島の外兩國え附屬の島有之哉).

등이 들어 있었다.31)

그리고 즉시 강호(江戸) 조취번저(鳥取藩邸)의 회답이 있었다(25일). 그 내용은

> 죽도는 인번・백기주의 부속이 아닙니다(竹島は因幡・伯耆附屬にては無御座候), 죽도・송도[는 물론] 그 밖에 [어떤] 두 나라의 부속섬도 없습니다(竹島・松島其外兩國之附屬の島無御座候).

라는 것이었다. 죽도와 함께 송도(松島, 우산도・자산도<于山島・子山島>)까지 조취번(鳥取藩)의 소속이 아님을 밝히고 있는 것이다.32)

이 보고는 조취번이 울릉도(죽도)와 자산도(우산도・송도)가 조선령이라는 안용복(安龍福)의 주장을 수용하였음을 의미한다. 그리고 보고가 막부(노중<老中> 아부풍후수(阿部豊後守>)에서 질의한 바로 다음날 있었다는 것을 고려할 때 조취번은 막부와 사전에 죽도・송도 소속에 대하여 논의하였으며, 진작부터, 아마도 미자에서 안용복(安龍福)을 조사할 당시부터 두 섬이 조선령이라는 그

31) 塚本孝, 「竹島関係旧鳥取藩文書わよび絵図(上)」, 『レファレンス』 411(1985), pp.80~81; 이훈, 「조선 후기의 독도(獨島) 영속 시비」, 『독도와 대마도』(지성의 샘, 1996), pp.39~40; 内藤正中, 앞의 책, pp.84~86.

32) 위와 같다.

(안용복)의 주장을 수용하고 있었음을 시사한다.

이런 사실은 조취번이 이해(1693) 5월 22일자로 막부의 어감정두(御勘定頭) 송평미농수(松平美濃守)에게 보내는 문서에

> 죽도는 떨어져 있는 섬이어서 사람들이 살고 있지 않다. 그러므로 백기수(伯耆守)가 지배하는 곳이 아니다(竹島ははなれ島に人住居者不仕候 尤伯耆守支配所ニ而茂之候).

라고 한 기록(『지전가문서<池田家文書>』)이 뒷받침해 준다. 문서를 작성한 시기가 안용복(安龍福)에 대한 조사가 끝난(4월 28일) 직후인데다가 그 죽도영유를 부인한 것은 안용복(安龍福)의 주장과 맥락을 같이하는 것이기 때문이다. 그리고 이 '죽도'에 우산도(자산도 · 송도)가 포함(부속)된다는 것은 「기죽도각서(磯竹島覺書)」(1696)에 '송도는 어느 나라(주<州>)에도 소속되지 않았다'. '송도는 양국(백기 · 인번<伯耆 · 因幡>)에 부속된 섬이 아니다. 죽도로 도해(渡海)하는 도중에 있는 섬이다'라는 기록이 이를 말해준다.[33]

---

33) 川上健三, 앞의 책, p.85; 호사카 유지(保坂祐二), 「지도와 문헌으로 본 19세기 일본의 대독도 인식」, 『독도와 교과서』(서울대학교 사범대학 학술회의 發表文, 2006), pp.58~59.

다음과 같은 사실도 조취번이 일찍부터 안용복(安龍福)의 울릉·자산도 조선영유권 주장을 수용하고 있었다는 것을 뒷받침하여 준다. 1694년 11월에 대곡·촌천(大谷·村川) 양가에서는 다음해 봄 울릉도 출어에 대비하여 예년과 같이 자금의 대여를 번청(藩廳)에 신청하고 섬에서 조선인을 만났을 때 어떻게 대처해야 할지를 문의한 일이 있다. 그러나 번청에서는 자금을 대여하지 않았을 뿐 아니라 조선인을 만났을 경우 취할 조처에 대해서도 지시를 내리기 어렵다는 대답이었다(『鳥取藩史』 6, p.471; 內藤正中, 앞의 책, p.83; 權五曄, 「안용복의 일본에서의 독도 울릉도 수호활동」, 『누가 독도를 침탈하려 하는가?-독도영유권의 역사적 국제법적 해부-』<독도학회 발표문, 2006>, pp.9~10). 이는 아무래도

안용복(安龍福)이 밝힌 울릉·자산도가 조선령이라는 사실은, 앞에서도 잠깐 언급한 바와 같이, 조취번으로 하여금 죽도도해어업이 해금(海禁)에 노출되어 대곡 · 촌천(大谷 · 村川) 양가는 물론 번이나 번주마저 곤경에 빠지게 되는 위급한 처지에 놓여 있다는 것을 깨닫게 하여 주었을 것이다. 이런 점에서 안용복(安龍福)은 조취번에 크게 공헌하였다고 할 수 있지 않을까 한다.[34]

이제 조취번으로서는, 해금에 노출된 죽도도해어업을 폐지하지 않으면 안 되었다. 그리고 그런 필요에서 마련한 것이 두 섬에 대한 영유권의 부인이 아니었는가 한다. 영유권 자체를 부인함으로써 강호(노중)와 비정상적(사적)으로 연계되어 있는 죽도도해어업을 쉽사리 폐지시킬 수 있고, 조취번의 보고(회답)는 바로 이 점을 겨냥한 것이었다고 할 수 있다.

막부는 조취번의 건의(보고)를 받아들였다. 노중 아부풍후수(阿部豊後守)는 관백 덕천강길(德川綱吉)의 재가를 받아 1696년 1월 9일 종의진(宗義眞)을 수행한 대마번의 가로 평전직우위문(平田直右衛門)을 불러 놓고 죽도가 조선의 판도됨을 유시(諭示)하였다. (1) 죽도에 아직 일본인이 거주한 적이 없고, (2) 대덕군(台德君, 덕천수충<德川秀忠>) 때, 즉 1625년에 미자(米子) 마을 사람들이 그 섬에서의 고기잡이를 원했기 때문에 이를 허락했던 것이며, (3) 지리적으로도 인번(因幡)보다는 조선과 더 가깝기 때문에 조선의 지계임을 의심할 여지가 없다는 것이었다.[35]

조취번이 안용복(安龍福)의 울릉·자산도 영유권 주장을 수용한 결과라고 보아야 할 것이다.

34) 權五曄, 위의 독도학회 발표문, 『누가 독도를 침탈하려 하는가?-독도영유권의 역사적 국제법적 해부-』 p.7; 大西俊輝(權五曄·權靜 譯), 『獨島』(제이앤씨, 2004), pp.229～230.

35) 주 30)과 같다.

이처럼 아부풍후수(阿部豊後守)는 죽도가 조선의 지계임을 천명하면서 앞으로의 시책—죽도(울릉도)도해금지령에 대해서도 언급하고 있다. 즉 "당초에 이 섬을 저 나라에서 취(取)한 것이 아니니 지금 다시 돌려준다고 말할 수 없다. 다만 우리나라 사람이 가서 고기잡이 하는 것을 금할 뿐이다"라고 하고 마땅히 이 뜻을 조선에 알려야 한다고 지시하였던 것이다.[36] 이는 막부가 울릉도의 조선판도(朝鮮版圖)됨을 명백히 하고, 죽도(울릉도)도해금지령(竹島<欝陵島>渡海禁止令)을 내릴 것을 예고한 것이었다.

그로부터 20일이 채 안 되는 이해(1696, 숙종 22, 원록 9) 1월 28

그런데 죽도(竹島, 울릉도)에 아직 일본인이 이주한 적이 없다는 집정 아부풍후수(阿部豊後守)의 유시는 1614년(만력 42) 7월자 서(序)가 들어있는 이수광(李晬光)의 『지봉유설(芝峰類說)』(권 2, 지리부<地理部>)에 실려있는 다음과 같은 기사,

"울릉도… 임진란 후 사람들이 가 보았더니 또한 왜(倭)에게 분략(焚掠)되어 다시 인적이 없었다. 근자에 들으니 왜노(倭奴)가 기죽도(磯竹島)를 점거하였다는데, 혹 기죽도라고 말하는 것은 곧 울릉도(欝陵島)이다(欝陵島… 壬辰變後 人有往見者 亦被倭焚掠 無復人烟 近聞倭奴占據磯竹島 或謂磯竹島 卽欝陵島也)."

특히 후단의 기사와 어긋난다. 시간적인 격차가 있기는 하지만 전문(傳聞)이 아니라 확인되었다고 하는 점에서 집정의 유시가 옳다고 보아야 할 것이다.

전단의 "왜에게 분략되어 다시 인적이 없었다"는 기사도 문제가 된다. 조선 초기 이후 공도정책을 확정짓고 주민들을 계속 쇄환(刷還)한 결과 울릉도는 점차 사람이 살지 않는 섬이 되었고, 따라서 임란 당시에는 처음부터 분략할 대상이 존재하지 않았다고 보아야 할 것이기 때문이다. 이 문제와 관련하여 내등정중(內藤正中)은 "[풍신(豊臣)]수길(秀吉)의 침략 전쟁시에 울릉도를 공격하여 점거하였다고 하는 사실은 없다"고 단언하고 있는 것이 주목된다(內藤正中, 앞의 책, p.31).

36) 주 30)과 같다.

일, 노중 호전산성수(戶田山城守)가 노중들이 열좌(列坐)한 가운데 죽도(울릉도)도해금지령 각서를 대마번의 종의진(宗義眞)에게 수교하였다. 그리고 이날 노중 호전(戶田)은 조취번 강호유수거(鳥取藩江戶留守居) 길전평마(吉田平馬)를 불러 노중들이 연서(連署)한 죽도도해금지령 봉서(奉書, 관백<關白>의 명을 전달하는 문서)를 건네어 조취번주 송평강청(松平<池田>綱淸)에게 전하였다. 죽도(울릉도)도해금지령이 내려진 것이었다.37) 그리하여 17세기 초엽 이래 백기국(伯耆國) 미자정(米子町)의 대곡・촌천(大谷・村川) 양가의 죽도도해어업은 금제(禁制)되었고, 조취번은 해금에 노출되는 위험한 상태에서 벗어날 수 있었던 것이다.

대마번은 물론 조취번과 입장을 달리하였다. 종의진(宗義眞)은 죽도도해금지령을 받아들이면서, 이 금지령은 연말쯤 구두로 조선에 전달할 것임을 밝혔다. 거기에는 막부의 금지령에 대한 대마번의 불쾌감이 감추어져 있었으며, 구두의 약속은 증거가 될 수 없다는 번내 강경론자들의 견해도 고려된 것이었다. 또 종의진(宗義眞)은 금지령의 조취번 통고를 보류할 것도 호전(戶田)에게 요청하였다. 대마번이 금지령을 전달하기 전에 조선에 알려지는 것을 우려한 것이었다.38) 이 요청은 막부가 금지령 봉서(奉書)를 조취번에 통달함으로써 거절당한 결과가 되었고, 이 사실이 조취번의 「재부일기(在府日記)」에 기재됨으로써(원록 9년 1월 28일조) 중신들에게도 알려졌겠지만, 대마번이 조선에 통고(10월)할 때까지 비밀은 지켜졌던 것 같다.

---

37) 川上健三, 『竹島の歷史地理學的硏究』(東京 : 古今書院, 1966), pp.157~158; 內藤正中, 앞의 책, p.84~87; 池內敏, 앞의 책, pp.300~301.

38) 池內敏, 앞의 책, pp.303~304; 權五曄, 앞의 독도학회 發表文, 『누가 독도를 침탈하려 하는가-독도영유권의 역사적 국제법적 해석-』, p.17.

그런데 여기서 한 가지 짚고 넘어가야 할 것은 막부의 죽도(울릉도)도해금지령(竹島<鬱陵島>渡海禁止令)이 우산도(자산도·송도)에도 적용되느냐 하는 것이다. 천상건삼(川上健三)에 의하면, 대곡·촌천(大谷·村川) 양가에서는 울릉도를 왕래하는 도중 잠시 송도(松島)에 들러 고기를 잡기도 하였고, 1660년을 전후해서는 막부로부터 송도도해면허도 받았다고 한다. 그런데 죽도(울릉도)도해금지령이 내릴 때 송도도해면허 문제가 전혀 거론되지 않았다. 그리하여 그는 울릉도쟁계(鬱陵島爭界, 죽도일건<竹島一件>) 이후에도 송도도해면허는 계속 유효하다는 견해를 피력하였다.39)

그 논거로 (1) 죽도도해 금제 봉서(禁制 奉書, 1월 28일)에 송도(松島)가 빠져 있고, (2) 19세기 중엽(1836)에 있었던 빈전번(浜田藩)의 팔우위문(八右衛門)죽도밀무역사건의 판결문에 '송도도해를 명목으로 내세우고 죽도로 가 밀무역을 했다'는 구절이 있는데, 이는 송도 왕래만은 자유로웠다는 뜻으로 해석된다는 것이며, (3) 이 밖에도 송도(松島, 우산도 · 자산도)를 일본 소속으로 본 『죽도도설(竹島圖說)』(보력년간<寶曆年間>, 1751~1763)의 '은기국 송도(隱岐國松島)' · '은기의 송도(隱岐의 松島)', 『장생죽도기(長生竹島記)』(1801)의 송도는 '본조(本朝, 일본) 서해(西海)의 끝'이라는 기록 등을 들었다.40)

그러나 (1)은 송도가 죽도의 속도였다면 빠지는 것이 오히려 자연스러운 것이라 할 수 있고, (2)는 설사 송도도해면허가 계속 유효했다고 하더라도 그것은 대곡·촌천(大谷·村川) 양가에 한한 것이지 이 지역의 해금(海禁)이 해제된 것을 의미하는 것은 아니며, (3)은 민간에서 송도를 은기(隱岐)의 일부로 보고 있었다는 증좌

39) 川上健三, 앞의 책, pp.73~83, 190~193.

40) 川上健三, 앞의 책, pp.53~54, 190~193.

(證左)가 될지는 몰라도 일본령임을 정부의 차원에서 천명한 것이라고는 할 수 없다.

송도(우산도·자산도)가 일본령이라고 말할 수 있는 일본 측 자료는, 지금까지 알려진 한, 위의 두 문헌의 기록이 고작이지만 우산도를 조선령이라고 밝힌 조선 측 자료는 많다. 『죽도도설』 등과 거의 같은 시기에 조선에서는 우산도(于山島)가 일본 은기도(隱岐島)에 인접한 조선령임을 기록한 『동국문헌비고(東國文獻備考)』(1770)와 『만기요람(萬機要覽)』(1808)이 편찬되었다. 특기할 것은 일본의 두 문헌이 영토문제에 책임이 없는 민간의 저술인데 반하여 조선의 두 문헌은 왕명에 따라 편찬된 것으로 하나(『동국문헌비고』)는 '경세제민(經世濟民)'의 도구로 활용하기 위하여, 다른 하나(『만기요람』)는 국왕(순조<純祖>)이 좌우(座右)에 놓고 참고할 정무지침서(政務指針書)로 편찬된 것이라는 점이다.[41] 조선 조정의 우산도(송도) 영유의지를 미루어 짐작하게 한다.

한편 우산도(자산도·송도)를 일본령으로 본 조선 측 기록은 찾아볼 수 없지만 송도를 조선령으로 본 일본 측 기록은 많은 편이다. 이미 앞에서 언급한 바와 같이, 조취번(鳥取藩)이 막부로 보낸 보고(1695. 12)에서 죽도(울릉도)와 송도(자산도·우산도)가 그(조취번<鳥取藩>) 부속도서가 아니라는, 다시 말하여 조선령이라는 것을 밝혔다. 또 울릉도쟁계(죽도일건<竹島一件>) 이후 제작된 중요 관·사찬(官·私撰) 지도들도 죽도와 송도를 조선령으로 표시하거나 기록하고 있다. 우산도가 조선령임을 뒷받침해주는 중요한 자료라고 할 것이다.[42]

우산도(독도)는 울릉도의 부속도서이기도 하였다. 잘 알려진 바

---

41) 이 책, pp.118~121, 123~126 참조.

42) 이 책, pp.126~128, 222~223, 281~282 참조.

와 같이, 독도에는 선박이 정박할만한 포구(浦口)가 없다. 식수(食水)도 결핍되어 있다. 그러므로 독도는 독립된 어업기지가 될 수 없었다. 독도 어업은 울릉도라는 어업기지의 지원이 있을 때 비로소 가능한 것이었다. 독도는 오직 울릉도의 부속도서일 뿐이었다. 일본 자료(「대곡가문서<大谷家文書>」)에 보이는 '죽도 내의 송도(竹嶋之內松嶋)', '죽도 근변의 송도(竹嶋近邊松嶋)', '죽도 근처의 소도(竹島近所之小嶋)'라는 기록이 이를 잘 설명해 준다.[43] 조선에서 이 섬(송도)을 자산도(子山島)라고 한 것도 우산도(于山島)의 오기(誤記)가 아니라 울릉도와 모자관계에 있는 섬이라는 뜻이다.[44]

이처럼 우산도(송도)는 조정에서 그 영유의지를 밝히고 조선 측 자료는 물론 일본 측 자료에 의하여 입증되는 조선령이요, 울릉도의 부속도서였다. 그러므로 죽도(울릉도)도해금지령은 울릉도는 물론 우산도에도 적용되는 것이었다. 이런 점에서 천상건삼(川上健三)의 견해는 재고되어야 할 것이었다. 그런데 최근의 연구성과는 막부의 송도도해면허 자체가 존재하지 않았음을 확인해 주고 있다.[45] 본도인 죽도(울릉도)도해면허를 내준 이상 다시 속도인 송도(독도)도해면허를 내줄 필요는 없었던 것이다. 더군다나 송도는 어업기지로서의 조건을 갖추지 못한 불모의 석도(石島, 돌섬)였던 것이다.

43) 堀和生, 「一九○五年 日本の竹島領土編入」, 『朝鮮史研究會論文集』 24(1987), p.101.

44) 3장 주 4) 참조.

45) 池內敏, 앞의 책, pp.251~259.

3

안용복의 활동과 울릉도쟁계 2

-안용복의 일본 밀항과 쟁계의 타결-

제2장에서 울릉도쟁계(죽도일건)의 전기라고 할 수 있는 안용복(安龍福)의 일본 피랍부터 죽도(울릉도)도해금지령(1696. 1)까지를 안용복(安龍福)의 활동과 관련지어가면서 살펴보았다. 제3장에서는 울릉도쟁계의 후기라고 할 수 있는 죽도도해금지령 직후부터 쟁계의 타결(1699)까지를 (1) 안용복의 일본 밀항, (2) 정문(呈文)과 공과(功課) (3) 쟁계의 타결로 나누어 살펴보기로 한다.

제Ⅰ절 안용복의 일본 밀항을 정리함에 있어서는 최근(2005)에 일본 도근현(島根縣) 은기도(隱岐島) 촌상가(村上家)에서 발견된 「원록9병자년조선주착안일권지각서(元祿九丙子年朝鮮舟着岸一卷之覺書)」(아래에서는 「촌상가문서<村上家文書>」로 약칭한다)가 큰 도움이 되었다. 이 문건은 1696년 5월에 은기도 역인(役人)들이 안용복(安龍福) 등을 문정(問情, 정황<情況>을 물어봄)한 기록이다.

Ⅰ. 안용복의 일본 밀항

안용복(安龍福)이 일본에 밀항하여 정문(呈文, 정단<呈單>, 소장<訴狀>의 정납<呈納, 제출>)한 것도 1696년(숙종 22)의 일이었다. 안용복(安龍福)은 울릉도쟁계가 관백(關白)의 뜻이 아니라 대마번의 탐욕과 기만 때문으로 보고 있었다. 그가 일본, 특히 대마와 부산왜관, 그리고 동래에서 보고 들은 바에 의하여 내린 결론이었다고 할 수 있다. 그는 이런 사실을 동래부사에게 알리고, 또 동래에 내려온 접위관 유집일(兪集一)에게도 알렸지만 그 반응은 불만스러운 것이었다. 그런데다가 차왜(差倭)의 파견은 잦아져 사람들은 이로 말미암아 변란이 일어날 것을 우려하였다. 그러므로 대마도주의 탐욕과 기만을 바로잡기 위해서는 그 자신이 직접 일본으로 건너가 그에게 호의적이었던 조취번을 통하여 관백(關白)에게 소원(訴願)해야 한다고 생각하였다.[1]

안용복(安龍福)은 어머니를 뵙는다는 구실로 이해(1696) 봄에 울산으로 갔다. 일본에 밀항할 동지를 모으기 위해서였다. 그리하여 평산포(平山浦)의 이인성(李仁成), 낙안(樂安)의 김성길(金成吉), 연안(延安)의 김순립(金順立), 영해(寧海)의 유봉석(劉奉石), 흥해(興海)의 유일부(劉日夫), 그리고 순천승(順天僧) 뇌헌(雷憲)·승담(勝淡)·연습(連習, 衍習)·영률(靈律)·단책(丹責) 등을 이 일에 참여시켰다.[2] 이인성(李仁成)은 뒤에 일본에서의 활동에서 보듯 한문(漢文)을 할 줄 알고 글씨도 좀 쓰는 선비(진사<進士>)였다.

---

1) 申景濬,『疆界考』,「安龍福事」;『東國文獻備考』「輿地考」13, 關防 3, 海防 1, 東海 蔚珍;「村上家文書」.

2)『肅宗實錄』, 肅宗 22年 8月 壬子, 9月 戊寅; 申景濬,『疆界考』,「安龍福事」;『東國文獻備考』「輿地考」13, 關防 3, 海防 1, 東海 蔚珍;「村上家文書」; 田保橋潔,「鬱陵島 その發見と領有」,『青丘學叢』3, pp.19~20.

「촌상가문서(村上家文書)」에 의하면, 안용복(安龍福) 등 11명이 본토(울산)를 출발한 것이 3월 18일, 이날 저녁 때 울릉도에 도착하였다. 그리고 다시 송도(松島, 자산도, 우산도)로 떠난 것이 5월 15일이었다. 송도로 떠날 때까지 근 2개월간의 그들의 행적은 잘 알 수 없다. 그러나 이 문서로부터 시사는 받을 수 있다.

「촌상가문서」를 면밀히 검토하건대, 안용복(安龍福) 등은 일행을 외교사절로 가장하고 정문(呈文)하는데 필요한 자료와 물품을 준비하였다. 이를테면 울릉도와 자산도(子山島, 우산도·송도)를 강원도 소속으로 기록한 「조선팔도지도(朝鮮八道之圖)」, 일행을 대표할 안용복(安龍福)이 입을 청첩리(靑帖裏, 무관<당상관>의 공복<公服>의 하나, 철릭·첩리<帖裡>라고도 한다), 흑포립(黑布笠, 검은 천으로 싼 갓), 가죽신, 「통정대부(通政大夫, 정3품 당상관) 안용복(安龍福) 갑오생(甲午生) 동래(東萊)」 등이 새겨진 가짜 호패 등이 그러한 것이었다. 그들은 이런 것들을 울산에서 구입했거나 울릉도에서 머문 2개월 동안에 만들었을 것이다. 뱃머리에 깃대를 세워 두 개의 목면 깃발을 단 것도 울릉도에서 작업한 것으로 보아야 할 것이다.

5월 15일 당일에 송도에 도착 1박한 안용복(安龍福) 등은 16일 송도를 출발, 18일 아침에 은기도(隱岐島)에 도착하였다. 울릉도에서 자산도(우산도·송도)까지 1일, 송도에서 은기까지 2일 남짓한 노정(路程)이었다. 이는 후술(제4장 II절)하는 재등풍선(齋藤豊仙[宣])의 『은주시청합기(隱州視聽合記[紀])』 「국대기(國代記)」(1667)에 보이는 은기에서 송도까지는 2일 1야(夜), 송도에서 죽도(竹島)까지는 1일의 노정이라는 기록과 거의 일치하는 것이다. 이는 후술(제4장 II절)하는 바와 같이, 조선후기로 들어와 유형원(柳馨遠)에 의하여 다시 제시된 우산·울릉 2도설을 안용복(安龍福)이 실증 확인한 것이라고 할 수 있다.

비변사(備邊司)에서의 공술(供述)[3] 등에 의하면, 안용복(安龍福)은

울릉도에 출어(出漁)한 일본 어민들과 마주치자(아마도 5월 15일인 듯)

---

3) 안용복(安龍福)의 공술에 대하여 천상건삼(川上健三)은 "허구(虛構)와 과장(誇張)이 가득 차 있다. 그 중에서도 가장 결정적, 또한 명백한 허언(虛言)은" 울릉도에 "왜선(倭船) 또한 많이 내박(來泊)하였다고 말하고 있는 점"이라고 지적하고 있다. 그것은 1696년(원록 9)에는 1월 28일자 봉서(奉書)로 죽도(울릉도)도해금지(竹島<欝陵島>渡海禁止)가 재부(在府) 중의 송평 백기수(松平 伯耆守)에게 통달(通達)되어 대곡·촌천(大谷·村川) 양가(兩家)는 물론 기타의 어민(漁民)도 죽도(竹島)에 출어(出漁)하고 있지 않기 때문이라는 것이다(川上健三, 앞의 책, pp.167~168).

그리고 그러한 논거로 「寛保元酉年六月十日附 長崎御奉行所樣御役人中樣宛奉願候口上之覺」(『大谷家文書』)에 보이는

…其後每歲渡海仕候處元祿五年彼嶋江唐人相渡依之 伯耆守樣ㇽ御注進被仰上夫より六年七年八年迄段々御差圖を以渡海仕候處 年々唐人相增候樣子ニ付 追々從 伯耆守樣御注進被仰上候處竹嶋渡海禁制之旨元祿九年正月二十八日
御奉書を以 伯耆守樣迄被爲 仰出候旨則從 伯耆守樣被 仰渡候御事
竹嶋渡海禁制被爲
仰付候ニ付家業を失渡世可仕樣無御座…

이라고 한 기록을 들고 있다(川上健三, 앞의 책, pp.168~169).

그러나 이 기록은 1696년 1월 막부(幕府)의 죽도도해금지령으로 대곡가(大谷家)가 가업(家業)을 잃어 생계를 꾸려나갈 수 없게 된 것을 호소한 것일 뿐, 이 금지령이 언제 백기주(伯耆州, 조취번<鳥取藩>) 어민들에게 전달, 시행되었는지를 밝히고 있는 것은 아니다. 그런데 조취번(鳥取藩)의 『어용인일기(御用人日記)』에 의하면 금지령은 이해(1696) 8월 1일 대곡·촌천(大谷·村川) 양가에 전달되었다(內藤正中, 앞의 책, p.94). 그러므로 안용복(安龍福)이 울릉도에 가 있던 5월에 대곡(大谷)이나 촌천가(村川家), 그리고 혹 그 밖의 일본 어민들이 울릉도에 출어했었다고 보아야 할 것이다. 후술하는 바와 같이, 1696년 1월 막부의 지시에 따라 대마번(對馬藩)이 조선 측에 죽도도해금지령(竹島渡海禁止令)을 알린 것이 10월인 것을 고려한다면 8월 1일이 너무 늦었다고 생각되지 않는다.

일갈(一喝)하여 퇴거를 명하고, 다시 송도(자산도·우산도)로 추격하여 이들을 꾸짖어 쫓아버렸다. 울릉도가 "본디 우리 지경"일 뿐 아니라 "송도는 바로 자산도로, 이 또한 우리나라 땅"이라는 것이었다.[4] 또

금지령의 전달이 8월 1일로 늦추어질 수 있었던 것은 대마번의 종의진(宗義眞)이 도해금지령 각서를 받는 자리에서 비밀유지를 위하여 이 금지령의 조취번 통고를 보류해 줄 것을 노중 호전산성수(戶田山城守)에게 요청한 사실과, 어떤 관련이 있을 것으로 생각된다. 8월 1일자로 전달된 것은 송평(松平) 조취번주가, 후술하는 바와 같이, 가신을 시켜 울릉·자산 양도가 조선령임을 귀국이 임박한 안용복(安龍福) 등에게 확인하여 주기에 앞서 대곡·촌천(大谷·村川) 양가에 알려야 한다고 판단하였고, 또 노중 대구보가하수(大久保加賀守)의 지시가 있었기 때문이었을 것이다.

그런데 안용복(安龍福)의 공술(供述)에 대한 전보교결(田保橋潔)의 견해는 천상건삼(川上健三)의 그것과 사뭇 대조적이다. 전보교(田保橋)는, 예컨대, 안용복(安龍福) 등이 울릉도에 갔을 때, "다수의 어부가 출어하고 있었다"든지, 관백(關白)의 서계(書契)발급과 관련하여 안용복(安龍福)이 "울릉도(欝陵島)가 조선령임을 명백히 하고 일본관백 또한 이를 인정"하였다고 하는 등 공술이 "한갓 대언(大言)을 농(弄)한 혐의는 있으나 대체로 사실로 믿어진다"고 긍정적으로 평가하고 있는 것이다(田保橋潔, 위의 論文, 『青丘學叢』 3, pp.19~20).

4) 『肅宗實錄』, 肅宗 22年 8月 壬子, 9月 戊寅; 申景濬, 『疆界考』, 「安龍福事」; 『東國文獻備考』 「輿地考」 13, 關防 3, 海防 1, 東海 蔚珍; 「村上家文書」; 田保橋潔, 위의 論文, 『青丘學叢』 3, pp.19~20.

'송도(松島)'에 대하여 『숙종실록(肅宗實錄)』에서는 "송도는 바로 자산도(松島卽子山島)"로, 『강계고(疆界考)』·『동국문헌비고(東國文獻備考)』에서는 "송도는 바로 우산도(松島卽芋山島)"라고 기록하고 있다(위의 『肅宗實錄』, 『疆界考』·『東國文獻備考』 기사 참조). 자산도(子山島)는 우산도(于山島)의 오기(誤記)로 보는 경향이 있지만 모도(母島)인 울릉도(欝陵島)에 대한 자도(子島)란 뜻도 가지고 있다는 고 이병도(李丙燾) 교수의 견해가 주목된다(李丙燾, 「獨島 名稱에 대한 史的 考察-于山·竹島 名稱考-」, 『趙明基紀念佛教史論叢』, 1963; 宋炳基, 「高宗朝의 鬱陵島·獨島 經營」, 『獨島研究』<韓國近代史資料研究協議會, 1985>, p.189).

이 공술에서 안용복(安龍福)은 자산도로 일본 어선을 추격하던 중 갑자기 광표(狂飆, 회오리 바람)를 만나 은기에 표도(漂到)하였다고 하였지만 그들이 탄(길이 3장<丈, 9m>, 폭 1장 2척<尺, 3.6m>, 깊이 4척 2촌<寸, 1.26m>) 80석 적(石 積)의 범선에 그러한 흔적은 없었다. 범월(犯越)이 부득이하였음을 해명하기 위한 허언이었다.5)

일행은 20일에서 22일까지 은기의 재번역인(在番役人)—수대(手代, 영지를 다스리는 지방관, 즉 대관<代官> 밑에서 일하는 관원) 중뢰탄우위문(中瀨彈右衛門)·산본청우위문(山本淸右衛門) 등의 조사를 받았다. 예의 무관복을 입고 통정대부라고 새겨진 호패를 찬 안용복(安龍福)은 준비하여 온 울릉도와 자산도가 그려져 있는 「조선팔도지도(朝鮮八道之圖)」를 꺼내 보이면서 일본에서 타케시마(죽도)·마쓰시마(송도)로 불리는 섬들은 조선 강원도 동래부 소속의 울릉도와 자산도임을 분명히 하였다. 그리고 자신들은 이런 사실을 소원(訴願)하고자 백기(伯耆)로 가는 길에 송도를 거쳐 은기에 들렀으며, 순풍을 기다려 건너갈 것이라고 대답하였다. 또 안용복(安龍福)은, 그 배후세력이 있음을 과시하려는 듯 지금 죽도(울릉도)에는 1척에 9~15명이 탄 조선 선박 13척이 어채(漁採) 중인데 타고 온 이 배도 그 중의 하나이며, 자신—안용복(安龍福), 안벤죠('アンベンチヨウ')는 4[3]년 전에 도리베(とりべ, 박어둔<朴於屯>)와 같이 죽도에서 피랍되어 일본에 끌려왔었다는 것도 밝혔다.6)

---

5) 『肅宗實錄』, 肅宗 22年 9月 丙寅; 「村上家文書」; 內藤正中, 「隱岐の安龍福」, 『北東アジア文化硏究』 22(2006).

안용복(安龍福)은 1693년 봄에 출어했을 때도 울릉도로 표도했었다고 하고 있으나(『肅宗實錄』 肅宗 19年 11月 丁巳), 함께 도래(渡來)한 3척(안용복<安龍福> 등 42명)은 모두 무사하였다(『竹島考』 下, 「大谷之船人拿歸朝鮮人」). 역시 해금(海禁)을 어긴 죄를 모면하기 위한 허언이었다.

6) 「村上家文書」; 內藤正中, 앞의 논문, 『北東アジア文化硏究』 22; 金柄

이 밖에 안용복(安龍福) 등은 서풍이 심하게 불어 흔들리는 배 안에서는 글씨를 쓸 수 없으므로 상륙을 허락해 줄 것을 요청하였다. 은기에서는 이를 승낙, 바닷가에서 가까운 민가를 제공하여 22일부터는 이 집으로 들어가 소장(訴狀) 초안을 완성하였다고 한다. 이 작업에 참여한 사람은 안용복(安龍福)·이인성(李仁成)·뇌헌(雷憲)·연습(連習) 등이었다. 안용복(安龍福) 등이 뱃머리에 세워진 깃대에 달린 두 개의 목면 깃발에 「조울양도감세장신안동지기」 등의 묵서(墨書)를 쓴 것도 이때가 아니었을까 한다.[7)]

이러한 사실들은 수대 중뢰(中瀨)·산본(山本) 등에 의하여 5월 23일자로 석주(石州) 어용소(御用所, 막부대관소<幕府代官所, 막부 대관이 집무하는 곳>)로 보고되었다. 중뢰(中瀨)·산본(山本) 등은 조사 결과를 조취번으로도 알렸다. 그 요지는 조선 선박 32척이 죽도(울릉도)로 도해(渡海)하였고, 그 중 11명이 탄 1척이 백기주에 소송하기 위하여 은기에 와 있다는 것이었다. 이 통지는 6월 2일 조취번으로 전달되었다.[8)] 안용복(安龍福)은 중뢰(中瀨) 등에게 조

烈·內藤正中, 『한일 전문가가 본 독도』(다다미디어, 2006), 3장의 2(김병렬), pp.42~43.

안벤죠('アンベンチヨウ')를 손승철은 안변장(安邊將)으로 보고 있으나(손승철, 「1696년, 安龍福의 제2차 渡日 공술자료-「元祿九丙子年朝鮮舟着岸一卷之覺書」-에 대하여」, 『한일관계사연구』 24<2006>, p.285) 강도정의(岡嶋正義)의 『죽도고(竹嶋考)』(1828)는 'アンピンシヤ' 또는 'アンピシヤン'·'アンペンチウ'를 '안비장(安裨將)'이라고 하였다(『竹島考』 下, 「大谷之船人 拿歸朝鮮人」).

7) 위 주 6)의 자료와 같다.

8) 「村上家文書」; 『竹島考』 下, 「朝鮮國通使船于本藩」; 『因府年表』, 元祿 9年 6月 4日; 金鴻均, 「특종 현지추적-안용복의 일본행적」, 『WIN』 1996.5月號, p.288; 內藤正中, 『竹島(鬱陵島)をめぐる日朝關係史』(東京: 多賀出版, 2000), pp.96~98.

선배 13척이 울릉도에 와 있다고 하였는데, 그것이 어떻게 32척으로 불어나게 되었는지는 알 수 없다.

안용복(安龍福) 등 11명이 백기주 적기(赤崎)에 도착한 것은 6월 4일, 다시 동진하여 기다군(氣多郡) 장미곶(長尾鼻[串])까지 갔다가 바닷물이 얕아 좌초되었는데, 다음 5일 조취번에서 동원한 선박들의 도움을 받아 청곡진(靑谷津)에 정박할 수 있었다. 배에는 아마도 적기(赤崎)에 도착하기 직전부터 달았을 것으로 짐작되는, 표면에 「朝欝兩島監税將臣安同知騎(조울양도감세장신안동지 탐)」, 이면에 「朝鮮国安同知乘舟(조선국안동지 탄 배)」라고 쓴 깃발과 그 아래에 "배꼬리에서 일어나 무성히 자란 벼를 바라보니 다시 돌아갈 고향의 농사철이 생각나네(起船尾見盛稲 又歸古郷思農時)"라는 농촌의 정경을 읊은 시구를 적은 작은 깃발이 나부끼고 있었다.9)

중뢰(中瀨) 등은 안용복(安龍福) 일행에 대한 조사(5월 20일~22일) 결과를 석주(石州) 어용소(御用所)로 보고하고 조취번으로도 통고하였다. 그런데 이 보고서나 통고문에는 안용복(安龍福) 등의 소장[초안] 사본이 첨부되었다는 견해가 있다(池內敏, 『大君外交と「武威」』<名古屋:名古屋大學出版會, 2006>, pp.305~309).

그러나 안용복(安龍福) 등은 소송을 제기하게 된 경위를 적어 제출하라는 은기 측의 요구를, 백기에 가서 자세히 설명할 것임을 들어 거절하였고(5월 22일), 중뢰(中瀨) 등은 석주로 보내는 보고서(5월 23일)에서 '그러나 앞의 문서에서 [소송에 관한] 대강의 경위는 말씀드린 것으로 생각되기 때문에 그대로 두었습니다(併前之書付ニ而始終大体王け聞へ申候様ニ奉存候 其通ニ而差置申候)'라고 보여 소장 초안 사본이 만들어지지 않았음을 알 수 있다. 그러므로 소장 초안 사본은 보고서나 통고문에 첨부될 수 없었다. 이 보고서에 보이는 "조선인에 관한 1권의 문서(朝鮮人一巻之書付)"는 바로 「촌상가문서(村上家文書)」를, "조선인이 제출한 문서(朝鮮人出候之書付)"는 안용복(安龍福) 등이 조사를 받으면서 중뢰(中瀨) 등에게 그때그때 제출한 각서(覺書)를 가리킨다(村上家文書).

9) 『竹島考』 下, 「朝鮮國通使舶于本藩」; 『因府年表』, 元祿 9年 6月 6日;

조취번에서는 청곡(靑谷)으로 역인(役人)을 보내어 안용복(安龍福) 등에게 무슨 일로 왔는지를 물었지만 의사소통이 되지 않았다. 이에 번유(藩儒) 십권지극(辻權之亟)을 보내어 안동지(安同知) 외 2인을 전념사(專念寺, 천념사<千念寺>)로 불러 필담을 나누었지만 역시 임무가 무엇인지를 확인하지 못하였다. 안용복(安龍福)이 일본어 사용을 절제하였기 때문이었다.[10]

그러나 조취번은 이 필담을 통하여 안용복(安龍福) 등 11명의 명단을 파악할 수 있었다. 청곡(靑谷)의 다옥구조(茶屋九助)라는 사람이 가지고 있었다는 '인원지기(人員之記)'가 그것이다. 이 「인원지기」에는 "그 중의 한 사람을 안삔장 도라헤이(アンピンチャントテヘイ)라 한다. 그를 이때 돌려보내 주셨다 한다"고 기록하여 3년 전에 백기주 미자(米子)로 끌려왔던 안용복(安龍福) 박어둔(朴於屯) 두 사람 중 안용복(安龍福)이 다시 찾아왔음을 확인하고 그를 돌려보내 준 어떤 존재에 감사하다는 조취인의 마음을 전하고 있다.[11] 「인원지기」는 다음과 같다. 특수목적을 띤 수군 선박으로 인식될만한 인적 구성을 하고 있는 것이 눈에 띈다.

3품당상신(三品堂上臣)	안동지(安同知)	
금오승장석씨(金烏僧將釋氏)	헌판사(憲判事)	
진사군관(進士軍官)	이비장(李裨將)	김비장(金裨將)
대솔(帶率)	김사공(金沙工)	유격졸(劉格卒)
	유한부(劉漢夫)	
석씨대솔승(釋氏帶率僧)	담법주(淡法主)	습화주(習化主)
	율화주(律化主)	책화주(責化主)

金鴻均, 위의 글, 『WIN』 1996.5月號, p.288; 內藤正中, 앞의 책, pp.98~100.

10) 『竹島考』 下, 「朝鮮國通使船于本藩」; 『因府年表』, 元祿 9年6月6日; 內藤正中, 앞의 책, p.99.

11) 『竹島考』 下, 「朝鮮國通使船于本藩」; 金鴻均, 앞의 글, 『WIN』 1996.5月號, p.288; 內藤正中, 앞의 책, pp.99~100.

다옥구조(茶屋九助)는 안용복(安龍福) 등이 탄 배가 6월 5일 청곡진(靑谷津)에 정박할 당시에 그린 「선험의 도(船驗の圖)」도 가지고 있었다. ‘선험의 도’란 배의 표지(標識), 즉 「조울양도감세장신안동지기」(표면) · 「조선국안동지승주」(이면)라고 쓴 깃발과 그 밑으로 달은 “배 꼬리에서 일어나…”의 시구를 적어 넣은 작은 깃발을 그린 그림이다. 그리고 그 설명에는 “…조울 양도는 울릉도(일본에서 이를 죽도라고 일컫는다) · 자산도(일본에서 송도라고 부른다)이다. 그 때의 선장을 안동지라고 부른다(…朝欝兩島ハ欝陵島日本□□是□竹島□稱□子山島日本□□松島□呼□是ナリ, 其トキノ船長ヲ安同知ト呼フ)”라고 적혀 있었다.[12]

조취번이, 비록 허황된 내용이기는 하지만, 이처럼 「인원지기」를 확보하고 「선험의 도」를 설명할 수 있었던 것은 안용복(安龍福)이 장차 있을 주수(州守)와의 회담에 대비하여 그런 정보를 흘렸기 때문에 가능했던 것이다. 그런 그가 일본어 사용을 절제하고 자연 조취번에 온 목적도 밝히지 않은 까닭은 조선 외교사절로 대접받기 위해서 한 시위로 보아야 하지 않을까 한다.

한편 진사군관 이비장(李裨將, 이진사<李進士>), 즉 이인성(李仁成)은 ‘조선화전이진사서(朝鮮花田李進士書)’라고 서명한 8장의 휘호(揮毫)를 남기고 있다. 글씨가 ‘온수(溫粹)’하다는 평을 받았다. 이 휘호는 청곡(靑谷) 촌민들의 요구에 따른 것이었다.[13] 짧은 기간의 교류였지만 이것 또한 조취번으로 하여금 안용복(安龍福) 일행이 외교사절임을 믿게 하는데 기여했을 것이다.

시위의 효과인 듯, 8일에는 조취번의 고위관원(어보청봉행<御普請奉行> 북촌팔병위<北村八兵衛>)이 역인을 데리고 청곡(靑谷)을 찾

12) 『竹島考』 下, 「朝鮮國通使船于本藩」; 內藤正中, 앞의 책, pp.100~101.
13) 內藤正中, 앞의 책, pp.100~101.

았다. 거처(居處) 때문이었던 것 같다. 그리하여 안용복(安龍福) 등은 12일 조취에서 가까운 가로항(加路<賀露>港)으로 이동하여 거처로 정해진 동선사(東善[禪]寺)에 들었다.[14] 조취번으로부터 조선에서 파견한 외교사절로 대접받기 시작했던 것이다.

Ⅱ. 정문(呈文)과 공과(功過)

안용복(安龍福) 등은 동선사에 머문 지 10일 만인 6월 21일 조취성하(鳥取 城下) 정회소(町會所)로 거처를 옮겼다. 숙소(宿所)에는 접대를 담당하는 역인까지 배치되었다. 안용복(安龍福) 일행을 맞아들이기 위하여 조취번에서는 교자(轎子) 2채와 말 9필을 동원하였다. 교자에는 안동지(安同知, 안용복<安龍福>)와 이비장(李裨將, 이인성<李仁成>)이 탔다. 극진한 접대였다.[15] 짐작컨대, 이날 안용복(安龍福) 등은 조취번 중신들과 상견례를 가졌을 것이며, 안용복(安龍福)이 은기에서 이인성(李仁成)·뇌헌(雷憲)·연습(連習) 등과 같이 작성한 소장(訴狀) 초안도 건네주었을 것이다. 말하자면 제1차 회담을 가진 셈이었다.

---

14) 『竹島考』 下, 「朝鮮國通使船于本藩」; 內藤正中, 앞의 책, p.103.

15) 『肅宗實錄』, 肅宗 22年 9月 戊寅; 「村上家文書」; 『竹島考』 下, 「朝鮮國通使船于本藩」; 『因府年表』, 元祿 9年 6月; 內藤正中, 앞의 책, pp.103~104.

비변사의 공술에서 안용복(安龍福)은 이때 청첩리·흑포립 차림에 가죽신을 신었다고 말하고 있으나, 이는 처벌을 염려한 발언인 듯 하며, 이미 앞에서 지적한바와 같이, 은기도에 도착할 당시부터 그런 차림이었다.

그 뒤 조취번에서는 호산지(湖山池)에 있는 작은 섬 청도(青嶋)에 가옥(假屋)을 짓고 안용복(安龍福) 등의 거처를 다시 이곳으로 옮기었다. 막부로부터 이객(異客)을 그 배에 머물게 하라는 소식이 은연중에 들려왔고 이어 노중(老中) 대구보가하수(大久保加賀守)가 6월 23일자 각서를 조취번으로 보내어 조선 배에 경비를 붙여 감시할 것을 지시하였기 때문이었다. 이 밖에도 각서에는 대마번에 요청하여 통사(通詞, 통역)를 조취번으로 보낼 것이며, 이객이 원하는 바는 장기 봉행소에서만 취급하는 것이 대법(大法, 원칙)이며, 그렇지 않을 경우 귀국시키라는 내용도 들어있었다.16)

22일 막부에 도착한 조취번의 안용복(安龍福) 조사기록, 즉 청곡진에 머물러 있다는 것, 말이 통하지 않아 일본에 온 목적을 파악하지 못했다는 것, 목록이 작성되지 않았지만 배 안에 문서들이 있다는 것 등을 보고한 데 대한 회신으로 보낸 것이었다. 이 각서가 조취번청에 도착하는 시기는 7월 초, 여기에 가옥을 짓는 시일까지 합치면 안용복(安龍福) 등이 청도로 거처를 옮긴 것은 7월 10일 전후가 아니었을까 한다.

안용복(安龍福) 일행은 백기주(伯耆州) 적기(赤崎)에 착안(6월 4일)한 이후, 특히 성하(城下)에 머무는 동안 융숭한 대접을 받았다. 거처(居處)도 조취에서 가까운 가로항(加路港)의 동선사(東善寺)로 정하였다(12일)가 아예 조취 성하의 정회소(町會所)로 옮겼다(21일). 조취번이 막부의 승낙 없이 감히 이런 일을 저질렀다는 것은 안용복(安龍福) 등을 외교사절로 보았기 때문이라는 이유만으로는 설명되지 않는다.

그것은 아무래도 3년만에 다시 찾아온, 조취번에 해금(海禁)에

16) 『竹島考』 下, 「朝鮮國通使舶于本藩」; 『因府年表』, 元祿 9年 6月 6日; 內藤正中, 앞의 책, pp.104~105.

노출되는 위험을 일깨워 준, 안뻥샤(アンピンチヤン, 安裨將), 즉 안용복(安龍福)을 환영해서가 아니었는가 한다. 이미 앞에서 언급한 바와 같이 「인원지기」에 "…그를 이때에 돌려보내 주셨다 한다"고 기록하고 있는 것은 조취인들이 그를 환영하고 있었다는 것을 뒷받침해 준다. 이객들의 배에 경비를 붙여 감시하라는 막부의 지시에도 불구하고 청도(靑嶋)에 가옥(假屋)을 지어 머무르게 한 것도 안용복(安龍福)에 대한 조취번의 배려로 보아야 할 것이다. 안용복(安龍福)이 당초에 조취번을 통하여 관백(關白)에게 소원(訴願)하기로 한 것도 이러한 기대가 있었기 때문이었을 것이다.

그런데 『죽도고(竹島考)』나 『인부연표(因府年表)』는 이제까지의 안용복(安龍福) 등의 동정을 비교적 자세히 기록하여 왔다. 적어도 성하(城下)로 들어가는 6월 21일까지는 그러하였다. 그러나 6월 22일부터 청도(靑嶋)를 떠나 귀국하는 8월 6일까지의 약 50일 동안에는 안용복(安龍福) 등에 관한 기록은 거의 보이지 않는다. 그 밖의 자료들도 안용복(安龍福) 등의 기록에 관한 한 지극히 소략(疏略)하다. 아마도 이 기간에 있었던 안용복(安龍福) 등의 움직임은 기록으로 남기기에는 국익상 부적절하다고 보았기 때문이었을 것이다.[17]

소장(訴狀)의 정납(呈納), 즉 '정문(呈文, 정단<呈單>)'에 관한 기록도 마찬가지다. 안용복(安龍福)의 비변사에서의 공술에 의하면, 그는 이인성(李仁成)을 시켜 대마도주의 "죄상(罪狀)을 역진(歷陳)"한 관백에게 올리는 소장(訴狀)을 조취번에 정납(呈納)하였다. 이미 앞에서 여러 차례 언급한 바와 같이, 이 소장의 초안은 일행이 은기에 들렀을 때 안용복(安龍福)이 이인성(李仁成) 등과 의론하여 작성한 것이었다. 그러나 소장은 초안이던 원본이던 찾아볼 수 없

17) 內藤正中, 앞의 책, pp.105~106.

다고 한다.[18]

그러므로 그 내용은 『숙종실록(肅宗實錄)』이나 『강계고(疆界考)』·『동국문헌비고(東國文獻備考)』「여지고(輿地考)」 등을 통하여 추정할 수밖에 없다. 이 자료들에 의하면 (1) 안용복(安龍福)이 근년에 백기주로부터 울릉·자산도가 조선령이라는 공문을 발급받았으나 이를 대마번이 탈취하였다, (2) 대마도에서 막부의 명임을 빙자하여 울릉도를 차지하려고 중간에서 농간을 부리고 있다, (3) 대마도에서 조선이 일본으로 보내는 물화(物貨)를 감량 재포장하여 전매(轉賣)하고 있다는 것 등이었다.[19]

(1)은 안용복(安龍福)이 비변사의 심문(1696.9월)에서 "근년에 내가 이곳에 들어와서 울릉·자산 등의 섬을 조선의 지경으로 정하고 관백의 서계까지 있는데… 대마도주가 서계를 빼앗았다"고 공술한 것을 재정리한 것이다. 여기서 '근년'은 그가 피랍되었던 3년 전(1693)을, '서계'는 공문(公文)을 말하는 것이지만, '관백의 서계'의 '관백'은 번주(藩主)나 주수(州守)를 안용복(安龍福)이 의례히 과장한 것으로 생각된다. 실제로 '관백'을 '본주(本州, 백기주)'·'백기주'로 적은 기록이 보인다.[20] 어쨌든 안용복(安龍福)은 이 공문(서계) 탈취를 대마도주의 죄목으로 꼽고 있었다.[21]

(2)와 관련해서 막부는 1693년(원록<元祿> 6) 5월에 조선인의 죽

18) 『肅宗實錄』, 肅宗 22年 9月 戊寅.

19) 『肅宗實錄』, 肅宗 20年 8月 己酉, 肅宗 22年 9月 戊寅, 10月 丙申; 申景濬, 『疆界考』(高麗大學校 中央圖書館 所藏), 「欝陵島」·「安龍福事」; 『東國文獻備考』「輿地考」 13, 關防 3, 海防 1, 東海 蔚珍.

20) 『肅宗實錄』에 "本州成給欝島永屬朝鮮公文", "伯耆州所給銀貨及文書馬島人却奪"이라는 기록이 보인다(『肅宗實錄』, 肅宗 22年 10月 丙申·甲辰).

21) 『肅宗實錄』, 肅宗 22年 9月 戊寅.

도(울릉도) 출어(出漁) 금지문제를 조선 측과 교섭하도록 대마번에 지시하였다. 그런데 대마번은 조선으로 보내는 그 첫 서계(1693. 9월) 모두(冒頭)부터 "본국 죽도"를 강조한 이래 집요하게 죽도(울릉도)가 일본령임을 고집하였다. 그것은 대마도에서 15세기 초 이래 획책하여 왔던 죽도의 영유를 실현하기 위한 것이었고, 새 영지를 취득하는 것이어서 대마번이 강호(막부)에 공을 세우는 계책이 되기도 하는 것이었다. 그리하여 대마번은 울릉도를 죽도(竹島)로 가칭(假稱)하고 조선 어민의 출어금지를 요청하는 등 이 섬을 가로채려고 노력하였던 것이다. (2)는 바로 이런 대마번주의 자세나 책략을 비난한 것이라고 하겠다.

(3)은 조선에서 일본으로 보내는 쌀(米)·베(布)·종이(紙) 등의 분량을 줄여 재포장, 전매(轉賣)하여 막대한 이익을 얻고 있다는 것이다. 그 수법은 쌀은 15두(斗)가 1섬(斛)인데 대마도에서는 7두를 1섬이라 하고, 베 30척(尺)이 1필(匹)인데 대마도에서는 20척을 1필이라 하며, 종이 1다발은 매우 길어 대마도에서는 이를 끊어 3다발로 늘여 남는 수량을 처분하는 것이었다.22)

안용복(安龍福) 등이 언제 조취번 중신들을 만나 소장을 건네주었는지도 분명하지 않다. 이 문제와 관련하여 『숙종실록』(숙종 23년 2월 을미조)에 보이는 동래부사(東萊府使) 이세재(李世載)의 장계에 "관왜(館倭)가 또 묻기를 귀국인이 지난 가을에 정단(呈單, 단자<單子>의 정납<呈納>, 정문<呈文>, 소장의 제출)한 일이 있는데 조령(朝令)에서 나왔습니까"라는 구절이 보여 이를 짐작할 수 있게 한다. 가을이 시작되는 것은 7월부터이고, 안용복(安龍福) 일행이 막

22) 『肅宗實錄』, 肅宗 22年 10月 丙申; 申景濬, 『疆界考』(高麗大學校 中央圖書館 所藏), 「鬱陵島」·「安龍福事」; 『東國文獻備考』「輿地考」13, 關防 3, 海防 1, 東海 蔚珍.

부의 출륙금지령(6월 23일자 각서)에 따라 호산지(湖山池)의 작은 섬 청도(靑嶋)의 가옥(假屋)으로 옮기는 것이 7월 10일 경이므로, 소장을 제출한 시기는 7월 10일 전후로 볼 수 있지 않을까 한다. 안용복(安龍福) 등은 7월 10일을 전후하여 정회소에서 조취번 중신들, 아마도 황미대화(荒尾大和) 등과 제2차 회담을 갖고 소장을 건네주었을 것이다.

한편 대마번은 7월 7일 막부로부터 조선인이 조취번에 와 있음으로 그곳에 통사(통역)를 파견하라는 지시를 받았다. 노중 대구보가하수(大久保加賀守)가 6월 23일자로 조취번에 내린 각서에 따른 조처였다.[23] 그런데 이 각서에는 이미 언급한 바와 같이, 조선인 대책에 대해서도 지시하고 있는데, 소송은 장기 봉행소(長崎奉行所)에 가서 하는 것이 대법(大法, 원칙)이며, 그렇지 않으면 귀국시키라는 것이었다.

장기 봉행소에 소송을 의뢰한다는 것은 조일 양국 외교의 창구역을 맡고 있는 대마번의 위상을 손상시키는 것이었다. 대마번은 강호(江戶)로 급사(急使)를 파견하여 조선인 대책의 수정을 막부에 요청하였다. 막부는 이 대마번의 요청을 받아들였다. 그리하여 조선인을 장기 봉행소로 보낸다는 이제까지의 방침을 바꾸어 7월

---

23) 川上健三, 앞의 책, pp.164~165; 內藤正中, 앞의 책, pp.108~109; 池內敏, 앞의 책, pp.309~312.

대마번의 통사들이 조취번 역내(域內)로 들어온 것은 안용복(安龍福) 등이 일본을 떠난(8월 6일) 뒤인 8월 중순이었다(위의 주 24) 자료 참조).

대마번 강호 번저(江戶 藩邸)에서 조선인 '안히쟈구[우](アンヒチヤク[ウ], 안비장·안용복<安裨將·安龍福>)'이 소송차 조취번에 왔다는 것을 알게 된 것은 6월 23일이었다(池內敏, 앞의 책, pp.306~307). 그러므로 이 소식이 대마번에 전해진 시기는 역시 7월 7일경이었을 것이다.

24일 조선과의 외교는 대마번 외는 할 수 없음으로 그들을 귀국시켜야 한다고 조취번에 지시하였던 것이다.[24)]

대마번에서 볼 때 안용복(安龍福) 등의 소장은 이객(異客)을 장기 봉행소로 보내어 소송하도록 하라는 노중 대구보가하수(大久保加賀守)의 각서 이상으로 심각한 문제였다. 만약 소장이 강호로 올라가면 도주는 물론, 도주를 돌보고 있는 전 도주 종의진(宗義眞)도 무거운 처벌을 받게 될 것이기 때문이다. 대마번에서는 소장의 취하를 위하여 노력하였다. 대마번이 강호로 급사(急使)를 파견한 것도 막부에 조선인 대책의 수정을 요청하는 한편, 은밀히 조취번측과 소장의 취하를 교섭하기 위한 것이 아니었는가 한다. 안용복(安龍福)의 공술에 '도주의 아비(종의진<宗義眞>)가 소를 올리지 말도록 백기주에 간청하였다'는 '도주의 아비'란 안용복(安龍福)이 예에 따라 격상시킨 것일 뿐 사실은 바로 대마번의 급사(急使)로 짐작되기 때문이다.[25)]

번주 송평강청(松平綱淸)이 강호에서 조취로 돌아온 것은 7월 19일이었다. 그는 안용복(安龍福) 등이 제출한 소장을 막부에 납입(納入)하지 않았다. 그 대신 고위관원을 아마도 청도로 보내어 상륙이 금지된 안용복(安龍福) 등과 회동—안용복(安龍福)으로서는 제3차 회담을 갖고 울릉도를 침범하였다가 안용복(安龍福) 등의 추격을 받았던 어민 15명을 적발 처벌하였음을 알렸다. 그리고 울릉·자산 "두 섬이 당신 나라에 소속된 뒤(兩島既屬爾國之後)"에 다시 범월(犯越)하는 자가 있거나 대마도주가 횡침(橫侵)할 경우 국서(國書)를 작성, 역관을 시켜 보내면 엄히 처벌할 것임을 약속하

24) 川上健三, 앞의 책, pp.164~165; 内藤正中, 앞의 책, pp.108~109; 池内敏, 앞의 책, pp.309~312.

25) 『肅宗實錄』, 肅宗 22年 9月 戊寅.

였다.[26] "두 섬이 당신 나라에 소속된 뒤"란 양도 소속에 관한 외교상의 확인 절차를 밟는 것을 뜻하는 것으로 생각된다.

조취번 고위관원이 안용복(安龍福) 등을 만나 이런 약속을 한 시기는 막부가 대마번의 건의를 받아들여 조취번에 조선인 대책의 수정, 즉 안용복(安龍福) 등의 귀국을 지시하는 7월 24일 이후, 더 좁혀서 말하면 7월 24일자 문건이 조취번으로 내려갔을 8월 1일 이후로, 조취번의 『어용인일기(御用人日記)』(원록<元祿> 9년 8월 6일조)에 의하면 8월 4일이었고, 고위관원은 번유(藩儒) 십권지극(辻權之亟)을 대동한 평정금좌위문(平井金左衛門)이었다.[27] 8월 1일은 조취번에서 죽도(울릉도)도해금지령을 대곡·촌천(大谷·村川) 양가에 알린 날이었다. 조취번주는 그 자신이 이해(1696) 1월 28일 통달받은 죽도도해금지령을 막부의 채근을 받고 비로소 대곡·촌천(大谷·村川) 양가에 알리는 한편, 고위관원 평정(平井)을 청도로 보내어 안용복(安龍福) 등과 회담을 갖고 울릉·자산 양도가 조선의 지계(地界)임을 확인해 주었던 것이다.[28]

번주가 파견한 고위 관원으로부터 울릉·자산 양도가 조선의 지계임을 확인받은 안용복(安龍福) 등은 8월 6일 청도를 떠나 귀

---

26) 川上健三, 앞의 책, p.172; 위의 주 25) 참조.
안용복(安龍福)은 대담한 상대를 "도주"(조취번주)라고 하고 있으나 (주 26) 참조) 이는 번주가 보낸 고위관원을 의례히 격상시킨 것으로 보아야 할 것이다.

27) 內藤正中, 앞의 책, pp.108~109.

28) 김병렬(金柄烈)에 의하면, 노중 대구보가하수(大久保加賀守)는 6월 22일 조취번 강호유수거 길전평마(吉田平馬)에게 죽도도해금지령을 대곡·촌천(大谷·村川) 양가에 알릴 것을 지시하였고, 7월 24일에도 이 금지령이 8월 1일까지 양가에 전달되도록 조취번에 지시하였다고 한다(金柄烈·內藤正中, 앞의 책, 3장의 4(김병렬), pp.54~56.

국길에 올랐다. 일행은 갔던 길을 따라 되돌아 왔는데, 8월 29일 강원도 양양현(襄陽縣)에 이르러 강원감사 심평(沈枰)에 의하여 체포되었다. 그런데 『승정원일기(承政院日記)』에 의하면 김순립(金順立)은 양양에서 자취를 감추어 버렸다. 또 『숙종실록』에는 안용복(安龍福)이 동래에서 체포되었다는 기사도 보인다. 그렇다면 안용복(安龍福)은 아마도 울산에서 일행과 헤어진 것이 된다.[29] 어쨌든 안용복(安龍福)의 울릉도・자산도와 관련된 활동은 8월로써 끝이 났다고 할 수 있다.

안용복 등은 비변사로 넘겨져 그 심문을 받았다. 심문은 1697년(숙종 23) 초까지 계속되었다. 변정(邊情, 변방의 정세, 또는 국방문제)과 관련되는 문제이기 때문에 국왕 숙종은 여러 차례에 걸쳐 대신・비국(備局, 비변사) 제신(諸臣)을 인견(引見)하고 안용복(安龍福) 등의 처벌 문제를 논의하였다. 비변사 제신들의 견해는 범월(犯越)・정문(呈文)한 안용복(安龍福)의 죄상은 용서할 수 없으므로 먼저 이 사실을 대마도주에게 통고하되 도해역관(渡海譯官)이 돌아온 뒤에 처단해야 한다는 것이었다.[30] 도해역관이란 전도주 종의륜(宗義倫)의 문상차 대마도에 간 변동지(卞同知)・송판사(宋判事)를 가리킨다.

그러나 영중추부사(領中樞府事) 남구만(南九萬)과 영돈녕부사(領敦寧府事) 윤지완(尹趾完), 그리고 지중추부사(知中樞府事) 신여철(申汝哲) 등은, 비변사 제신들의 견해와는 달리, 안용복(安龍福)을 가벼이 주살(誅殺)해서는 안 된다고 주장하였다. 그리고 그 논거로

29) 『肅宗實錄』, 肅宗 22年 8月 壬子, 9月 乙亥; 『承政院日記』 肅宗 22年 9月 27日; 田保橋潔, 앞의 論文, 『青丘學叢』 19~20, 川上健三, 앞의 책, p.165.

30) 『肅宗實錄』, 肅宗 22年 8月 壬子, 9月 乙亥・庚辰; 『承政院日記』 肅宗 22年 9月 27日.

남구만(南九萬)은 '대마도에서 울릉도를 죽도로 가칭(假稱)하고 막부의 명임을 빙자하여 우리나라로 하여금 사람들의 왕래를 금지시키게 하려는 등 [이 섬을 가로채려고] 중간에서 기만 조롱한 정황이 안용복(安龍福)에 의하여 다 드러났다'는 것을 들고 있다. 윤지완(尹趾完)이 제시한 논거는 '대마도 사람들이 우리를 속여 온 것은 우리나라가 강호와 교통하지 못하고 있기 때문인데, 이제 안용복(安龍福)에 의하여 다른 길이 있다는 것을 알게 되었다'는 것이었다.31)

그러니까 울릉도쟁계(죽도일건)에서 안용복(安龍福)이 끼친 공로로는 (1) 조선이 일본(막부)과 교섭함에 있어서는 대마도가 아닌 다른 길이 있을 수 있으며, (2) 대마번에서 울릉도를 죽도로 가칭(假稱)하고 막부의 명임을 빙자하여 조선 어민의 왕래를 금지시키려 하는 등, 이 섬을 가로채려고 중간에서 기만 조롱한 정황을 다 드러냈다는 것이 지적되었다. 그리고 (3) 후술하는 바와 같이, 대마도가 갑자기 일본인의 울릉도에서의 어채(漁採)를 금한다는 통지를 해 온 것도 정부에서는 안용복(安龍福)의 공으로 보았다. 국왕 숙종의 생각도 그러하였다. 그의 일본에서의 활동은 확실히 영유권 분규의 해결을 촉진시켰던 것이다. 이 밖에 (4) 안용복(安龍福)이 조취번으로부터, 비록 뒤에 대마번에 탈취당하기는 하였지만, 울릉도와 자산도가 조선령임을 인정하는 서계를 발급받은 사실(1693. 6월), 조취번주 송평강청(松平綱淸)이 소장(訴狀)을 막부에 납입하지 않았지만, 그 대신 안용복(安龍福)은 그(번주)가 보낸 고위관원을 통하여 두 섬이 조선령임을 확인받은 사실(1696. 8월)도 그의 또 다른 공로라고 할 것이다. 이런 공로들이 참작되어 1697년(숙종 23) 3월에 안용복(安龍福)을 감사(減死) 정배(定配)하는 조처

31) 『承政院日記』, 肅宗 22年 10月 13日; 『肅宗實錄』, 肅宗 22年 9月 庚辰, 10月 丙申.

가 취해졌던 것이다.[32] 소장(訴狀)을 작성한 이인성(李仁成)도 종범(從犯)으로 인정되어 정배되었을 것이다. 그 밖의 사람들은 이미 전년(1696) 10월에 모두 석방되었다.[33]

앞에서 열거한 것처럼 안용복(安龍福)이 울릉도쟁계(죽도일건)에서 끼친 공로는 적지 않다. 그러나 우리가 간과한 그의 대단히 중요하고 각별한 공로를 하나 더 들어야 할 것 같다. 그것은 (5) 안용복(安龍福)이 피랍되었을 때 울릉·자산도가 조선령임을 조취번에 설득하였고 이것이 조취번에 의하여 받아들여졌다는 사실이다. 그리하여 조취번은 막부에 죽도·송도 영유를 부인하는 보고를 하였으며, 이 보고가 결정적 요인이 되어 막부는 죽도(울릉도)가 조선령임을 인정, 대곡·촌천(大谷·村川) 양가의 죽도(竹島) 출어를 금제(禁制)하는 죽도(울릉도)도해금지령(1696)을 내렸던 것이다. 안용복(安龍福)은 울릉도쟁계 해결의 기틀을 마련하는 데 크게 기여하였던 것이다.

Ⅲ. 쟁계의 타결

안용복(安龍福) 등의 일본에서의 활동, 특히 조취번과의 접근은 대마번을 불안하게 하였다. 조선이 대마번이 아닌 다른 길, 이를테면 조취번을 통하여 강호(막부)와 교섭하게 되는 사태를 우려하였던 것이다. 종의진(宗義眞)은 마침내 1696년(숙종 22) 10월 16일 전도주(前島主) 종의륜(宗義倫)의 문상차 건너간 역관 변동지(卞同知)·송판사(宋判事)에게 당초 연말로 미루어왔던 막부의 죽도(울

32) 『承政院日記』, 肅宗 23年 3月 27日; 『肅宗實錄』, 肅宗 23年 3月 戊寅.
33) 『承政院日記』, 肅宗 22年 9月 27日, 10月 13日; 『肅宗實錄』, 肅宗 22年 9月 庚辰, 10월 丙申.

릉도)도해금지령을 서둘러 구두로 알리는 한편, 안용복(安龍福) 등의 정문에 대하여 유감스러운 뜻을 표시하였다. 그리고 이에 관한 각각의 일본문 구상서(口上書)와 대마도 봉행(奉行) 평현진(平顯眞) 등 6명의 연기역(年寄役, 가로<家老>)들이 동래부 훈도(訓導)·별차(別差)에게 보내는 죽도(울릉도)도해금지령·안용복(安龍福)의 정문 2건에 관한 한문 구상서를 변동지(卞同知) 등에게 건네었다.[34]

정문에 관한 구상서의 요지는 조일 양국이 두 나라의 교통(交通)은 대마도라는 한 길만 경유하기로 맹약(盟約)한 바 있는데, 지금에 와서 본주(本州, 대마도)를 버리고 다른 길을 경유하려 하고 있으니 귀국에서는 구령(舊令)을 신칙(申飭)하여 사단(事端)이 생기는 일이 없도록 힘써주기를 바란다는 것이었다.[35] 대마번이 안용복(安龍福)의 조취번과의 접촉에 대하여 얼마나 조심스러우면서도 예민하게 반응하고 있는지를 보여준다.

역관 변동지(卞同知)·송판사(宋判事)가 귀국한 것은 다음해(1697) 1월 10일이었다. 울릉도(죽도)영유권 협상에 참여했던 재판(裁判)

---

34) 『同文彙考』 3(國史編纂委員會 影印, 1978) 附編 26 爭難, 「馬島奉行等以竹島漁採彼此禁斷事與任譯書」·「馬島奉行以漂民事與任譯書」; 『朝鮮通交大紀』 8; 『善隣通交事考』 4, 「告竹島一件事考」; 北澤正誠, 『竹島考證』 中; 內藤正中, 앞의 책, pp.110~111.

본래 2통의 「구상서」, 즉 도해금지령과 안용복(安龍福)의 정문(呈文)에 관한 구상서는 일본문으로 작성된 것이었다. 이를 조선 역관들이 이해하기 어렵다고 하자 한문으로 2통을 더 작성하게 된 것이다. 이 한문 「구상서」는 「조선국훈도·별차양공여탑하(朝鮮國訓導·別差兩公旅榻下)」라는 수신인(受信人)과 발신 년 월, 발신인(發信人) 대마도 봉행(奉行) 평현진(平顯眞) 등 6명이 기록되어 있다. 그러므로 한문으로 된 2통의 구상서는 정식의 서한이었다고 할 수 있다(위의 자료 참조).

35) 『同文彙考』 3(國史編纂委員會 影印, 1978) 26 爭難, 「馬島奉行以漂民事與任譯書」.

고세팔우위문(高勢八右衛門)도 역관들의 호송을 명목으로 동행하였다.[36] 재판 고세(高勢)는 동래부사 이세재(李世載)와 역관들에게 두 차례(1월 22·24일)에 걸쳐 종의진(宗義眞)의 죽도(울릉도)도해금지령 구두 통보에 대한 조선 측(예조) 서계의 발급을 요청하였다.[37] 이런 사실은 2월에 동래부사에 의하여 정부로 보고되었다. 보고 속에는 도해금지령을 내리는 데는 지금의 도주(종의방<宗義方>, 사실은 형부대보습유<刑部大輔拾遺> 종의진<宗義眞>)의 공이 많았다는 관왜(館倭, 왜관의 일본인, 여기서는 관수<館守>를 가리킨다)의 말도 들어 있었다.[38]

정부에서는 일본인들의 울릉도 왕래를 금지한 공을 지금의 도주에게 돌린 것은 잘못을 반성하는 뜻이 뚜렷한 만큼 과거에 울릉도영유권을 주장하던 일을 책망할 것은 없지만 서계까지 발급할 필요는 없다고 동래부사에게 회보하였다.[39] 이처럼 서계 발급에 반대하던 정부는 4월에 대마번 형부대보습유 종의진(宗義眞)에게 보내는 예조참의 박세전(朴世燼) 명의의 서계를 작성하여 동래부로 내려 보냈다. 정부가 방침을 바꾸어 서계를 보내게 된 것은 관수(館守) 당방신오랑(唐坊新五郎)이나 재판 고세(高勢)의 끈질긴 교섭 때문이었다.[40] 그런데 이 서계에는 다음과 같은 구절들이 들어있었다.[41]

---

36) 『竹島考證』(北澤正誠) 中; 內藤正中, 앞의 책, pp.111~112; 池內敏, 앞의 책, p.313.

37) 『邊例集要』 下, 17 欝陵島, 1697년 1월; 池內敏, 앞의 책, p.313.

38) 『肅宗實錄』, 肅宗 23年 2月 乙未; 『邊例集要』 下, 17 欝陵島, 1697년 1월; 內藤正中, 앞의 책, pp.111~112.

39) 위와 같다.

40) 『邊例集要』 下 17 欝陵島, 1697년 3·4월; 『竹島考證』 中; 內藤正中, 앞의 책, p.112; 池內敏, 앞의 책, p.313.

(1) "근자에 역사(譯使)가 귀주(貴州)로부터 돌아와 귀주 여러 봉행(奉行)의 문자(文字, 서신)를 득접(得接)하여 사정(위절<委折>, 곡절<曲折>)을 자세히 알게 되었습니다." (2) "울도(欝島)가 우리 땅임은 『여도(輿圖, 동국여지승람<東國輿地勝覽>)』에 실려 있는 바로 문적(文蹟)이 분명하여 그쪽과 멀고 이쪽과 가까운 것을 막론하고서도 강계(疆界)가 자별(自別)합니다." (3) "귀주에서 처음에 비록 잘못 알았으나 마침내 돈복(敦復, 제자리로 돌아옴)하였으니 지금부터는 지난 일을 허물하지 말고 구호(舊好)를 유지하는 것이 마땅합니다."

이 서계의 사본을 넘겨받은 부산왜관 관수(館守) 당방(唐坊)과 재판 고세(高勢)는 이를 검토한 끝에 두 차례(5월 10·14일)나 훈도·별차를 왜관으로 초청하여 (1)의 "귀주 여러 봉행의 문자를 득접(得接)하여(得接貴州諸奉行之文字)", (2)의 "울도가 우리 땅임은 『여도』에 실려 있는 바(欝島之爲我地 輿圖所載)", (3)의 "귀주에서 처음에 비록 잘못 알았으나 마침내 돈복(敦復)하였다(歸州始雖錯認終能敦復)"는 것 등을 고쳐줄 것을 요청하였다. 봉행(奉行)만을 거론함으로써 도주의 역할이 무시되고 강호(江戶)에는 죽도(竹島)로 알려졌으므로 울도(蔚島·欝島)를 서계에서 빼거나 그 밑에 죽도라는 주(注)라도 달아주어야 하며, '비록 잘못 알았으나 돈복하였다'는 것은 책망하는 뜻이 없지 않다 하고, 이 서계가 개찬(改撰)되지 않으면 도주가 벌을 받게 된다는 것이었다.[42]

동래부의 보고에 따라 정부에서는 "조정(朝廷)의 대체(大體)"상

---

41) 『竹島考證』 中. 원문은 다음과 같다.

(1)頃因譯使 回自貴州 得接貴州諸奉行之文字 備悉委折矣 (2)欝島之爲我地 輿圖所載 文蹟昭然 無論彼遠此近 疆界自別 (3)貴州始雖錯認終能敦復 自今以後 惟當不咎旣往 無替舊好矣

42) 『邊例集要』 下 17, 欝陵島, 1697년 6월; 『竹島考證』 中; 內藤正中, 앞의 책, p.113.

서계의 개찬 요구를 받아들여야 한다고 보고 예조참의 박세전(朴世爀) 명의의 제2차 서계를 작성하여 동래부로 내려 보내었다. 이 서계에는 (1)의 "귀주로부터…득접하여(得接貴州…)"를 삭제하면서 "좌우(左右, 상대를 높인 말)께서 면대하여 당부한 말씀을 자세히 전하고 또…접하여(細傳左右面囑之言 且接…)"가 추가되었다. (3)은 모두 삭제하는 대신 "귀주에서 이미 울릉도와 죽도가 섬은 하나이나 이름은 둘이라는 사실을 알고 있으니 이름이 비록 다르다고 하더라도 그것이 우리 땅임은 마찬가지입니다(貴州旣知 欝陵與竹島爲一島而二名 則其名雖異 其爲我島則一也)"이란 구절이 새로 들어갔다. 관수 당방(唐坊)·재판 고세(高勢) 등이 고치기를 원한 세 가지 중에서 (3)은 모두 고쳐졌지만 (1)은 '좌우…'라는 새 구절이 추가되었으나 '여러 봉행의 문자'는 그대로 남았고, (2)는 손도 대지 않았다. 다만 죽도는 (3)을 고치면서 언급하였을 뿐이다.43)

고쳐진 제2차 서계 문안은 다음과 같다.44)

> (1) "근자에 역사(譯使)가 귀주로부터 돌아와 좌우(左右)께서 면대하여 부탁한 말을 상세히 전하고 또 여러 봉행(奉行)의 문자(文字, 서신)를 접하여 사정을 갖추어 알게 되었습니다." (2) "울릉도가 우리 땅임은 『여도(輿圖)』에도 실려 있는 바로 문적(文蹟)이 분명하여 그쪽과 멀고 이쪽과 가까운 것을 막론하고서도 강계(疆界)가 자별(自別)합니다." (3) "귀주에서 울릉도와 죽도는 섬은 하나이고 이름은 둘이라는 사실

---

43) 『邊例集要』 下 17, 欝陵島, 1697년 6월; 『竹島考證』 中; 池內敏, 앞의 책, pp.314~315.

44) 『竹島考證』 中. 원문은 다음과 같다.
(1)頃因譯使 回自貴州 細傳左右面囑之言 且接諸奉行文字 備悉委折矣 (2)欝島之爲我地 輿圖所載 文蹟昭然 無論彼遠此近 疆界自別 (3)貴州旣知 欝陵與竹島 爲一島而二名 則其名雖異 其爲我地則一也

을 알고 있으니 그 이름이 비록 다르다 하더라도 그것이 우리 땅인 것은 마찬가지입니다."

훈도·별차가 제2차 서계 사본을 왜관에 전달한 것은 7월 21일, 관수 당방(唐坊)과 재판 고세(高勢)는 그 요구한 바가 충분히 반영되지 않았으므로 다시 동래부에 (1) (2)의 개정을 교섭하였다. 그러나 부사가 이를 거절함으로써 서계 문안에 대한 동래부 훈도·별차와 왜관 관수 당방(唐坊)·재판 고세(高勢)간의 협상은 결렬되었다.[45] 관왜(館倭)들이 네 차례나 난출(闌出, 관왜가 시위를 목적으로 동래부사나 부산첨사의 허가 없이 관문<館門> 밖으로 나옴)하여 서계의 개정 등을 촉구하는 시위를 벌린 것도 이 무렵(8월)의 일이었다. 특히 제2차 난출은 재판 고세(高勢)가 직접 지휘하였다고 한다.[46]

다음해(1698) 1월에 동래부사로 박권(朴權)이 새로 부임하였다. 관수 당방(唐坊)은 동래부로 새 부사를 방문하여 제2차 서계 문안에 들어있는 (1)의 "여러 봉행의 문자"를 삭제하고 (2)의 "울릉도가 우리 땅임은 『여도』에 실려 있다"는 구절도 고쳐줄 것을 요청하였다.[47] 이 서계는 형부대보습유 종의진(宗義眞)에게 보내는 것이므로 (1)의 "여러 봉행의 문자"를 삭제한다는 것은 '좌우', 즉 종의진(宗義眞)을 부각시키는 것이 된다. (2)는 막부에서 울릉도를 죽도로 알고 있다는 문제 외에도 울릉도 영유권 협상 당시 대마번이 주장했던바 '조선은 임란 이후 울릉도를 방기(放棄)하였지만 일본은 80년래로 이 섬을 지배해 왔다'(2장 주 29) 참조)는 것을 논

45) 『竹島考證』 中; 內藤正中, 앞의 책, p.113; 池內敏, 앞의 책, p.319.

46) 『邊例集要』 下 13, 闌出, 1697년 8월; 池內敏, 앞의 책, p.319.

47) 『肅宗實錄』 肅宗 23年 12月 戊辰; 『竹島考證』 中; 池內敏, 앞의 책, p.320.

거로 한 것으로 보인다.

보고에 접한 정부는 제3차 서계의 발급을 거절하였다. 지난해(1697) 8월의 제2차 난출사건을 직접 지휘한 사람이 바로 재판 고세(高勢)였기 때문이었다. 그러므로 그가 왜관에 머무르는 한 다시 서계를 작성해 보낼 수 없다는 것이 정부의 입장이었던 것이다. 마침내 재판 고세(高勢)는 3월 4일 대마로 돌아갔고 이어 3월자로 된 예조참의 이선부(李善溥) 명의의 제3차 서계가 작성되어 4월 4일 왜관으로 전달되었다.48) 서계의 문안은 다음과 같이 정리되었다.49)

(1) "근자에 역사(譯使)가 귀주(貴州)로부터 돌아와 좌우께서 면대하여 부탁한 말씀을 자세히 전하여 사정을 갖추어 알게 되었습니다." (2) "울릉도가 우리 땅임은 『여도』에도 실려 있는 바로 문적(文蹟)이 분명하여 그쪽과 멀고 이쪽과 가까운 것을 막론하고서도 강계(疆界)가 자별(自別)합니다." (3) "귀주에서 이미 울릉도와 죽도는 섬은 하나이나 이름은 둘이라는 사실을 알고 있으니 그 이름이 비록 다르다 하더라도 그것이 우리 땅인 것은 마찬가지입니다."

제3차 서계 문안에는 제2차 서계 문안에 들어있던 (1)의 "봉행(奉行)"이 삭제되었다. 자연 '좌우(左右)', 즉 형부대보습유 종의진(宗義眞)의 역할이 부각되었다. 당초에 대마번은 울릉도쟁계(죽도

48) 『邊例集要』 下 13, 闌出, 1698년 1·3·4월; 『竹島考證』 中; 內藤正中, 앞의 책, pp.113~114; 池內敏, 앞의 책, p.320.

49) 『邊例集要』 下 17, 欝陵島 1698. 4月; 『竹島考證』 中. 원문은 다음과 같다.

(1)頃因譯使 回自貴州 細傳左右面托之言 備悉委折矣 (2)欝島之爲我地 輿圖所載 文蹟昭然 無論彼遠此近 疆界自別 (3)貴州旣知 欝陵與竹島 爲一島而二名 則其名雖異 其爲我之地則一也

일건)가 조선 측에 유리하게 결말이 났으므로 이에 관여한 종의진(宗義眞)에게 사의를 표할 것이라 기대하였다.[50] 이 서계가 강호(막부)까지 올라가기 때문에 더욱 그런 바람이 컸을 것이다. 그러나 여러 차례에 걸친 동래부와의 교섭에도 불구하고 (1)의 봉행(奉行)을 삭제하고 좌우(左右)를 넣는 선에서 만족할 수밖에 없었다.

조선 측은 대마번의 서계 발급 요청을 달갑게 여기지 않았다. 그것은 죽도(울릉도)도해금지령을 구두로 통고해온 데다가 이 금지령(1696) 이전의 일본 영유권 주장과 조선 영유권 지지라는 이중적 태도 때문이었을 것이다. 작년(1697) 2월 동래부사의 서계 발급 건의를 받아들이지 않은 것을 비롯해서 제1차 서계에서 봉행의 문자(서신)만을 거론한 것, 제2차 서계에서 관수 등의 요청에도 불구하고 봉행의 문자를 그대로 둔 채 좌우를 언급하였다가, 제3차 서계에 가서 비로소 봉행의 문자를 삭제한 것이 바로 조선 측의 불편한 심기를 반영하는 것이라고 할 것이다.

(2)의 "울릉도가 우리 땅임은 『여도』에 실린 바로 문적(文蹟)이 분명하여 그쪽과 멀고 이쪽과 가까운 것을 막론하고서도 강계(疆界)가 자별(自別)합니다"라는 구절은 관수 당방(唐坊) 등의 요청에도 불구하고 끝내 고치지 않았다. 이는 제2차 서계 문안부터 나오는 (3)의 "귀주에서 이미 울릉도와 죽도는 섬은 하나이나 이름은 둘이라는 사실을 알고 있으니 그 이름이 비록 다르다고 하더라도 그것이 우리 땅인 것은 마찬가지입니다"라는 구절과 함께 울릉도가 죽도라는 별명이 있지만 『동국여지승람』에 실려 있는 조선령임을 강조한 것이며 80년래로 일본이 지배했다는 대마번의 주장

---

50) 「口上之覺」(「日本海<東海>內竹島外一島地籍編纂方伺」<1877年 3月 7日>의 附屬文書); 內藤正中, 앞의 책, p.124.

을 부인하는 것이라고 할 것이다.

이로써 서계문안의 절충작업은 끝났다. 이 서계에는 죽도(울릉도)도해금지령과 함께 안용복(安龍福)의 정문(呈文, 소장<訴狀>의 제출)사건에 대하여도 거론하고 있는데 이를 포함한 전체적인 내용을 요약하건대—막부의 결정, 즉 울릉도가 조선령임을 인정, 죽도도해금지령을 내린데 사의를 표하고 울릉도는 『동국여지승람』에 실려 있는 조선령이며 울릉도와 죽도가 1도2명(一島二名)임을 들어 그 정당한 인식을 촉구하였다. 또 안용복(安龍福) 등은 표인(漂人, 물에 빠져 떠내려 온 사람)일 뿐 맹약을 어겨 대마번이 아닌 다른 길, 이를테면 조취번을 통하여 강호(막부)와 접촉하려 했다고 할 수 없으며, 정문(呈文)한 일은 망작(妄作, 망령된 행동)의 죄가 있기 때문에 이미 구속 수감하였다는 것이었다.[51)]

이 서계는 4월 13일 대관(代官) 평산구좌위문(平山九左衛門)이 대마로 가져갔고, 대마번은 가로 평전직우위문(平田直右衛門)을 사자(使者)로 하여 7월 15일 막부의 아부풍후수(阿部豊後守)에게 제출되었다. 평전(平田)은 9월 2일 사명을 마치고 대마로 돌아왔다. 대마번은 다음해(1699, 숙종 25, 원록 12) 1월 사자 아비류총병위(阿比留惣兵衛)를 부산으로 파견하였다. 아비류(阿比留)는 서계의 내용을 막부에 보고했다는 종의진(宗義眞)이 예조참의 이선부(李善溥)에게 보내는 1월자 회답서계, 그리고 역시 이선부(李善溥)에게 보내는, 쟁계를 조선 측에 유리하게 매듭짓는데 있어 자신의 역할이 컸었다는 것을 강조한, 구술서 「구상지각(口上之覺)」을 휴대하고 있었

51) 『同文彙考』 3(國史編纂委員會 影印, 1978) 附編 26 爭難, 「禮曹叅議與島主書」; 『朝鮮通交大紀』 8; 『善隣通交事考』 4, 「告竹島一件事考」; 北澤正誠, 『竹島考證』 中; 田保橋潔, 앞의 논문, 『青丘學叢』 3, pp.20~21.

다. 아비류(阿比留)가 부산에 도착한 것은 3월 20일, 관수는 다음 21일 훈도와 별차를 왜관으로 초청하여 두 문건을 전달하였다. 이렇게 하여 1693년(숙종 19, 원록 6)부터 시작된 울릉도쟁계(죽도일건)는 타결되었던 것이다.52)

이제까지 2・3장에 걸쳐서 「안용복의 활동과 울릉도쟁계」에 대하여 살펴본 바를 정리하건대 -

(1) 조취번(鳥取藩)은 안용복(安龍福)의 울릉도와 자산도(우산도·송도)가 조선령이라는 주장을 수용하였다. 그리하여 두 섬이 그(조취번<鳥取藩>) 부속도서가 아님을, 다시 말하여 조선령임을 막부에 보고하였고, 막부는 이 보고를 받아들여 일본 어민(漁民, 대곡·촌천<大谷·村川> 양가)의 울릉도 출어(出漁)를 금제하는 죽도도해금지령(竹島渡海禁止令, 1696. 1. 28)을 내렸다. 이 금지령은 우산도(자산도·송도)에도 적용되는 것이었다. 우산도가 조선령이고 울릉도의 부속도서이기 때문이다.

(2) 안용복(安龍福)이 울릉도(죽도)・자산도(자산도; 우산도, 송도)를 거쳐 일본(은기・조취번)으로 밀항(1696)하였다는 것은 조선후기로 들어와 유형원(유형원)에 의하여 다시 제기된 우산・울릉 2도설(후술, 제4장 II절)을 실증 확인한 것이라고 하는 점에서 중요한 의미를 갖는 것이다. 그러나 밀항에서 시도했던 울릉도쟁계의 주역 대마도주의 고발은 극적인 사건이기는 하지만 죽도도해금지령이 내린 이후의 일이었다. 한편, 안용복(安龍福)이 귀국한 직후(1696. 10)부터 조일 양측은 울릉도가 조선령임을 외교적으로 확인하는 절차를 밟았다. 이 일은 1699년 3월까지 완만하게 계속되었다.

---

52) 주 51)의 자료; 『邊例集要』 下 13, 闌出, 1698년 4·5월; 內藤正中, 앞의 책, p.114; 池內敏, 앞의 책, p.320~321.

(3) 안용복(安龍福)의 경우, 그 활동이 자연 울릉도쟁계 후기보다 전기에서 더욱 두드러진다 하겠다. 특히 그가 피랍 중임에도 불구하고 조취번을 설득하여 마침내 쟁계 해결의 기틀이 되는 막부의 죽도도해금지령을 이끌어 내는데 크게 기여한 것은 높이 평가할 만한 것이었다.

「안용복의 활동과 울릉도쟁계」를 마무리하면서 부언해 두고자 하는 것은 『숙종실록』에 보이는 안용복(安龍福)의 비변사에서의 공술이나 『강계고(疆界考)』·『동국문헌비고(東國文獻備考)』「여지고(輿地考)」의 안용복(安龍福) 관계 기사의 진실성이 인정된다는 점이다.

물론 허위의 진술이 없는 것은 아니다. 자기 과시를 위하여 상대를 격상시키는 허언도 있고, 법금(法禁)을 어긴 죄를 모면하기 위해서 한 부득이한 허언도 있었다. 「조선팔도지도(朝鮮八道之圖)」를 갖고 밀항한 사실은 아예 발설조차 하지 않았다. 이런 예외가 없는 것은 아니지만, 대개의 발언은 사실과 부합되는 것을 볼 수 있다.

최근(2005)에 발견된 그의 밀항 당시(1696) 은기도 역인(役人)의 문정(問情) 기록인 「촌상가문서(村上家文書)」가 안용복(安龍福)의 발언(공술)과 대부분 일치하고 있다는 사실이 이를 뒷받침하여 준다. 전보교결(田保橋潔)이 안용복(安龍福)의 공술에 대하여 "한갓 대언(大言, 큰소리)을 농(弄)한 혐의는 있으나 대체로 사실로 믿어진다"고 평한 것은 매우 적절한 것이었다고 생각된다.

4

울릉도 수토제도의 확립과 지리적 지견의 확대

제2장에서 밝힌 바와 같이, 울릉도 수토가 제도화된 것은 일본과의 울릉도쟁계가 일단 매듭지어진 다음해, 즉 1697년(숙종 23)부터였다. 그러나 이에 앞서 쟁계가 일어난 다음해(1694, 숙종 20)에 삼척첨사 장한상(張漢相)의 울릉도 심찰(審察)이 있었고, 수토는 개척이 상당히 진전되는 19세기 말(1895)까지 계속되었다. 그러니까 수토제도는 일본인의 울릉도 침어(侵漁)에 대비하기 위한 것이었다.

저자는 이 책 초판 『울릉도(鬱陵島)와 독도(獨島) -그 역사적 접근) -』(단국대학교 출판부, 1999) 제2장에서 다룰 울릉도 수토(搜討, 순검·수색<巡檢·搜索>)제도의 제목을 「조선 후기의 울릉도 경영 - 수토제도의 확립 -」으로 정하고, 이를 (1) 수토제도의 기원, (2) 수토제도의 확립, (3) 지리적 지견의 확대로 나누어 정리하였다. 수토제도와 직·간접적으로 관련되어 있는 안용복의 일본 피랍(1693)·밀항(1696)사건이나 울릉도쟁계(鬱陵島爭界, 죽도일건<竹島一件>, 1693~1699)는 필요한 범위 내에서 언급하였다.

그러나 안용복 사건이나 울릉도쟁계는 울릉도·독도의 역사를 살피는 데 있어 수토제도 못지않게 중요한 과제가 되는 것들이다.

이에 재판『고쳐 쓴 울릉도와 독도』(단국대학교 출판부, 2005)에서는 이 제2장의 제목을 「울릉도쟁계와 수토제도의 확립」으로 고치고 이를 (1) 울릉도쟁계의 발단과 수토제도의 기원, (2) 울릉도쟁계의 타결과 수토제도의 확립, (3) 지리적 지견의 확대로 나누어 살핌으로써 이 문제를 극복하고자 하였다. 그러나 이런 노력에도 불구하고 그 기조는 초판 때처럼 울릉도 수토를 주 검토 대상으로 삼되 안용복(安龍福)의 활동이나 울릉도쟁계는 필요한 범위 내에서 언급한다는 데서 크게 벗어나지 못하는 것이었다.

그리하여 재판이 나오자마자 특히 제2장에 대한 재검토 작업에 들어갔다. 최근 일본에 있어서의 연구 성과에도 주목하였다. 자연 원고도 불어나 제2장 중의 울릉도쟁계 부분을 떼어내어 「안용복의 활동과 울릉도쟁계」1・2(제2・3장)로 나누어 싣고, 수토제도는 제4장에서 다루기로 하였다.

제목을 「울릉도 수토제도의 확립과 지리적 지견의 확대」로 정하고, 이를 (1) 울릉도 수토제도의 확립, (2) 지리적 지견의 확대로 나누어 살펴보기로 한다.

본고를 작성하는 데는 1978년 울릉도・독도학술조사단이 울릉도에서 입수한 「울릉도사적(蔚陵島事蹟)」(국사편찬위원회 소장)이 큰 도움이 되었다. 이 자료는 삼척첨사 장한상(張漢相)의 울릉도 수토(1694, 숙종 20) 기록으로 그의 외후손(外後孫) 신광박(申光璞)이 정리한 것이다.

Ⅰ. 울릉도 수토제도의 확립

대마도주 종의륜(宗義倫)이 예조(예조참판)로 서계를 보내어 조선 어민의 "본국 죽도(本國 竹島, 울릉도)"로의 출입금지를 요청하면서(1693, 숙종 19, 원록<元祿> 6) 본격화된 조·일간의 울릉도 영유권 분규, 즉 울릉도쟁계(죽도일건)는 정부 당로자가 아닌 일반인에게도 관심을 불러 일으켰던 것 같다. 가령 1694년(숙종 20) 7월의 전무겸선전관(前武兼宣傳官) 성초형(成楚珩)의 상소(上疏)가 그러한 것이었다. 그는 울릉도가 국가의 요충이며 땅이 넓고 기름짐에도 불구하고 오랫동안 버려왔었다 하고, 근자에 일본이 감히 '구거지계(求居之計, 들어가 살기를 원하는 계책)'를 내고 있다고 하니 이곳에 특별히 진(鎭, 한 지방을 지키는 군영<軍營>)을 설치하여 저들로 하여금 넘보지 못하도록 해야 한다고 주장하였다.[1)]

자연, 정부에서도 문제가 되고 있는 울릉도 비어책(備禦策)에 대하여 관심을 갖기 시작하였다. 영의정 남구만(南九萬)이 삼척첨사(三陟僉使)를 울릉도에 파견, 형세를 조사하여 민호(民戶)를 이주시키거나 진(鎭)을 설치함으로써 일본에 대비해야 한다고 건의하고 있는 것(8월)이 그것이다.[2)]

남구만(南九萬)의 건의에 따라 장한상(張漢相)이 삼척첨사로 발탁되었다.[3)] 장한상(張漢相)은 이해(1694, 숙종 20) 9월 19일 삼척을 출발하였다. 일행은 별견역관(別遣譯官, 왜어역관<倭語譯官>) 안신휘(安愼徽)를 포함하여 총 150명이었고, 기선(騎船) 2척, 급수선(汲水船) 4척이 동원되었다. 장한상 일행은 9월 20일부터 10월 3일까지 10여 일을 체류하면서 울릉도를 살피고 10월 6일 삼척으로 돌아왔다. 장한상의 울릉도 심찰(審察)에 관하여는 『숙종실록』에도

---

1) 『承政院日記』, 肅宗 20年 7月 16日.

2) 『肅宗實錄』, 肅宗 20年 8月 己酉.

3) 위와 같다. 이때의 삼척첨사(三陟僉使)는 이준명(李浚明)이었던 것 같다. 그가 울릉도 심찰(審察)을 기피하였기 때문에 장한상(張漢相)으로 대체되었던 것으로 생각된다(『肅宗實錄』, 肅宗 21年 4月 甲辰).

기록되어 있으나, 「울릉도사적(蔚陵島事蹟)」에 보다 자세히 전하고 있다.[4)]

장한상(張漢相)은 울릉도 심찰 결과를 산천(山川)·도리(道里)를 적어 넣은 지도와 함께 정부에 보고하였다. 그 요지는 왜인(倭人)이 왕래한 흔적은 있으나 살고 있지는 않다는 것, 해로(海路)가 순탄치 않아 일본이 횡점(横占)한다 하더라도 막기 어렵다는 것, 보(堡, 토석<土石>으로 쌓은 작은 성)를 설치하려 하여도 땅이 좁고 큰 나무들이 많아 인민(人民)을 이주시키기 어렵다는 것, 토질을 알아보려고 모맥(麰麥, 밀보리)을 심고 왔다는 것 등이었다.[5)]

이 밖에도 우리의 주목을 끄는 것은 장한상(張漢相)이 독도를 확인하고 있다는 사실이다. 이에 대하여 「울릉도사적(蔚陵島事蹟)」에 다음과 같이 기록되어 있다.

> 동쪽으로 5리(里) 쯤에 한 작은 섬이 있는데, 고대(高大)하지 않으며 해장죽(海長竹)이 일면(一面)에 총생(叢生)하고 있다. 비 개고 안개(?) 걷힌 날 산으로 들어가 중봉(中峯)에 오르면 남북(南北) 양봉(兩峯)이 높다랗게 마주보고 있는데 이를 삼봉(三峯)이라고 한다. 서쪽을 바라보면 대관령(大關嶺)의 구불구불한 모습이 보이고 동쪽을 바라보면 바다 가운데 한 섬이 보이는데 아득히 진방(辰方)에 위치하며 그 크기는 울도(蔚島)의 3분의 1 미만이고 [거리는] 3백여 리에 불과하다.[6)]

---

4) 『肅宗實錄』, 肅宗 20年 8月 己酉; 張漢相, 「蔚陵島事蹟」.

5) 위와 같다.

6) 원문은 다음과 같다. 東方五里許 有一小島 不甚高大 海長竹叢生於一面 霽雨䨪捲之日 入山登中峯 則南北兩峯 岌崇相面 此謂三峯也 西望大關嶺逶迤之狀 東望海中有一島 杳在辰方 而其大未滿蔚島三分之一 不過三百餘里.

즉, 쾌청한 날 중봉(中峯, 성인봉<聖人峯>)에 올라 서쪽으로 바라보면 대관령의 구불구불한 모습이 보이고, 동쪽으로 바라보면 바다 가운데 한 섬이 있는데, 아득히 진방(辰方)에 위치하며 그 크기는 울릉도의 3분의 1이 채 안되고 거리는 300여 리에 지나지 않는다는 것이다.

진(辰)의 방위는 동남동인데, 독도는 울릉도의 동남동에 위치하고 있다. 그러므로 장한상(張漢相)이 확인한 이 섬은 바로 독도를 가리키는 것이었다. 독도의 면적은 0.186㎢, 울릉도(72.99㎢)의 약 391분의 1이 된다. 장한상의 지적과는 상당한 차이가 있다. 또 울릉도와 독도와의 거리는 약 50해리, 약 230리가 된다. 그런데 장한상은 300여 리라 하고 있음으로 60여 리의 오차를 보이고 있다. 그렇더라도, 목측(目測)에 의한 것이었으므로, 이만한 오차는 부득이한 것으로 보아야 할 것이다.

독도에 관한 「울릉도사적」의 기록은 조선총독부 촉탁 겸 동경제국대학 강사 중정맹지진(中井猛之進)의 조사 기록과 완전히 일치하고 있다. 중정(中井)은 『울릉도식물조사서(鬱陵島植物調査書)』에서,7)

> 최고봉(最高峯)을 상봉(上峯)이라 하는데 해발 920미돌(米突), 천기(天氣)가 청랑(晴朗)하면 서쪽으로 강원도의 산영(山影)이 보이고, 또 비오기 전 공기가 청징(淸澄)한 때에는 동남방 바다 멀리 난도(卵島)를 바라볼 수 있다.

고 기록하고 있다. 란도(卵島)는 'ラン島', 즉 'リヤンコ島'로 오늘의 독도(獨島)를 가리키는 것이다. 이렇게 볼 때 「울릉도사적」의

---

7) 『欝陵島植物調査書』(朝鮮總督府, 1919), p.1. 원문은 다음과 같다. 最高峯ヲ上峯ト云ヒ海拔九百二十米突. 天氣晴朗ナレバ西ノ方江原道ヲ見, 又雨降ル前, 空氣澄ミ渡ル時東南方沖合遙ガニ卵島ヲ望ミ得.

기록도 그러하지만, 특히

> 두 섬(우산·무릉도<于山·武陵島>)은 서로 떨어짐이 멀지 않아 풍일(風日)이 청명(淸明)하면 바라볼 수 있다(二島相去不遠 風日淸明 則可望見).

고 한 『세종실록지리지』(강원도 울진현<江原道 蔚珍縣>)의 기록의 정확성을 다시 한 번 더 확인할 수 있는 것이다.

장한상(張漢相)의 보고가 있자, 정부에서는 곧 울릉도에 관한 대책을 논의하였다. 영의정 남구만(南九萬)의 다음과 같은 건의[8]

> [남]구만([南]九萬)이 들어와 아뢰기를 '민(民)을 입거(入居)시킬 수 없으니 1·2년 간격으로 수토(搜討)함이 마땅하옵니다'라고 하였다. 상(上)께서 이에 좇다(九萬入奏曰 不可使民入居 間一二年搜討爲宜 上從之).

가 그것이다. 민호(民戶)를 이주시킬 수 없는 만큼 1년, 혹은 2년을 걸러서 수토하자는 것이다. 수토는 물론 일본인의 불법 왕래에 대비하기 위한 것이었다.

남구만(南九萬)의 건의는, 위 인용문에 보이는 바와 같이, 국왕에 의하여 윤허되었다. 이렇게 하여 일본인의 불법 왕래를 막기 위한 정부의 울릉도 수토 방침이 일단 확정되었다. 그러나 1년을 걸러서 할 것인지, 혹은 2년을 걸러서 할 것인지는 미처 결정되지 않았다. 그것이 결정되어 울릉도 수토가 정식화되는 것은 일본과의 울릉도 영유권 문제가 일단 매듭지어진 뒤인 1697년(숙종 23)에 가서였다.

대마번이 전도주 종의륜(宗義倫)의 문상차 건너간 역관 변동지

---

8) 『肅宗實錄』, 肅宗 20年 8月 己酉.

(卞同知)·송판사(宋判事)에게 막부의 죽도(울릉도)도해금지령을 알린 것이 1696년(숙종 22) 10월, 역관들이 귀국한 것은 다음해 1월이었다. 이처럼 울릉도쟁계가 일단 매듭지어가자 정부는 곧(4월) 울릉도 수토에 관한 논의를 재개하였다. 이에 대하여 『승정원일기(承政院日記)』는 다음과 같이 전하고 있다.[9)]

> 상께서 희정당(熙政堂)으로 거둥하여 대신(大臣)·비변사당상(備邊司堂上)들을 인견(引見) 입시(入侍)하다. 영의정(領議政) 유상운(柳尙運)이 말하기를, '울릉도 일은 이제 이미 명백하게 귀일(歸一)되어 왜인(倭人)은 본국인의 어채(漁採)를 금한다 말하였고 우리나라는 때때로 사람을 보내어 수토하겠다는 뜻을 서계 중에 대답해 보냈습니다. 해외(海外) 절도(絶島)에 비록 매년 입송(入送)할 수는 없지만 이미 지방(地方)에 매이고 또한 이는 무인도여서 불가불 간간히 사람을 보내어 순검(巡檢)하여 오도록 해야 하는 까닭에 감히 이같이 앙달합니다'라고 하였다. 상께서 말씀하시기를, '우리나라의 지방을 영구히 버릴 수 없으며 매년 입송하는 것 또한 많은 폐단이 있으므로 2년을 간격으로 입송함이 가하다'라고 하였다. 상운(尙運)이 말하기를, '3년에 1번 보내는 것을 정식으로 삼는다면 상상년(上上年)에 이미 가보고 왔으므로 명년에 마땅히 입송해야 하는데, 듣건대 본도는 반드시 5월 말 바람이 고를 때 왕래할 수 있다고 하니 명년 5월 달에 입송하는 것이 마땅할 듯하며 차송(差送)하는 사람은 늘 입송할 때를 당하여 품지(稟旨)하여 차

---

9) 『承政院日記』, 肅宗 23年 4月 13日. 원문은 다음과 같다. 上御熙政堂 大臣·備局堂上引見入侍 領議政柳…尙運曰 欝陵島事 今已明白歸一 倭人則禁本國人漁採爲言 我國則以時時送人搜討之意 答送於書契中矣 海外絶島 雖不可每年入送 旣係地方 且是無人之島 不可不間間送人巡檢以來 故敢此仰達 上曰 我國地方 不可以永棄 逐年入送 亦多有弊 間二年入送 可也 尙運曰 若以三年一次定送爲式 則上上年 旣已往見而來 明年當入送 而聞本島必五月間風和之時 可以往來云 以明年五月間入送似宜 而差送之人 則每當入送之時 稟旨差送何如 上曰 依爲之.

> 송함이 어떠하겠습니까'라고 하였다. 상께서 말씀하시기를, '그리 하라'고 하였다.

즉, 비변사당상들과 같이 입시한 영의정 유상운(柳尙運)이 울릉도 수토 문제에 대하여 건의하기를, 울릉도 문제가 명백히 귀일되어 일본은 일본인의 어채를 금하겠다고 하였고, 우리나라에서도 때때로 사람을 보내어 수토할 뜻을 서계에서 밝힌 바 있는데, 울릉도가 우리 영토이기는 하나 해외의 절도요 무인도이기 때문에 해마다는 어렵지만 간간히 사람을 보내어 순검해야 한다는 것이었다. 그리고 국왕도 이 건의를 받아들여, 간이년(間二年), 즉 2년을 걸러서 입송할 것을 지시하고 있다. 그러니까 유상운(柳尙運)의 지적처럼, 3년에 1차씩 관원을 파견 수토하는 것을 정식화하였던 것이다.

이 회의에서는 위 인용문에서 보이는 바와 같이, 3년에 1차씩 파견하는 것을 정식으로 한다면, '상상년(上上年)', 즉 1695년(숙종 21)에 이미 다녀왔으므로 '명년(明年)'(1698, 숙종 24)부터 파견한다는 것도 아울러 결정하고 있다. 그러나 실제로는 1695년에 수토한 기록을 찾아볼 수가 없다. 아마도 1694년에 장한상(張漢相)이 다녀온 것을 '상상년(上上年)'으로 잘못 알았던 것으로 생각된다. 이렇게 보면, 정부에서는 간이년(間二年) 수토의 기준을 장한상(張漢相)의 울릉도 심찰에 두었던 것이 아닌가 한다.

그건 그렇다고 하더라도 정부에서는 '명년', 즉 1698년에도 미처 관원을 파견하지 못하였다. 관원을 파견한 것은 그 다음해인 1699년(숙종 25)이었다. 강원도관찰사가 비변사로 보고한 바에 의하면, 울릉도에 파견된 관원은 월송포만호(越松浦萬戶) 전회일(田會一)이었다. 전회일(田會一)은 수토차 이해 6월 4일 발선(發船)하여 임무를 마치고 6월 21일에 돌아오고 있다. 그는 울릉도의 지도와 함께

토산물인 황죽(篁竹, 대나무의 한 가지)・향목(香木, 향나무)・토석(土石) 등을 바쳤다.10)

이어 1702년(숙종 28)에는 삼척영장(三陟營將) 이준명(李浚明)이 울릉도를 수토하였다. 1702년은 월송포만호 전회일(田會一)이 다녀온 1699년부터 따져 간이년(間二年), 즉 3년차에 해당하는 해이다. 이에 관하여 『숙종실록』은 다음과 같이 전하고 있다.11)

> 삼척영장(三陟營將) 이준명(李浚明)・왜어역관(倭語譯官) 최재홍(崔再弘)이 울릉도에서 돌아와 그 도형(圖形)과 자단향(紫檀香, 자단<콩과에 속하는 상록활엽 교목[喬木]>을 깎아 만든 향)・청죽(靑竹)・석간주(石間朱[硃], 산화철을 많이 품은 빛이 붉은 흙)・어피(魚皮) 등의 물건을 바치다. 울릉도를 2년 간격으로 변장(邊將)으로 하여금 윤회수토(輪回搜討)하는 것은 이미 정식(定式)이 있고 금년이 3년차에 당하는 까닭에 준명(浚明)이 울진(蔚珍) 죽변진(竹邊津)에서 승선하여 2주야(晝夜)만에 돌아왔다. 제주(濟州)에 비하여 배나 멀다고 한다.

위 인용문에 의하면, 이준명(李浚明)도 전회일(田會一)과 마찬가지로 지도와 함께 향나무를 비롯한 토산물을 바치고 있다. 장한상(張漢相)도 지도를 바치고 있는데, 아마 그도 토산물을 바쳤을 것으로 생각된다. 또 장한상(張漢相)도 역관을 대동하였는데, 이준명(李浚明)도 왜어역관을 대동하고 있다. 그것은 물론 일본인에 대비한 것이었으며, 전회일(田會一)의 경우에도 왜어역관을 대동하였을 것으로 생각된다. 이렇게 보면 수토관은 왜어역관을 대동하

---

10) 『備邊司謄錄』, 肅宗 25年 7月 15日.

11) 『肅宗實錄』, 肅宗 28年 5月 己酉. 원문은 다음과 같다. 三陟營將李浚明・倭語譯官崔再弘 還自欝陵島 獻其圖形及紫檀香・靑竹・石間朱(硃)・魚皮等物 欝陵島 間二年使邊將輪回搜討 已有定式 而今年三年當次 故浚明乘船于蔚珍竹邊津 兩晝夜而還歸 比濟州倍遠云.

였고, 울릉도 지도와 토산물을 바치게 되어 있었던 것으로 생각된다.

또 앞에서 인용한 『승정원일기』 기사에 의하면 수토관은 파견할 때마다 품지(稟旨)하여 임명하도록 하고 있다. 그런데 위 『숙종실록』 기사에 의하면, 그것은 곧 변장(邊將)의 윤회수토(輪回搜討)로 바뀌고 있음을 알 수 있다. 그리고 이해(1702)가 삼척영장의 차례이기 때문에 이준명(李浚明)이 다녀왔다는 것이다. 이보다 3년 전에는 월송포만호인 전회일(田會一)이 다녀왔고, 제1차 수토관이라고 할 장한상(張漢相)의 직함은 삼척첨사였다. 결국 윤회수토란 울릉도와 가까운 거리에 있는 삼척영장과 월송포만호가 3년마다 돌아가면서 수토하는 것을 의미하는 것이다.

수토하는 시기도, 앞의 『승정원일기』 기사에 의하면, 바람이 잔잔한 5월이 좋으리라는 것이었다. 그러나 수토제도가 확립되면서 3·4월로 바뀌어진 듯하다. 1795년(정조 19) 6월 이조판서 윤시동(尹蓍東)의 계언(啓言)에 울릉도 수토는 '늘 3·4월 사이에 있었다'는 구절이 이를 뒷받침하여 준다.[12] 그런데 여기에도 예외는 있었다. 18세기 말(1794, 정조 18)의 수토관(搜討官) 한창국(韓昌國)의 경우, 날씨 때문인지도 모르겠지만, 4월(21일)에 출발은 하였으나 5월 8일에 가서야 돌아오고 있으며,[13] 앞에서 든 전회일(田會一)의 경우에는 아예 6월에 다녀오고 있는 것이다. 이런 사실을 감안한다면 수토의 시기는 바람이 잔잔한 3월부터 늦더라도 6월 사이가 아니었을까 한다.

울릉도 수토는, 극심한 흉년을 당하여 정지되는 경우도 있었지만,[14] 꾸준히 계속되었다. 수토관 한창국(韓昌國)의 보고에,[15]

---

12) 『正祖實錄』, 正祖 19年 6月 癸未.

13) 『正祖實錄』, 正祖 18年 6月 戊午.

> 섬의 서쪽 황토구미진(黃土丘尾津)에 배를 대고 산에 올라 살펴보니…왼쪽은 황토구미굴(黃土丘尾窟)이고 오른쪽은 병풍석(屛風石)인데, 그 위에 또한 향목정(香木亭)이 있는 까닭에 향목(香木)을 작취(斫取)하였다. 간년(間年) 작취하였기 때문에 점차 희소하여졌다.

라 하고 있는 것으로 알 수 있다. 정기적으로 파견되는 수토관들이 향목정(香木亭)의 향나무를 베어갔기 때문에 점차 희소하여졌다는 것이다. 수토관들이 지도와 함께 향나무를 비롯한 토산물을 바쳤다는 것은 이미 앞에서 지적한 바 있다.

Ⅱ. 지리적 지견의 확대

수토관이 정기적으로 왕래함에 따라 오랫동안 잊혀졌던 울릉도의 지리가 점차 자세히 밝혀져 갔다. 나루·섬·바위·산에 이름이 붙여졌다. 수륙(水陸)에 서식하는 동식물도 조사되었다. 가령 가지어(可支魚)의 서식이 확인되어, 수토관 한창국(韓昌國)은 가지어피(可支魚皮)를 정부에 바치기도 하였다.[16] 식물로는 인삼이 나오고 있음이 알려져 18세기 중엽부터는 잠상(潛商, 금제품을 판매하는 상인)들의 밀채(密採, 몰래 채취함)가 제법 이루어지고 있었다.[17]

실학자들의 저술을 중심으로 하여, 『신증동국여지승람(新增東國

---

14) 『肅宗實錄』, 肅宗 43年 3月 壬申, 44年 2月 己酉.

15) 『正祖實錄』, 正祖 18年 6月 戊午. 원문은 다음과 같다. 到泊於黃土丘尾津 登山看審…左爲黃土丘尾窟 右爲屛風石 其上又有香木亭 故斫取香木 而以間年斫取之 故漸就稀少.

16) 『正祖實錄』, 正祖 18年 6月 戊午.

17) 『英祖實錄』, 英祖 45年 10月 壬戌.

輿地勝覽)』(1530, 중종 25) 강원도(江原道) 울진현(蔚珍縣)조에서 보듯이, 그동안 대두되었던 우산·울릉(于山·欝陵) 1도설(島說)이 2도(島)로 바로잡혀 가고 우산도(于山島, 독도)에 대한 국토로서의 인식도 구체화되어 갔다. 18세기 중엽(1756, 영조 32)에 저술된 신경준(申景濬)의 『강계고(疆界考)』가 그러한 것이었다. 그러나 그 단서는, 『강계고』에 의하면, 17세기 중엽(1656, 효종 7)에 저술되었으나 지금은 실전(失傳)하는 유형원(柳馨遠)의 「여지지(輿地志)」에서 찾을 수 있다.[18)]

「여지지」의 우산·울릉도(于山·欝陵島) 기사와 관련하여 『강계고』 「울릉도(欝陵島)」조에서는

> 내가 살피(생각)건대 「여지지(輿地志)」에 이르기를 '일설에는 우산(于山)과 울릉(欝陵)은 본래 한 섬이라고 하나 여러 도지(圖志)를 상고하면 두 섬이다. 하나는 왜(倭)가 이르는 바 송도(松島)인데 대개 두 섬은 모두 다 우산국(于山國)[의 땅]이다'라고 하였다(愚按輿地志云 一說于山·鬱陵本一島 而考諸圖志 二島也 一則倭所謂松島 而盖二島 俱是于山國也).

라고 전하고 있다. 즉 「여지지」에서는 우산(于山)과 울릉(欝陵)은 한 섬이 아니라 두 섬으로 그 중의 하나가 일본 측에서 부르는 송도(松島, 독도)이며 모두 우산국(于山國) 소속이었다고 밝히고 있는 것이다.

---

18) 신경준(申景濬)은 『강계고(疆界考)』에서 「여지지(輿地志)」를 자주 인용하고 있는데 그 첫 인용에서 '유반계형원여지지(柳磻溪馨遠輿地志)'라고 하여 그 저자가 유형원(柳馨遠)임을 밝히고 있다(고려대학교 중앙도서관 소장 『疆界考』 前朝鮮國). 「여지지」는 본문에서 밝힌 바와 같이 1656년(효종 7)에 저술되었다(柳馨遠, 『增補磻溪隨錄』<景仁文化社, 1974> 年譜).

[도판 4] 신경준(申景濬) 『강계고(疆界考)』(1756, 영조 32) 「울릉도(鬱陵島)」(고려대학교 중앙도서관 소장)

그 뒤 신경준(申景濬)은 『동국문헌비고(東國文獻備考)』(1770, 영조 46) 편찬 사업에도 참여하여 「여지고(輿地考)」를 담당 편찬하였다.[19] 그는 「여지고」에서 울릉도와 우산도를 다루면서 유형원(柳馨遠)의 「여지지」의 기사를,

> 「여지지」에 이르기를, '울릉(欝陵)과 우산(于山)은 다 우산국(于山國)의 땅인데, 우산은 왜(倭)가 이르는 바 송도(松島)다'라고 하였다(輿地志云 欝陵・于山 皆于山國地 于山則倭所謂松島也).

고 하여 『강계고』에서 전제한 "내가 살피(생각)건대"를 삭제하는 한편, 울릉(欝陵)・우산(于山) 두 섬 중의 "하나는 왜(倭)가 이르는 바 송도(松島)"라는 다소 애매한 표현을 "우산은 왜가 이르는 바 송도다", 즉 우산이 곧 송도임을 간결하면서도 확실하게 밝히고 있다.[20] 그동안 모호했던 울릉・우산의 위치가 울릉도쟁계 이전인 17세기 중엽에 유형원(柳馨遠, 「여지지」)에 의하여 우산은 곧 송도로 매듭지어졌던 것이다.

유형원(柳馨遠)의 「여지지」와 비슷한 기록이 일본 문헌에도 보인다. 「여지지」보다 10여 년이 뒤지지만 같은 17세기 중엽에 저술된 재등풍선(齋藤豊仙[宣])의 『은주시청합기(隱州視聽合記[紀])』(1667, 현종 8, 관문<寛文> 7)가 그것이다. 송도(松島, 우산도, 독도)에 관한 일본 최고(最古)의 문헌으로 알려진 『시청합기』는 특히 이 섬(송도)의 소속[영유권]을 명확히 하고 있어서 우리의 주목을 끌게 한

---

19) 『旅菴全書』 I (景仁文化社, 1976), 墓碣銘(洪良浩 撰)에 "明年(1770, 영조 46)… 上又選文學之士八人 撰文獻備考 設編輯廳 公則掌輿地考"라고 보인다.

20) 『東國文獻備考』(國立中央圖書館 所藏) 「輿地考」 13, 關防 3, 海防 1, 東海 蔚珍.

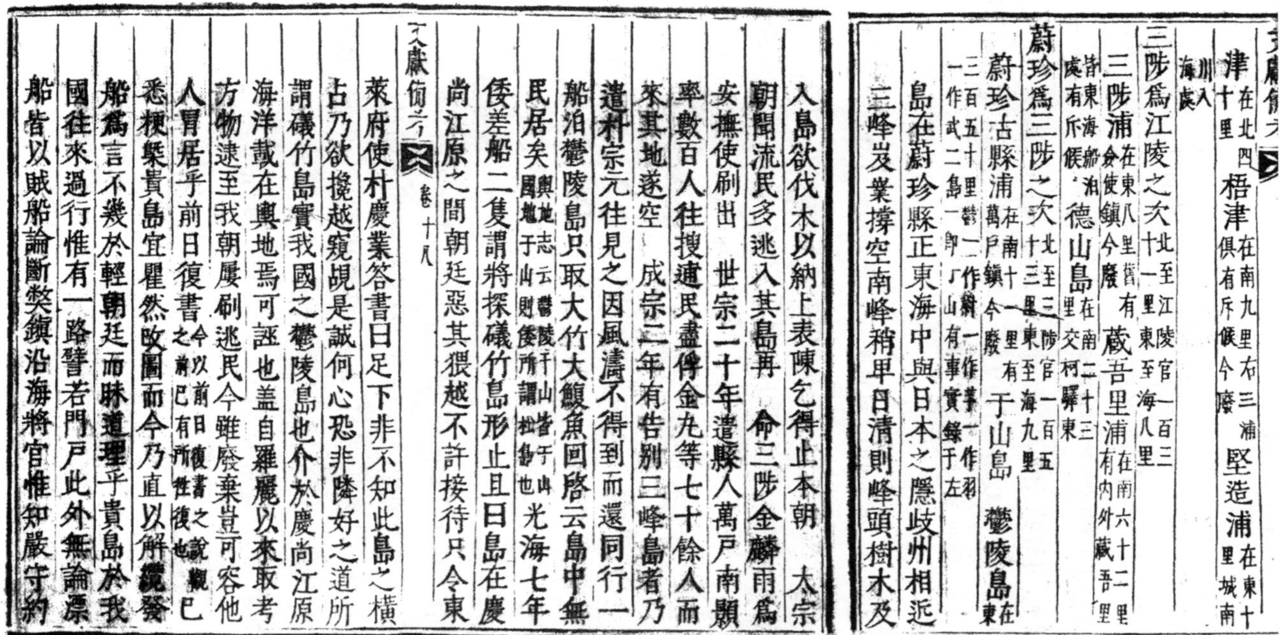
津(在北十里)　梧津(在南九里右三浦俱有斥候今廢)　堅造浦(在東十里城南)
川入海處
三陟爲江陵之次(北至江陵官一百三十一里東至海八里)
三陟浦(在東八里舊有僉使鎭今廢)　藏吾里浦(在南六十二里有內外藏吾里)
(皆東海船泊處有斥候)　德山島(在南二十三里交柯驛東)
蔚珍爲三陟之次(北至三陟官一百五十三里東至海九里)
蔚珍古縣浦(在南十一里有萬戶鎭今廢)　于山島　鬱陵島(在東)
(三百五十里鬱一作蔚一作芋一作羽一作武二島一卽于山有事實錄于左)
島在蔚珍縣正東海中與日本之隱岐州相近
三峰岌業撑空南峰稍卑日淸則峰頭樹木及

入島欲伐木以納上表陳乞得止本朝　太宗
朝聞流民多逃入其島再　命三陟金麟雨爲
安撫使刷出　世宗二十年遣縣人萬戶南顥
率數百人往搜逋民盡俘金丸等七十餘人而
來其地遂空　成宗二年有告別三峰島者乃
遣朴宗元往見之因風濤不得到而還同行一
船泊鬱陵島只取大竹大鰒魚回啓云島中無
民居矣(輿地志云鬱陵于山皆于山國地于山則倭所謂松島也)光海七年
倭差船二隻謂將探礒竹島形止且曰島在慶
尚江原之間朝廷惡其猥越不許接待只令東

文獻備考 卷十八

萊府使朴慶業答書曰足下非不知此島之橫
占乃欲攙越窺覘是誠何心恐非隣好之道所
謂礒竹島實我國之鬱陵島也介於慶尚江原
海洋載在輿地焉可誣也盖自羅麗以來取考
方物逮至我朝屢刷逃民今雖廢棄豈可容他
人冒居乎前日復書(今以前日復書之說之前已有所往復也)觀已
悉梗槩貴島宜瞿然改圖而今乃直以解纜發
船爲言不幾於輕朝廷而昧道理乎貴島於我
國往來過行惟有一路譬若門戶此外無論漂
船皆以賊船論斷弊鎭沿海將官惟知嚴守約

〔도판 5〕『동국문헌비고(東國文獻備考)』(1770), 「여지고(輿地考)」 13, 關防(關防) 9, 해방(海防) 1, 동해(東海) 울진(蔚珍)

다. 그 기록은 다음과 같다.[21]

> 은주(隱州)는 북해(北海) 중에 있다. 그런 까닭에 은기도(隱岐島)다. …술해간(戌亥間)으로 2일(日) 1야(夜)를 가면 송도(松島)가 있고 또 1일정(日程)에 죽도(竹島)가 있다 속언(俗言)으로 기죽도(磯竹島). 대나무・물고기・해록(海鹿)이 많다. 이 두 섬은 사람이 살지 않는 땅으로 고려(高麗)를 보는 것이 운주(雲州)에서 은기(隱岐)를 바라보는 것과 같다. 그런즉 일본의 건지(乾地)는 이 주(州)로써 한계를 삼는다.

은기(隱岐, 은주<隱州>)에서 서북쪽으로 2일(日) 1야(夜)를 가면 송도(松島)가 있고 또 1일정(日程)을 가면 죽도(竹島)가 있다. 이 두 섬은 무인도로 고려를 보는 것이 마치 운주(雲州, 출운국<出雲國>)에서 은기(隱岐)를 바라보는 것과 같다. 그러므로 일본의 서북경(西北境, 건지<乾地>)은 은주(隱州)로써 한계를 삼는다는 것이다. 지리적 위치로 보아 송도는 오늘의 우산도(독도), 죽도는 울릉도를 가리키는 것이며 이 두 섬은 오히려 조선과 가깝기 때문에 일본의 영토는 은주, 즉 은기에 국한한다고 하고 있는 것이다.

『은주시청합기』의 저자 재등풍선(齋藤豊仙)은 출운국(出雲國, 운주<雲州>)의 관원이었다. 그는 또 번주(藩主)의 명에 따라, 즉 공무로 은기도(隱岐島)를 시찰하였다. 그리고 시찰하는 과정에서 그가 직접 보고 들은 바를 기록한 것이 바로 『은주시청합기』인 것이다.[22] 그러므로 그가 "일본의 건지(乾地)는 이 주(州, 은주<隱州>, 은기<隱岐>)로써 한계를 삼는다"라고 하고 있는 것은 당시의 조・일 간의

---

21) 內閣文庫 所藏本. 원문은 다음과 같다. 隱州在北海中 故隱岐島…戌亥間 行二日一夜 有松島 又一日程 有竹島俗言磯竹島多竹魚海鹿 此二島 無人之地 見高麗 如自雲州望隱岐 然則日本乾地 以此州爲限矣.

22) 『隱州視聽合記』序; 川上健三, 앞의 책, pp.51~52.

국경을 가늠하는 데 있어 신빙성 있는 중요한 자료가 된다.[23)]

위에서 언급한 바와 같이, 조선 후기로 들어와 우산·울릉 2도설을 주장한 이는 유형원(柳馨遠)이었다. 그리고 안용복(安龍福)이 우산도(자산도<子山島>)를 직접 살펴봄으로써(1696) 2도설은 실증 확인되었다. 이에 대하여는 제2·3장에서 언급해 두었다. 그런데 이 2도설은 18세기 중엽 신경준(申景濬)의 『강계고』에 이르러 보다 구체화되고 있다. 즉 『강계고』「울릉도」조를 보면, 먼저

> 울릉도(欝陵島), 울(欝)은 울(蔚)이라고도 하고, 우(芋)라고도 하고, 우(羽)라고도 하고, 무(武)라고도 한다. 두 섬으로 하나가 바로 우산(芋山)이다. 울진현(蔚珍縣) 정동(正東) 바다 가운데 있으며, 일본(日本)의 은기주(隱岐州)와 서로 가깝다(欝陵島 欝一作蔚 一作芋 一作羽 一作武 二島 一卽于山 在蔚珍縣正東海中 與日本之隱岐州相近).

라고 하여 울진현(蔚珍縣) 정동 바다 가운데 울릉도와 함께 우산도가 있음을 분명히 하고 있다.

『강계고』「울릉도」조는 위 기사에 이어 울릉도·우산도의 위치와 연혁, 일본과의 울릉도 영유권 분규에 관하여 기록하고 있다. 그런데 연혁 말미에는 바로 앞에서 든 예의 「여지지」의 기사를 인용함으로써 우산과 울릉은 두 섬으로 그 중의 하나가 일본 측에서 부르는 송도(松島, 독도)로 우산국(于山國)의 땅이었음을 재확인하고 있는 것이다.

『강계고』 「울릉도」조는 「안용복사(安龍福事)」조로 이어지는데, 여기서 신경준(申景濬)은 안용복(安龍福)의 일본 피랍·밀항 사건

---

23) 종래 "일본의 건지(乾地, 서북경<西北境>)는 이 주(州)로써 한계를 삼는다(日本乾地 以此州爲限矣)"의 "이주(此州)"를 일본 학자들은 송도(松島, 독도)로 해석해 왔는데, 최근에 와서 은주(隱州, 은기<隱岐>)로 보는 연구가 보이기 시작한다(池內敏, 「近代竹島の歷史學的硏究序說-隱州視聽合紀の解釋をめぐって一」, 『靑丘學術論文集』 25<2005>).

에 대하여 비교적 자세하게 언급하고 있다. 특히 밀항 사건을 설명하면서는, 안용복(安龍福)이 울릉도에 출어한 일본 어선을 추격, 다시 송도(松島)로 가서

> 송도(松島)는 바로 우산도(芋山島)이다. 너희들은 우산(芋山)이 또한 우리 지경이란 말을 듣지 못하였느냐(松島卽芋山島 爾不聞芋山亦我境乎).

라고 꾸짖었다고 지적하고 있다. 일본 측에서 부르는 송도(松島)가 우산도(于山島)이며 그것이 조선 영토임을 거듭 강조한 것이었다.

신경준(申景濬)은, 앞에서 언급한 바와 같이, 『동국문헌비고』 여지고를 담당 편찬하였다. 그런데 그는 「여지고」 울진조에서 우산도(于山島)·울릉도(鬱陵島)를 다루면서 『강계고』의 「울릉도」·「안용복사」조의 기사를 거의 그대로 전재하였다. 다른 것이 있다면 본문에서 우산·울릉도(于山·鬱陵島)가 두 섬으로 하나가 우산(于山)임을 밝히고 울릉도·우산도의 위치와 연혁, 영유권 분규, 안용복(安龍福)의 피랍·밀항 사건을 부록으로 묶고 있는 것, 그리고 유형원(柳馨遠)의 「여지지(輿地志)」의 기사를, "「여지지(輿地志)」에 이르기를 '울릉(鬱陵)과 우산(于山)은 다 우산국(于山國)의 땅인데, 우산(于山)은 왜(倭)가 이르는 바 송도(松島)다'라고 하였다"고 보다 간결하면서도 명확하게 인용하고 있는 것이라고 할 것이다.

그러니까 『동국문헌비고』에서는 우산(于山)·울릉(鬱陵)은 두 섬으로 하나가 우산도(于山島)이며, 우산도는 일본 측이 부르는 송도(松島), 즉 오늘의 독도(獨島)로 "우산국(于山國)의 땅", 즉 '우리의 땅'임을 천명하고 있는 것이다. 이 문헌은, 잘 알려진 바와 같이 왕명(영조)에 따라 편찬되었다. 그리고 그 목적은 역대의 장고(掌

故, 고실<故實>, 과거의 사실)를 집대성하고 나아가 이를 '경제의 도구(經濟之具, 경세제민<經世濟民>, 즉 정치의 도구<道具>)'로 활용하는 데 있었다.[24)]

『동국문헌비고』에 이어 19세기 초엽(1808, 순조 8년경)에는 왕명에 따라 『만기요람(萬機要覽)』이 편찬되었다. 그리고 그 군정편(軍政篇) 4, 해방(海防) 동해(東海)조에는 『동국문헌비고』 울진조의 부록 기사, 즉 울릉도(欝陵島)·우산도(于山島)의 위치와 연혁, 울릉도 영유권 분규, 안용복(安龍福) 피랍·밀항 사건 등을 가감없이 그대로 전재하고 있다.[25)] 이는 우산도는 조선령이며 일본 측에서 부르는 송도라는 『동국문헌비고』의 견해를 『만기요람』에서도 그대로 계승 수용하고 있음을 뜻하는 것이다. 『만기요람』은 국왕이 좌우(座右)에 놓고 참고할 목적으로 편찬된 정무 지침서였다.[26)]

울릉도의 지리적 지식과 관련하여 주목되는 것은 18세기 초엽, 즉 1714년(숙종 40) 7월 강원도어사(江原道御使) 조석명(趙錫命)이 영동 지방(嶺東 地方)의 해방(海防)을 논의하는 중에,

> 자세히 포인(浦人)의 말을 듣건대 '평해(平海)·울진(蔚珍)은 울릉도(欝陵島)에서 가장 가까운 거리에 있고 뱃길이 조금도 막힘이 없으며, 울릉도 동쪽으로 도서(島嶼)가 잇달아 왜(倭)의 지경과 접한다'고 합니다.

라고 한 지적이다.[27)] 울릉도 동쪽으로 도서가 잇달아 있고, 이 섬

24) 『東國文獻備考』, 「進文獻備考箋」.
25) 『萬機要覽』, 軍政篇(朝鮮總督府 中樞院, 1937), 4 海防, 東海.
26) 『萬機要覽』, 財用篇(朝鮮總督府 中樞院, 1937), 序文(四方博).
27) 『肅宗實錄補闕·正誤』, 肅宗 40年 7月 辛酉. 원문은 다음과 같다. 詳

들은 일본의 지경(地境)과 접하게 된다는 것이다. 울릉도 동쪽으로 잇달아 있는 도서란 오늘의 죽도(竹島, 죽서<竹嶼>)와 독도(獨島)를 가리키는 것이다.

그런데 신경준(申景濬)의 『강계고』 「울릉도」조에서는, 앞에서 인용한 바와 같이, "두 섬으로 하나가 바로 우산(于山)이다, 울진현(蔚珍縣) 정동(正東) 바다 가운데 있으며, 일본의 은기주(隱岐州)와 가깝다"고 지적하고 있다. 우산도는 울릉도와 함께 일본의 영토인 은기도(隱岐島)와 접경해 있다는 것이다. 울릉도 방면의 지리가 밝혀짐에 따라 18세기 초엽, 늦어도 『강계고』가 편찬되는 18세기 중엽쯤 되면 일본과의 국경도 보다 분명하게 가늠할 수 있게 되었던 것이다.

일본의 경우, 죽도(울릉도)도해금지령(1696)에도 불구하고 송도(독도)를 은기주(隱岐州)의 속도(屬島)로 보거나 '일본 서해의 끝'으로 보는 도서(圖書)가 있고[28] 심지어 울릉도(죽도)가 조선령임을 모르는 도서조차 있었다.[29] 그러나 이는 책임이 없는 민간의 저술일 뿐이며, 대체로 『강계고』·『동국문헌비고』·『만기요람』 군정편 등과 같은 시기에 제작된 일련의 중요 지도들은 송도를 조선령으로 보고 있었다.

명치 초년에 이르기까지 지도계(地圖界)에 군림했다는, 일본에서 처음으로 경·위도(經·緯度)를 도입하여 작성한 장구보적수(長久保赤水)의 「일본노정여지전도(日本路程輿地全圖)」(1773)의 개정판 「개정일본노정여지전도(改正日本路程輿地全圖)」(1779)는 일본 본

聞浦人言 平海蔚珍 距鬱陵島最近 船路無少礙 鬱陵之東 島嶼相望 接于倭境.

28) 北园通葊, 『竹島圖說』(寶曆年間<1751~1763>); 矢田高當, 『長生竹島記』(1801).

29) 松浦武四郎, 『他計甚磨雜誌』(1854).

토와 그 부속지를 모두 채색하고 있지만, 죽도(울릉도)와 송도(우산도·자산도)는 조선 본토와 함께 채색하지 않았고 경·위도선도 긋지 않았다. 송도를 조선령으로 보았던 것이다. 또 이 지도의 울릉도·독도 옆에는 "[두 섬에서]고려를 보는 것이 운주(雲州, 출운<出雲>)에서 은주(隱州, 은기<隱岐>)를 바라보는 것과 같다(見高麗猶雲州望隱岐)"라는 『은주시청합기(隱州視聽合紀)』와 거의 같은 내용의 기록이 보여 일본의 영토를 은기까지로 보려는 제작자의 의도를 살필 수 있다.[30)]

임자평(林子平)의 『삼국통람도설(三國通覽圖說)』(1785)의 부속 지도인 「삼국접양지도(三國接壤之圖)」는 울릉도와 독도의 위치와 크기를 정확하게 그려 넣고 조선 본토와 같은 노란색으로 칠하여 일본 영토의 녹색과 구별하고 있다. 독도가 조선령임을 분명히 한 것이었다. 더욱 주목되는 것은 이 지도들에 울릉도와 독도를 조선령으로 그려 넣으면서 "조선의 차지로(朝鮮ノ持之)"라는 설명까지 곁들이고 있다는 사실이다. 이는 조·일 간의 울릉도쟁계(欝陵島爭界, 죽도일건)의 결과 울릉도와 독도가 조선의 영유로 결정된 사실을 밝힌 것이었다.[31)]

19세기 초엽에는 일본 지리학사상의 위대한 업적으로 평가되는

---

30) 中村拓, 『日本古地圖大成』(講談社, 1966), 「改正日本輿地路程全圖」(33), 解說; 堀和生, 「一九〇五年日本の竹島領土編入」, 『朝鮮史研究會論文集』 24(1987), p.102. ; 崔書勉, 「古地圖から見た獨島」, 『統一日報』, 1981年 5月 27~29日; 호사카 유지, 「지도와 문헌으로 본 19세기 일본의 대독도인식」, 『독도와 교과서』(서울대학교 사범대학 학술회의 발표문, 2006), pp.64~66.

31) 愼鏞廈, 「朝鮮王朝의 獨島領有와 日本帝國主義의 獨島侵略 - 獨島領有에 대한 實證的 一硏究」, 『韓國의 獨島領有權硏究史』(獨島學會, 2003), pp.144~147; 호사카 유지, 「임자평도와 독도」, 『일어일문학연구』58(2006), pp.228~235; 앞의 발표문, 『독도와 교과서』, pp.67~69.

이능충경(伊能忠敬)의 「대일본연해여지전도(大日本沿海輿地全圖)」(1821)가 제작되었다. 이 지도에는 죽도와 송도가 빠져 있다. 두 섬이 일본령이 아닌, 따라서 조선령임을 시사하는 것이다. 그리고 이 지도가 장구보적수(長久保赤水)의 「개정일본노정여지전도」와 함께 관찬(官撰)이라는 사실을 고려할 때, 막부가 17세기 말 울릉도와 독도를 조선령으로 인정한 이후 오랫동안 계속 이 사실을 존중해 왔음을 의미하는 것이기도 하다.[32]

울릉도에 대한 지리적 지식의 확대는 지도 작성에도 영향을 주어 우산도(于山島)의 위치가 명확하게 부각되고 있는 것도 주목할 만한 것이다. 종래의 지도, 가령 『신증동국여지승람(新增東國輿地勝覽)』에 실려 있는 「팔도총도(八道總圖)」나 「강원도도(江原道圖)」는 우산도를 내륙 쪽으로, 울릉도를 그 동쪽으로 하여 거의 같은 크기로 붙여서 그리고 있다. 그런데 정상기(鄭尙驥, 1678~ 1752)의 「동국지도(東國地圖)」에 와서는 울릉도가 내륙 쪽으로, 우산도가 그 동쪽으로 옮겨질 뿐 아니라, 거리나 크기가 정확하게 표시되고 있는 것을 볼 수 있다.[33] 이것은 1694년(숙종 20)에 삼척첨사 장한상(張漢相)이 울릉도 동쪽으로 "300여 리"

---

32) 주 30)과 같다.

19세기 중엽 빈전번(浜田藩)의 팔우위문사건(八右衛門事件, 1836)의 당사자인 팔우위문(八右衛門)은 이 사건을 설명하기 위하여 「죽도방각도(竹島方角圖)」('방각<方角>'은 방위<方位>를 뜻한다)를 작성하였다. 이 지도에는 조선 남단과 일본 서북경 사이에 위로부터 죽도(울릉도)와 송도(우산도·자산도), 그리고 은기도를 차례로 그려 넣고 송도를 조선 남단·죽도와 같은 색깔로 칠하여 은기도·일본 본토와 구별하고 있다. 송도가 조선령임을 시사하는 것이다(川上健三, 앞의 책, pp.54~58; 호사카 유지, 앞의 발표문, 『독도와 교과서』, pp.70~74).

33) 李燦, 「韓國古地圖에서 본 獨島」, 『鬱陵島 · 獨島學術調査硏究』(韓國史學會, 1978), pp.119~133.

떨어진 곳에 작은 섬이 있음을 확인한 것이나, 1696년(숙종 22)에 안용복(安龍福) 등이 우산도를 직접 답사한 사실과도 관련지어 생각해 볼 수 있을 것이다.

이래 조선 후기의 지도에는, 비록 그 위치가 일정하지는 않으나, 울릉도 밖으로 우산도 혹은 자산도(子山島)가 계속 표시되고 있다. 이것은 정상기(鄭尙驥)의 「동국지도」에서 영향을 받은 것이었다.[34] 그러나 한편으로는 울릉도 밖으로 있는 섬이 우산도라는 인식이 계속되고 있음을 의미하는 것이기도 하다.

울릉도 인삼은, 앞에서 잠깐 언급한 바와 같이, 늦게 잡더라도 18세기 중엽부터 잠상들에 의하여 밀채되고 있었다. 잠상뿐 아니라 관원들까지도 은밀히 사람을 보내어 채취하였으며, 그 숫자는 '누수십근(累數十斤)'에 이르는 경우도 있었던 것 같다. 이런 혐의로 삼척영장(三陟營將)은 처벌되고 강원감사(江原監司) 홍명한(洪名漢)은 탄핵을 받아 자리에서 물러났다(1769, 영조 45).[35] 그리고 신임 관찰사 서명선(徐命善)에게는 채삼(採蔘)을 금하라는 지시(1770, 영조 46)가 내려졌다.[36]

그러나 울릉도 인삼은 재배된 것이 아니었으므로 산삼이었고 따라서 품질이 매우 우수하였다. 그리하여 아마도 정조조(正祖朝)에 들어서서는 수토관들에게 채취되어 다른 토산물들과 같이 정부에 바쳐졌던 것 같다. 수토관들은, 앞에서 언급한 바와 같이, 대개 3·4월에 파견되었는데, 3·4월은 채삼에 적당한 시기가 아니었다. 그러므로 정부에서는 수토의 시기를 채삼에 적당한 6·7월로 옮기는 문제를 검토하기도 하였다. 품질이 좋은 인삼을 버리기

---

34) 위와 같다.

35) 『英祖實錄』, 英祖 45年 12月 丁巳.

36) 『英祖實錄』, 英祖 46年 正月 壬午.

아까우므로 제철에 캐도록 해야 한다는 이조판서 윤시동(尹蓍東)의 건의(1795, 정조 19)에 의한 것이었다.37)

울릉도(欝陵島)의 수토가 실시되어 그 지리가 밝혀져 감에 따라 연해민들의 왕래가 더욱 활발해졌다. 앞에서 본 것처럼 인삼을 캐거나 향죽·어복류(香竹·魚鰒類)를 채취하기 위한 것이었다. 물론 수토의 시작이 해금(海禁)의 해제를 뜻하는 것은 아니었으므로 울릉도 왕래는 불법적인 것이었다. 그렇기 때문에 연해민들 가운데는 수령으로부터 불법적으로 공문을 받아 왕래하는 사례도 있었다.38) 또 왕조 말에 가면 울릉도를 근거지로 하는 적한(賊漢, 도적)이 생기기도 하였던 것 같다.39)

이런 점은 일본인의 경우에도 마찬가지였다. 이미 제2장에서 언급한 바와 같이, 대마도에서는 일본 어민의 울릉도 어채를 금한다는 막부의 결정을 조선 측에 알린 바 있다(1696. 10). 또 이보다 앞서 이런 막부의 결정은 대곡·촌천(大谷·村川) 양가로도 시달되었다(1696. 8).40) 그럼에도 불구하고 일본 연해민들의 울릉도 침어(侵漁, 침입하여 빼앗음)는 적어도 18세기 초엽(숙종 말년)까지는 계속되었던 것 같다. 1710년(숙종 36) 10월 사직(司直) 이광적(李光迪)의 상소에,41)

> 왜선(倭船)이 자주 울릉도(欝陵島)에서 어채(漁採)하고 있어 진실로 한심스럽다(倭船 比比漁採於欝陵島 誠可寒心).

---

37) 『正祖實錄』, 正祖 19年 6月 癸未, 23年 3月 丙子.

38) 『正祖實錄』, 正祖 11年 7月 庚寅.

39) 『哲宗實錄』, 哲宗 3年 7月 己未.

40) 2장의 주 3) 참조.

41) 『肅宗實錄』, 肅宗 36年 10月 甲子.

고 한 것은 바로 이러한 사정을 말하여 주는 것이다. 그리고 이 왜선 중에는, 강원도 연변으로 표도하는 경우도 있었다.[42)]

이에 따라 정부 관원들 사이에서는 왜선에 대한 비어책(備禦策)이 거론되기도 하였다. 울릉도에 진(鎭)을 설치하고 이민(移民)을 허락하여 관방(關防, 국경이나 요해처에 설치한 문, 또는 그 문을 설치한 곳)을 튼튼히 하여야 한다는 주장도 있었다.[43)] 또 연변(沿邊)의 수군(水軍)을 정비하고 이미 폐지한 진을 다시 설치해야 한다는 건의도 있었다.[44)] 그러나 정부에서는 이런 건의를 받아들이는 데 인색하였다. 다만 강원도 감사와 수령들에게 군보(軍保, 병역을 면제하는 대가로 받아들이는 베와 무명)의 단속만을 지시(1714, 숙종 40)하는 데 그치었다.[45)]

울릉도 개척을 결정, 이민이 시작되는 것은 19세기 말엽, 검찰사(檢察使) 이규원(李奎遠)이 울릉도를 다녀 온 다음해, 즉 1883년(고종 20)부터였다. 개척은 급속도로 진전되었다. 그리하여 1895년 초에는 수토제도를 폐지하는(고종 31년 12월) 대신 전임도장(專任島長)을 두게 되었다(고종 32년 1월). 수토제도를 실시한 지 거의 200년 만의 일이었다.

---

42) 『肅宗實錄補闕·正誤』, 肅宗 40年 7月 辛酉.

43) 『肅宗實錄』, 肅宗 34年 2月 甲辰; 『英祖實錄』, 英祖 10年 正月 庚寅.

44) 주 41)과 같다.

45) 『肅宗實錄』, 肅宗 40年 7月 辛酉; 『肅宗實錄補闕·正誤』, 肅宗 40年 7月 辛酉.

5

검찰사의 울릉도 파견과 개척

18세기 초엽을 지나면서 잠잠해졌던 일본인의 울릉도(鬱陵島) 침어(侵漁)가 재개되는 것은 19세기 중엽(막부 말, 명치 초)부터였던 것 같다. 그리고 수토관(搜討官)이 이를 확인한 것은 1881년(고종 18) 초였다. 이에 정부에서는 곧 일본 외무성(外務省)으로 서계(書契)를 보내어 항의하는 한편, 부호군(副護軍) 이규원(李奎遠)을 울릉도검찰사(鬱陵島檢察使)에 임명하여 현지를 검찰케 하였다. 개척 가능성의 검토를 겸한 것이었다. 일본인의 침어가 조선 정부로 하여금 보다 적극적인 울릉도 경영에 나서게 하였던 것이다.

검찰사 이규원(李奎遠)이 울릉도를 검찰한 것은 1882년(고종 19) 4월 말~5월 초순이었다. 그리고 정부에서는 그의 조사 보고에 따라 울릉도 개척 방침을 확정짓고, 1883년(고종 20) 4월부터 민호(民戶)를 이주시키기 시작했다. 개척은 급속도로 진전되어 갔다. 그리하여 1895년 초에는 거의 200년 동안 실시해 오던 수토제도(搜討制度)를 폐지(고종 31년 12월)하는 대신 전임도장제(專任島長制)의 실시를 보게 되었다(고종 32년 1월). 이 도장제(島長制)는 얼마 지나지 않아 도감제(島監制)로 바뀌었다(8월, 양 10월).

수토제도의 폐지와 전임도감제의 실시는 울릉도 개척사상 획기적 의미를 갖는다고 할 만한 것이다. 그러므로 고종조(1864~1907)의 울릉도 경영을 시기 구분하는데 있어서도 수토제도의 폐지까지(~1895년 초)를 전기(제1기)로, 전임도장제 실시 이후(1895년 초~)를 후기(제2기)로 나눌 수 있지 않을까 한다.

이 전기 울릉도 경영의 특징으로는 아무래도 개척 사업의 적극적인 추진에서 찾아야 할 것 같다. 그리고 본고에서 검토하려는 것은 바로 전기의 경영에 관한 것이다. 이를 편의상 (1) 검찰사 이규원(李奎遠)의 파견, (2) 개척과 수토제도의 폐지로 나누어 살펴보고자 한다.

이 가운데에서 (1)에 관하여는 일찍이(1963) 고(故) 이선근(李瑄根) 교수가 발표한 논고가 있다.[1] 특히 이 논고에 수록된 「울릉도검찰일기・계본초(欝陵島檢察日記・啓本草)」는 이규원(李奎遠)의 울릉도 검찰과 관련된 사실들을 규명하는 데 큰 도움이 되었음을 부언하여 둔다.

Ⅰ. 검찰사 이규원(李奎遠)의 파견

조선 정부 내에서는 18세기 초엽까지만 하더라도 일본인의 울릉도 침어(侵漁) 문제가 자주 논의되고 있었다. 그런데 그 뒤부터 이 문제가 자취를 감추고 만다. 이는 일본인의 울릉도 침어가 적어도 수토관(搜討官)들에 의해 발각되지 않을 만큼 현저하게 줄어

1) 李瑄根, 「近世 鬱陵島問題와 檢察使 李奎遠의 探察成果-그의 檢察日記를 中心한 若干의 考察-」, 『大東文化硏究』 1(1963), pp.295~330.

들었음을 의미하는 것이다. 그런데 19세기 중엽(막부 말, 명치 초)으로 들어서면서 일본인의 침어는 다시 시작되었던 것 같고, 이것이 조선 정부로 하여금 보다 적극적인 울릉도 경영에 나서게 하는 계기가 되었다.

일본인의 울릉도 잠입이 확인된 것은 1881년(고종 18)이었다. 조선 정부가 대미(對美) 수교 방침을 결정하고(1880) 이에 대처하기 위하여 외교·통상·자강정책 등을 다룰 통리기무아문(統理機務衙門)을 설치하는 등, 이른바 초기의 개화정책을 추진하여 나가던 바로 그해였다. 이해 초에 울릉도를 수토하던 관원에 의하여 무단 벌목을 하던 일본인 7명이 적발되었던 것이다. 이 일본인들은 벌채한 목재를 장차 원산(元山)과 부산(釜山)으로 반출하려던 참이었다. 이 사실은 곧 강원도관찰사 임한수(林翰洙)를 거쳐 정부로 보고되었다.2)

보고에 접한 통리기무아문에서는 곧(5월 22일) 이에 관한 두 가지 대책을 건의하고 있다. 하나는 일본인의 불법적인 벌목은 변금(邊禁, 변경의 왕래를 금지함)에 관계되는 것이어서 엄히 금지시켜야 할 것이므로 일본 외무성에 서계(書契)를 보내어 항의해야 한다는 것이고, 다른 하나는 울릉도를 더 이상 빈 땅으로 버려둘 수는 없으므로 부호군(副護軍) 이규원(李奎遠)을 울릉도검찰사에 임명, 현지로 파견하여 지형(地形)과 방수(防守) 문제를 자세히 조사시키되, 그 보고를 기다려 대처하자는 것이었다. 이 건의는 즉시 국왕에 의하여 윤허되었으며, 다음날(5월 23일) 이규원(李奎遠)이 울릉도 검찰사에 임명되었다.3)

이런 결정에 따라, 정부에서는 같은 달 예조판서 심순택(沈舜澤)

2) 『承政院日記』, 高宗 18年 5月 22日.

3) 『承政院日記』, 高宗 18年 5月 22·23日.

명의로 된 서계(書契)를 일본 외무경(外務卿) 정상형(井上馨)에게 보내어 일본인의 울릉도 침어에 대하여 항의하고 있다.[4] 그 요지는, (1) 지금으로부터 189년 전인 계유(癸酉, 1693, 숙종 19)에 일본인이 도명(島名)을 착인(錯認)한 일로 하여 여러 차례 서계가 왕래한 끝에 마침내 바로잡혀 일본은 영구히 연해민(沿海民)들의 입왕(入往) 어채(漁採)를 불허할 것임을 약속하였다는 것, (2) 그럼에도 불구하고 이제 일본인들이 입경(入境) 벌목하고 있는 바, 일본 정부는 변금(邊禁)을 엄히 신칙(申飭)하여 선박들을 철수시키고 다시 그러한 잘못이 없도록 해야 한다는 것이었다.

이 서계는 곧 일본 외무성에 도착되었다.[5] 그러나 외무성에서는 선뜻 이에 대한 일본 정부의 입장을 밝히는 회신을 내지 못하였다. 그 까닭은 외무성에서 도명상(島名上)의 혼란을 빚고 있는 송도(松島)에 대한 조사를 진행 중에 있었기 때문이었다. 그 배경을 간단히 살펴보면―1696년(숙종 22, 원록 9) 막부(幕府)가 죽도(울

---

4) 『同文彙考』4(國史編纂委員會 影印, 1978), p.3902. 원문은 다음과 같다. 大朝鮮國禮曹判書沈舜澤　呈書大日本國外務卿井上馨閣下　謹玆照會者 卽接我江原道觀察使所報　則蔚陵島搜討官巡察之際　有貴國人七名在其島 伐木積置 將送于元山釜山港云 盖此蔚陵島 奧自三韓 係在本國 土地物産 詳載於本國輿圖 逮我朝 以海路危險 撤其居 空其地 封殖長養 而派官審檢 歲以爲常 重藩蔽固疆圉之道 不得不然爾 前此一百八十九年癸酉 以貴國人 錯認島名事 屢度往復 竟至歸正 而自貴國飭于海民 永不許入往漁採 其書尙載在掌 故可按也 今此貴國人之懵然來斫 有欠入境問禁之義 且交隣貴誠信 梁灌楚苽 晉還吳獵 豈非今日之所相勉者乎 玆庸開陳 望貴政府 嚴申邊禁 俾還往船舶 更毋得昧例踵誤 益篤兩國之孚 永久無替 深所幸也 耑此前付 順祈台祉 敬具 辛巳年五月 日 禮曹判書 沈舜澤. 이 書契原文은 『日本外交文書』卷 14, 事項 10, 文書番號 160에도 실려 있으나 誤字가 많다.

5) 『日本外交文書』14, 事項 10, 文書番號 160.

릉도)도해금지령(竹島<欝陵島>渡海禁止令)을 내리면서 울릉도와 독도는 일본인들로부터 점차 잊혀져 갔다.[6] 그 대신 19세기 중엽, 즉 막부 말, 명치 초년부터는 죽도(울릉도)에 송도(松島), 송도(독도)에 량고도(リャンコ島)라는 새 이름이 붙여졌다.[7] 그런데 여기에 더하여 1876년 이후 송도개척원(松島開拓願)이 잇달아 제출됨에 따라 울릉도에 대한 도명상의 혼란이 일어나고 있었다. 이 도명상의 혼란은 다음에서 설명하는 바와 같이 1880년 천성함(天城艦)의 현지 조사에 의하여 일단 밝혀지기는 하였지만, 적어도 외무성으로서는 자체에 의한 충분한 조사 검토가 요청되었던 것이다.

북택정성(北澤正誠)의 『죽도고증(竹島考證)』(상・중・하)은 이런 외무성의 필요에 의하여 1881년 8월에 작성된 것이다. 북택(北澤)은 이 보고서에서 한・중・일의 관계 자료를 조사 수집 검토하여 울릉도의 연혁과 그 영유권을 둘러싼 조・일 간의 교섭시말을 자

6) 19세기 초엽 이후 막부의 울릉도 도항에 관한 규제가 강화되어 팔우위문(八右衛門)의 예(1836, 천보 7)에서 보듯(奥原碧雲, 『竹島及鬱陵島』<日本 松江：報光社, 1907> pp.24~26; 田保橋潔, 「鬱陵島 その發見と領有」, 『青丘學叢』 3<1933>, pp.22~23) 밀항자를 극형에 처한 결과 이러한 경향은 더욱 촉진되었다(奥原碧雲, 위의 책, p.27).

7) 송도・량고도란 새이름이 붙여진 시기를 막부 말~명치 초년으로 보는 것은 이 시기에 제작된 지도, 예컨대 승해주(勝海舟)의 「대일본국연해략도(大日本國沿海略圖)」(1867, 경응 3), 교본옥란(橋本玉蘭)의 「대일본사신전도(大日本四神全圖)」(1870, 명치 3)에 울릉도(欝陵島)를 송도(松島), 독도(獨島)를 리앙고오루도로구(リヤンコヲルトロツク)로 표기하고 있는 것으로 짐작이 간다(川上健三, 앞의 책, pp.19~21). 그런데 죽도(竹島)를 송도(松島)로 부르게 되는 상한은 씨볼트(Siebolt, Philipp Franz von)가 죽도를 송도로 명명(命名)한 「일본도(日本圖)」가 제작되는 1840년(천보 11)으로, 송도를 량고도로 부르게 되는 상한은 독도(송도)가 프랑스 포경선(捕鯨船) 리앙쿠르호에 의하여 발견되어 리앙쿠르 암초(Rochers Liancourt)로 명명되는 1849년(嘉永 2)으로 보아야 할 것이다.

세히 밝히고, 천성함의 현지 조사 결과에 대하여 언급하고 있다. 그리고 이를 다시 요약한 보고서 「죽도판도소속고(竹島版圖所屬考)」를 1881년 7월 26일(양 8월 20일)자로 외무성에 제출하였다.[8)]

『죽도고증』이나 「죽도판도소속고」에 의하면, 1877년(고종 14, 명치 10)에 도근현(島根縣) 사족(士族) 호전경의(戶田敬義)에 의하여 죽도도해원서(竹島渡海願書)가 제출되었다. 그런데 이보다 앞서 육오(陸奧)의 무등평학(武藤平學) 등이 블라디보스토크를 왕래하면서 죽도(竹島) 외에 송도(松島)가 있음을 주장하고 1876년에 송도 개척을 청원하였다. 명치년간으로 들어와서 처음 있는 일들이었다. 그리하여 '일도양명(一島兩名)', '이도각별(二島各別)'의 설이 분분하여 일본 정부로서도 어떤 결론을 내리지 못하였다. 마침내 1880년(고종 17, 명치 13) 8월(양 9월)에 군함 천성(天城)을 현지로 보내어 조사하였다. 그 결과 송도는 조선의 울릉도이며 죽도는 그 옆에 있는 작은 섬, 즉 죽도(竹島), 일본에서 말하는 죽서(竹嶼, Boussole Rock)라는 것이 밝혀졌다는 것이다.

그리하여 북택정성(北澤正誠)은 이 두 조사 보고서 말미에서

> 이로 말미암아 볼진대 금일(今日)의 송도(松島)는 바로 원록(元祿) 12년 칭(稱)한 바의 죽도(竹島)로서 고래(古來)로 우리 판도(版圖) 밖의 땅임을 알 것이다(由此觀之ハ今日ノ松島ハ卽チ元祿十二年稱スル所ノ竹島ニシテ古來我版圖外ノ地タルヤ知ルベシ).

라는 말로 결론에 대신하고 있다. 천성함(天城艦)의 조사 결과를 놓고 볼 때, 지금의 송도는 원록 12년(1699, 숙종 25), 즉 울릉도쟁계(鬱陵島爭界, 죽도일건<竹島一件>) 당시 일컬었던 죽도(竹島, 울릉도)로 일본 판도 밖에 있는 땅이라는 것이었다.[9)]

---

8) 『日本外交文書』 14, 事項 10, 文書番號 161.

그런데 천성함의 조사 결과는 해군 수로국(海軍 水路局)의 『환영수로지(寰瀛水路誌)』 제2권(노한편<露韓編>, 1883)과 수로부(水路部)의 1894·1899년판 『조선수로지(朝鮮水路誌)』에 반영되어 송도(松島, 울릉도)와 함께 리앙고루도 열암(リヤンコールト 列岩, 량고도·독도)을 싣고 있다. 이에 반하여 1892년부터 순차적으로 간행된 일본 영토만을 다룬 『일본수로지(日本水路誌)』에는 리앙고루도 열암이 실리지 않았다.[10] 이는 해군 수로부도 그러하였지만, 천성함도 조사 당시부터 량고도를 조선령으로 인식하고 있었다는 것을 말해준다. 그러므로 북택정성(北澤正誠)의 관계 문헌을 검토하고 특히 천성함의 조사 결과를 토대로 하여 내린 "우리 판도(版圖) 밖의 땅"이라는 결론에는 송도(松島, 울릉도)뿐만 아니라 량고도(독도)도 포함되는 것으로 보아야 할 것이다.[11] 이에 대해서는 후술(8장의

9) 위와 같다. '원록(元祿) 12년(1699, 숙종 25)'은 대마도(對馬島)로부터 조선서계(朝鮮書契)(1698, 숙종 24, 막부<幕府>의 울릉도 출어금지<欝陵島出漁禁止> 결정에 대하여 사의를 표하고 울릉도와 죽도<竹島>가 1도2명<一島二名>임을 강조하여 그 정당한 인식을 촉구한 예조참판 이선부<李善溥>의 서계)의 내용을 막부에 보고하였다는 회답서계(回答書契)가 있었던 해이다.

10) 堀和生, 앞의 논문, 『朝鮮史硏究會論文集』 24, pp.105～106. 한편, 외무성에서도 독도를 조선령으로 보고 있었다. 외무성에서는 울릉도 현황에 관한 1881년 11월 29일자 내무성의 조회를 받은 바 있다. 그 안에는 죽도(竹島, 울릉도)와 송도(松島, 독도)를 일본 판도 밖으로 선언한 태정관(太政官)의 지령문도 들어 있었다. 그러나 외무성에서는 이에 대하여 아무런 이의도 제기하지 않았다. 그리고 그 뒤 독도를 편입(1905)할 때까지 죽도와 송도의 영유권을 분리해서 다룬 적이 없었다고 한다(堀和生, 앞의 논문, 『朝鮮史硏究會論文集』 24, p.105).

11) 천성함(天城艦)의 조사에 앞서 해군성 수로국(海軍省 水路局)에서는 서양인들의 조선 해안도를 번안한 「조선동해안도(朝鮮東海岸圖)」(1876 초판)를 작성하여 군사용 지도로 사용해 왔다. 1905년까지 판을 거듭

X)하게 될 것이다.

북택정성(北澤正誠)의 보고서는 외무성에서 아무런 이의 없이 채택(8월)되었고, 곧 태정대신(太政大臣) 삼조실미(三條實美)에게 보고(10월)되었다.[12] 조선 정부의 항의서계(抗議書契)에 대한 일본 정부의 회답문안(回答文案)은 윤 7월 3일(양 8월 27일)에 가서야 결정되었다. 북택정성(北澤正誠)의 조사보고서를 받은 지 1주일 뒤였다. 그리고 일본 정부가 회신을 보내 온 것은 8월 27일 이후의 일이었다. 그러면서도 회함(回函) 일자는 8월 20일(음 7월 26일)로 하고 있고, 그 내용도 일본 정부로서는 일찍이 듣지 못하던 일이므로 사실을 조사하여 양국 우의에 장애가 되지 않도록 하겠다는 것이었다.[13]

그로부터 3개월여가 지난 이해(1881) 10월 24일(양 12월 15일)에 가서야 주조선일본공사관(駐朝鮮日本公使館) 사무서리(事務署理) 부전절(副田節)은 외무경(外務卿)의 훈령(訓令)에 따라, 경리총리아문사(經理總理衙門事) 이재면(李載冕) 앞으로 서함(書函)을 보내어 울릉도 벌목에 관한 처리 상황을 알려 왔다. 그 요지는 벌목한 사실은 있으나 이제 일본인들은 모두 철수하였다는 것이었다.[14] 그러

한 이 「동해안도(東海岸圖)」에는 독도가 너무 멀리 떨어져 있기 때문에 원 경·위도에서 떼어내어 울릉도 아래의 안쪽으로 옮겨 한 장의 지도에 수록하고 있다. 해군성에서는 늦어도 1876년부터 독도를 조선령으로 인식하고 있었던 것이다(愼鏞廈, 『獨島의 民族領土史 硏究』<지식산업사, 1996>, pp.105~106). 그런데 해군은 1880년 천성함의 현지(송도<松島>, 울릉도) 조사에 즈음하여 독도가 조선령임을 다시 인지하게 되었고, 「조선수로지(朝鮮水路誌)」를 간행하면서 이를 확인하게 되었던 것이다.

12) 주 5)와 같다.

13) 주 5)와 같다.

14) 『舊韓國外交文書』 1, 日案 1, 文書番號 75.

나 실제 일본인들은 울릉도에서 철수하지 않았다.15) 일본 외무성으로서는 일본인들이 벌목한 사실이 있는 이상, 이에 대한 처리 상황을 조속히 통지하여 조선의 '시의(猜疑)'를 해소시키는 것이 당면한 대조선외교전략(對朝鮮外交戰略)을 수행하는 데 필요하다고 판단하고 있었다.16) 그리고 이런 판단이 결국 허위의 공함(公函)을 만들게 하였던 것이다.

한편, 정부의 결정에 따라 검찰사 이규원(李奎遠)이 울릉도로 떠난 것은 1882년(고종 19) 4월 초순이었다. 검찰사에 임명된 것은 전년 5월 하순이었지만 철이 늦었기 때문에 출발을 늦추었던 것이다. 그는 떠나기에 앞서 국왕으로부터 각별한 지시를 받고 있다. 4월 7일 사폐(辭陛)하는 자리에서였다.17)

그 요지는 (1) 일본인들이 무상 왕래하고 있으므로 이를 철저히 검찰할 것, (2) 울릉도 옆에 있는 송죽도(松竹島)와 우산도(芋山島), 혹은 송도(松島)와 죽도(竹島)라 부르는 섬들의 지리를 자세히 살필 것,18) (3) 울릉도에 설읍(設邑, 고을을 설치함)할 계획이므로 '경식처(耕食處)' 등을 자세히 조사하되, 지도(地圖)와 별단(別單, 주본<奏本, 왕에게 올리는 문서>에 첨부하는 문서)을 작성하여 올리라는

---

15) 『善隣始末』, 附錄 竹島始末.

16) 주 5)와 같다.

17) 『承政院日記』, 高宗 18年 5月 23日; 高宗 19年 4月 7日; 李奎遠, 「鬱陵島檢察日記·啓本草」.

18) 『承政院日記』, 高宗 19年 4月 7日條에 다음과 같은 문답 기사가 보인다. 上曰…松竹島·芋山島 在於鬱陵島之傍 而其相距遠近何如 亦有何物與否 未能詳知 今番爾行 特爲擇差者 各別檢察…奎遠曰…芋山島 卽鬱陵島 而芋山古之國都名也 松竹島 卽一小島 而與鬱陵島相距 爲三數十里 其所産卽檀香與簡竹云矣 上曰…又稱松島·竹島 與芋山島爲三島 通稱鬱陵矣 其形便一體檢察…奎遠曰…或稱松島·竹島 在於鬱陵島之東 而此非松竹島以外別有松島·竹島也…

것 등이었다. 검찰사의 파견이 단순히 일본인의 검찰에 그치지 않고 나아가 우산도(芋山島) 등 부속 도서의 조사와 울릉도 개척에 있음을 시사하는 내용이다.

이규원(李奎遠)이 등정(登程)한 것은 4월 10일이었고, 4월 29일 강원도(江原道) 평해군(平海郡) 구산포(邱山浦)를 출발, 울릉도로 향하였다. 일행은 검찰사(檢察使) 이규원(李奎遠), 중추도사(中樞都事) 심의완(沈宜琬), 군관출신(軍官出身) 서상학(徐相鶴), 전수문장(前守門將) 고종팔(高宗八), 화원(畵員) 유연호(柳淵祜)와 원역(員役, 속료<屬僚>), 사격(沙格, 사공과 격군<格軍>, 즉 선부<船夫>)을 합쳐 82명, 포수(砲手)가 20명, 도합 102명이었고, 상선(上船) 1척 · 종선(從船) 2척 등 3척의 선박이 동원되었다. 그리하여 검찰사 일행은 4월 30일 울릉도 서쪽 해변의 소황토구미(小黃土邱尾, 학포)에 도착하였다.[19]

이규원(李奎遠) 등은 4월 30일부터 5월 10일까지 11일 동안 울릉도에 체류하면서 섬의 구석구석을 두루 답사하였다. 5월 2일 소황토구미(小黃土邱尾)를 출발하여 육로(陸路)로 대황토구미(大黃土邱尾, 태하<台霞>) · 흑작지(黑斫支, 현포<玄浦>) · 추봉(錐峯, 송곳산) · 홍문가(紅門街, 홍문동<紅門洞>) · 나리동(羅里洞) · 성인봉(聖人峰, 중봉<中峰>) · 저포(苧浦, 모시개) · 도방청포(道方廳浦, 도동<道洞>) · 장작지포(長斫之浦, 사동) · 통구미포(桶邱尾浦, 통구미) · 곡포(谷浦, 남양) 등을 거쳐 8일에 소황토구미(小黃土邱尾)로 돌아왔다. 다시 5월 9일에는 배편으로 소황토구미(小黃土邱尾)를 출발 대황토구미(大黃土邱尾) · 향목구미(香木邱尾, 향목동<香木洞>) · 대풍구미

19) 李奎遠, 「鬱陵島檢察日記 · 啓本草」. 검찰사(檢察使) 일행으로 동래부(東萊府) 왜어역관(倭語譯官)도 포함되어 있었으나 때를 맞추어 평해군(平海郡) 구산포(邱山浦)에 도착하지 못하였기 때문에 동행하지 못하였다.

(待風邱尾, 대풍취<待風吹>)・흑작지(黑斫之)・왜선창(倭船艙)・선판구미(船板邱尾, 섬목)・도방청(道方廳)・장작지(長斫之)・통구미(桶邱尾)・흑포(黑浦, 감을개)・사태구미(沙汰邱尾, 사태감)・산막동(山幕洞) 등의 포구(浦口)를 거쳐 10일 저녁 때 소황토구미(小黃土邱尾)로 돌아왔다.[20] 도보로 7일, 배편으로 2일 등 합쳐 9일에 걸친 답사였다.

이규원(李奎遠)은 이 9일 간의 답사를 통하여 우선 울릉도에 와 있는 본국인(本國人)이 대략 140명에 달하고 있음을 확인하게 되었다. 이들은 거의가 '하호(下戶, 가난한 백성)' 계층으로 포구 가까이에 막을 치고 살고 있었다. 이들이 막을 친 포구는 소황토구미(小黃土邱尾, 24명)・대황토구미(大黃土邱尾, 23명)・왜선창(倭船艙, 41명)・도방청(道方廳, 14명)・장작지(長斫之, 13명)・통구미(桶邱尾, 23명) 등이었다. 그러나 함양(咸陽)에서 온 전석규(全錫奎), 파주(坡州)에서 온 정이호(鄭二祜)만은 사족(士族) 출신으로 각각 나리동(羅里洞)에 초막을 짓고 생활하고 있었다. 또 나리동에는 성황화상(城隍畵像)을 모신 정결한 산신당(山神堂)도 세워져 있었다.[21]

이들을 출신 도별(道別)로 보면 전라도(全羅道)가 가장 많아 흥양(興陽, 전남<全南> 고흥<高興>) 94명(선주<船主> 5, 격졸<格卒, 격군[格軍] 89), 낙안(樂安, 전남<全南> 순천군<順天郡> 낙안면<樂安面>) 21명(선주 1, 격졸 20) 등 115명에 이르고 있었다. 다음이 강원도(江原道, 평해<平海>) 14명(선주 1, 격졸 13), 경상도(慶尙道) 10명(경주<慶州> 7, 연일[영일]<延日[迎日]> 2, 함양<咸陽> 1)이었고, 이 밖에 경기(京畿, 파주<坡州>)가 1명이었다.[22]

---

20) 李奎遠, 「欝陵島檢察日記・啓本草」.

21) 위와 같다. 「일기(日記)」와 「계본초(啓本草)」에는 본국인(本國人) 수(數) 조사에서 차이를 보이고 있다. 여기에서는 「계본초」에 따랐다.

22) 李奎遠, 「欝陵島檢察日記・啓本草」.

이들이 하고 있는 일도 조사하였다. 전라도에서 온 115명은 조선(造船)·채곽(採藿, 미역을 땀)·채어(採魚)에 종사하였다. 이들은 봄에 울릉도에 들어와 나무를 베어 배를 만든 뒤, 미역을 따고 고기를 잡으면서 전라도로 돌아가는 것이었다. 강원도에서 온 14명은 조선차(造船次)인 듯하고, 경상도에서 온 10명 중 8명(경주 7, 함양 1<전석규[全錫奎]>)과 경기도에서 온 1명(정이호<鄭二祜>)은 약을 캐고 있었으며, 경상도의 나머지 2명(연일<延日>)은 연죽(烟竹)을 베고 있었다.[23)]

일본인들이 무단 벌목하고 있는 사실도 확인하였다. 이규원(李奎遠)이 서면으로 문답한 바에 의하면, 이 일본인들은 2년 전(1880, 고종 17)부터 울릉도를 왕래하면서 나무를 베어 왔고, 도내(島內)의 일본인 수는 78명에 달하고 있었다. 이들은 1881년에 조선 정부가 일본 외무성으로 조회하여 벌목 금지를 촉구한 사실을 모르고 있었다. 이는 일본 정부가 조선 정부에 대한 약속과는 달리, 그 연해민들에게 울릉도 출입 금지를 지시하지 않았음을 반증하는 것이다. 이규원(李奎遠)은, 무단 벌목이 조선의 법금(法禁)을 어기는 것임을 들어, 조속히 돌아가도록 이들을 타일렀다.[24)]

이규원(李奎遠)은 이 밖에도 도방청포(道方廳浦, 도동<道洞>)에 일본인 소범선(小帆船) 1척이 정박하고 있으며, 도방청포에서 장작지포(長斫之浦, 사동) 사이에 일본인 결막(結幕) 2개가 있는 것도 직접 목격하였다. 또 통구미(桶邱尾) 해변에 '대일본국송도규곡(大日本國松島槻谷) 명치 2년 2월 13일(明治二年二月十三日) 암기충조(岩崎忠照) 건지(建之)'라고 쓰인, 그러니까 명치 2년, 즉 1869년(고종 6)에 세워진 길이 6척·너비 1척의 표목(標木)이 서 있는 것도 확인

23) 위와 같다.

24) 위와 같다.

하였다.[25]

이규원(李奎遠)은 배편으로 울릉도를 돌면서 각 포구는 물론 바위섬들도 고루 살폈다. 선판구미(船板邱尾)에 당도하여서는 그 남쪽으로 마주 바라보이는 죽도(竹島)를 확인하였다. 이 섬에는 작은 대와 잡초가 우거져 있었다. 그는 송죽도(松竹島), 혹은 우산도(芋山島)도 찾으려고 하였다. 성인봉(聖人峰) 정상에 올라간 것도 이 때문이었던 것 같다. 그러나 끝내 오늘의 독도인 이 섬을 찾아내는 데 실패하였다. 다만 이곳에 와 있는 사람들로부터 울릉도에 가까이 있는 섬이란 말만 들었을 뿐이었다.[26]

'경식처(耕食處)'도 자세히 조사하였다. 특히 이 섬의 중심지인 나리동(羅里洞)은 들이 넓고 기름져 밭을 일군다면 1,000호쯤을 수용할 수 있는 곳으로 지목하였다. 또 대황토구미(大黃土邱尾)·흑작지(黑斫之)·천년포(千年浦)·왜선창(倭船艙)·대저포(大苧浦)·소저포(小苧浦)·도방청(道方廳)·장작지(長斫之) 등에도 논밭을 일굴 수 있어, 각각 100~300호쯤 수용할 수 있는 것으로 꼽고 있다. 이 밖에도 산삼을 비롯한 많은 약재, 수우(水牛, 가지어<可支魚>) 등의 풍부한 해산물이 있으며, 뽕나무·닥나무·저초(苧草) 등이 자라고 있는 것도 확인하였다. 그는 이런 점들을 감안하여 울릉도를 충분히 개척할 수 있는 곳으로 판단하였다. 다만 사방이 절벽으로 둘러싸여 있어 배를 댈 수 있는 항구가 없는 것을 아쉬워하고 있었다.[27]

이규원(李奎遠)은 5월 11일 울릉도를 출발, 다음 12일 평해군(平海郡) 구산포(邱山浦)로 환박(還泊)하였고, 5월 27일 귀경하였다. 그

25) 위와 같다.

26) 위와 같다.

27) 위와 같다.

는 귀경하자 곧 서계(書啓, 복명서<復命書>)·별단(別單)·지도(地圖)를 올렸고, 이어 6월 5일 국왕에게 정식으로 복명(復命)하였다. 그는 이 자리에서 국왕의 물음에 답변하는 가운데, (1) 진(鎭)을 두든, 읍(邑)을 두든 그 적지는 나리동(羅里洞)이며, 개척을 할 경우, 현지에 있는 사람들에게 물어본 바에 의하면, 백성들이 즐겨 좇을 것이나 먼저 입주를 허락하여 그 모이는(취<聚>) 것을 보아 가면서 조처해야 한다는 것, (2) '교휼(狡譎)'한 일본인들이 심지어 '송도(松島)'라는 표목까지 세우고 있는 만큼, 일본공사(日本公使) 화방의질(花房義質)에게는 물론, 일본 외무성에 항의하여야 한다는 것 등을 건의하였다.[28]

국왕은 이런 이규원(李奎遠)의 건의를 받아들여, "비록 편토(片土)라고 버릴 수 없다"고 단언, 울릉도 개척을 결심하고 총리대신(總理大臣, 통리아문대신<統理衙門大臣>)과 시임대신(時任大臣, 현직 대신)에게 울릉도 개척을 서두를 것과 일본 정부에 항의할 것을 아울러 지시하고 있다.[29] 이미 국왕은 검찰사의 파견을 결정할 때부터 울릉도 개척을 계획하고 있었으며, 이규원(李奎遠)이 올린 서계·별단·지도를 통하여 개척이 가능하다는 사실을 알게 되었고, 다시 이규원(李奎遠)으로부터 직접 그것을 확인하게 됨에 이르러 그러한 결정을 내리게 되었던 것이다. 또 일본인의 무단 벌목과 '송도운운(松島云云)'의 표목도 국왕의 결정을 촉구하는 계기가 되었을 것이다.

국왕의 명에 따라 정부가 일본 외무성으로 조회(照會, 어떤 사실을 묻거나 알리기 위하여 보내는 공문)한 것은 이해(1882) 6월 중순이었다. 이규원(李奎遠)의 복명(復命)이 있은 지 10여 일, 임오군란(壬

---

28) 『承政院日記』, 高宗 19年 6月 5日; 李奎遠, 「鬱陵島檢察日記·啓本草」.
29) 위와 같다.

午軍亂)이 일어나 대원군(大院君) 이하응(李昰應)이 재집권한 지 며칠이 지나지 않아서였다. 예조판서 이회정(李會正)의 명의로 된 이 공함(公函)의 요지는 이미 일본 정부의 확약이 있었음에도 불구하고, 검찰사 이규원(李奎遠)이 시찰한 바에 의하면, 무단 벌채가 계속되고 있으므로 설법(設法) 엄방(嚴防)하여 잘못이 되풀이되지 않도록 하여 달라는 것이었다.[30]

일본 정부는 조선 정부의 항의를 받고서도 즉각 아무런 조치를 취하지 않았고, 회답조회(回答照會)도 보내오지 않았다. 이 무렵 일본 정부는 대원군(大院君) 피랍(被拉) 이후 재조직된 조선 정부에 대하여 일본공사관의 피습, 훈련교관의 피살 등에 대한 책임을 추궁하는 데 열중하고 있었다. 그러나 제물포조약(濟物浦條約)이 체결되어(7월) 이런 문제들이 마무리되었고, 이 조약의 비준을 위하여 일본에 건너갔던 수신사(修信使) 박영효(朴泳孝)가 벌목 문제를 다시 거론하게 되자, 일본 정부로서도 계속 천연할 수만 없게 되었다. 박영효는 제물포조약을 비준하는 자리에서(9월, 양 11월) 외무경(外務卿) 정상형(井上馨)에게,

> 만약 중단하여 금하지 않는다면 아마도 사단(事端)을 일으키게 될 것이므로, 청컨대 잠작(潛斫, 몰래 벌채함)을 엄금하라(若弭而不禁則恐惹事端 請嚴禁潛斫也).

고 강경하게 항의하였던 것이다.[31]

일본 외무경 정상형(井上馨)이 조선 정부의 항의에 대하여 그

---

30) 『承政院日記』 高宗 19年 6月 16日; 「啓下書契冊」 1, 禮曹判書遣外務省書; 李瑄根, 앞의 논문, 『大東文化研究』 1, pp.313~314.

31) 『修信使記錄』(「使和記略」, 高宗 19年 9月 22日); 李瑄根, 앞의 논문, 『大東文化研究』 1, p.314.

정부 수반과 협의를 시작한 것은, 아직 수신사 박영효(朴泳孝) 일행이 동경(東京)에 체류 중이던 10월 초순(양 11월 중순)이었다. 정상형(井上馨)은 태정대신 삼조실미(三條實美)에게 올리는 공한(公翰)에서, 조선 정부의 두 차례에 걸친 조회에도 불구하고 울릉도 도항(渡航)이 계속된다면 교제상으로도 좋지 않을 뿐 아니라 일본 정부의 금령이 국민들에게 미치지 않음을 보여 줄 염려마저 있다고 전제하고, 이어 다음과 같은 대책을 건의하고 있다.[32]

(1) 조선 정부에는 죽첨공사(竹添公使)를 시켜 금지시키겠다는 답서를 보내도록 하고, (2) 금후에는 위반하지 않도록 내무경(內務卿)으로부터 각 부현(府縣)에 유달(諭達)하도록 한다. 단, 조선과는 막 조약(제물포조약)을 비준하였고, 그 사절(使節)도 체경(滯京) 중이어서 이런 것들과 인연이 있는 것으로 알려지는 것은 좋지 않으므로, 유달문(諭達文)에는 해도(該島, 울릉도) 소속에 관한 조선 정부와의 의정년월(議定年月)을 적어 넣어 특히 금일에 정하여진 것이 아님을 증명하며, 유달의 내용은 단지 울릉도의 위치를 명시하여 도항을 금지한다는 것으로 그치고, 그 발표는 조선 사절이 돌아간 뒤에 한다. (3) 이 유달(諭達)에 위반, 울릉도에 이르러 밀매매(密賣買)를 하는 자는 일한무역규칙(日韓貿易規則) 제9칙에 의하여 처분하고, 수목(樹木)을 도벌(盜伐)하는 자는 일본 형법 제373조에 의하여 처분할 것인 바, 이 뜻을 사법경(司法卿)으로부터 각 재판소에 내훈(內訓)하도록 한다.

이런 외무경의 건의는 일본 정부의 방침으로 받아들여져 곧 몇 가지 조처가 취해졌다. 우선 외무경의 훈령에 따라 일본공사(日本公使) 죽첨진일랑(竹添進一郎)은 이해 12월(1883년 양 1월)에 예조판

32) 『日本外交文書』 15, 事項 10, 文書番號 158; 李瑄根, 앞의 논문, 『大東文化硏究』 1, pp.314~315.

서(禮曹判書) 이병문(李秉文)에게 조복(照復, 조회<照會>에 대한 회답)하여 벌목 금지를 약속하였다. 그 요지는 이미 금령을 내렸으므로 이후 범법자가 있으면, 조선 지방관이 색출, 부근의 일본영사관(領事官)에게 인도하여 줄 것이며, 이들은 조일수호조규·일본법률(朝日修好條規·日本法律)에 의거하여 징판(徵辦)할 것이라는 것이었다.[33]

이어 참사원(參事院)에서는 1883년(고종 20, 명치 16) 1월(양 2월)에, 외무경이 건의한 일본인의 울릉도도항금지안(欝陵島渡航禁止案, 유달문)을 심사하여 울릉도 도항을 금하며, 금령을 범하여 밀무역과 도벌(盜伐)을 하는 경우에는 무역규칙과 형법이 정하는 바에 의하여 처벌하는 것이 타당하다는 결정을 내렸다. 그리고 이런 참사원의 결정에 따라 태정대신 삼조실미(三條實美)는 이해 1월(양 3월) 일본인의 송도(松島, 울릉도) 도항(渡航)을 금하며, 위반자는 일한무역규칙 제9조와 형법에 의하여 처벌한다는 것을 내무경(內務卿) 산전현의(山田顯義)와 사법경(司法卿) 대목교임(大木喬任)에게 내달(內達)하였다.[34]

어쨌든 1883년 초에는 일본공사 죽첨(竹添)으로부터 벌목에 관한 금령을 내렸다는 조복(照復)이 있었고, 이어서 태정대신이 울릉도 도항금지령(欝陵島渡航禁止令)을 시달하였다. 그러나 실제 일본인의 울릉도 철수는 1883년 9월에 가서야 일단 이루어지고 있다. 그렇다고 그 뒤 일본인의 울릉도 왕래가 아주 끊긴 것은 아니었다. 천수환사건(天壽丸事件) 같은 것이 그러한 것이었다. 1883년 일본인의 울릉도 철수와 천수환사건 등에 대해서는 뒤에 다시 언급하기로 한다.

---

33) 『日本外交文書』 15, 事項 10, 文書番號 159; 李瑄根, 앞의 논문, 『大東文化研究』 1, pp.315~316.

34) 『日本外交文書』 16, 事項 10, 文書番號 125; 李瑄根, 앞의 논문, 『大東文化研究』 1, p.315.

Ⅱ. 개척과 수토제도의 폐지

앞에서 언급한 바와 같이, 국왕은 1882년(고종 19) 6월 5일 검찰사(檢察使) 이규원(李奎遠)이 복명하는 자리에서 울릉도 개척을 서두를 것을 총리대신(總理大臣, 통리아문대신<統理衙門大臣>)과 시임대신(時任大臣)에게 지시하였다. 이런 지시에 따라, 영의정(領議政) 홍순목(洪淳穆)은 8월 20일 차대(次對, 대신 등 조신<朝臣>들이 입시<入侍>하여 정무<政務>를 아뢰는 일)하는 자리에서 울릉도 개척에 관하여 (1) 우선 모민(募民) 개간(開墾)하되 5년부터 세를 걷도록 한다면 자연 취락(聚落)이 형성되어 갈 것이다, (2) 영남(嶺南)·호남(湖南)의 조선(漕船)을 울릉도에서 건조할 수 있도록 허락한다면 인총이 많이 모이게 될 것이다, (3) 관령(管領)하는 사람이 없으면, 여러 가지 폐단을 막기 어려우므로 건실하고 일할 만한 사람을 검찰사에게 문의하여 일단 도장(島長)으로 임명 파견한다, (4) 진(鎭)을 설치하는 것은 뒤로 미루되, 도장으로 하여금 이에 관한 대책을 미리부터 강구하도록 강원도관찰사에게 지시한다는 것 등을 상주하였다.[35)]

요컨대, 내륙인(內陸人)의 울릉도 입거(入居)를 적극 권장하고 영·호남(嶺·湖南) 조선(漕船)의 건조를 허락하되, 우선 도장(島長)을 임명 파견하며, 진(鎭)을 설치하는 일은 뒤로 미룬다는 것이었다. 이규원(李奎遠)이 복명(復命)하는 자리에서 건의한 바에 따르면

---

35) 『承政院日記』, 高宗 19年 8月 20日. 통리아문(統理衙門) 대신(大臣)이 울릉도(鬱陵島) 개척(開拓)에 관한 지시를 우선하여 받았지만 임오군란(壬午軍亂) 직후 통리아문이 폐지되었기 때문에 영의정이 울릉도 개척에 관한 상주(上奏, 왕에게 아뢺)를 하게 된 것 같다. 통리아문이 부설(復設)되는 것은 이해 11월이다.

서도 이를 좀더 구체화한 것이었다. 국왕은 이런 영의정의 건의를 즉시 윤허하였다.36) 이는 울릉도 개척에 관한 정부의 구체적 방침이 확정된 것임을 의미하는 것이다.

정부의 울릉도 개척 방침이 확정됨에 따라 이해(1882, 고종 19) 8월 말경에 처음으로 도장(島長)이 임명되었다. 강원도관찰사(江原道觀察使)의 발령이었는데, 이 첫 도장은 전석규(全錫奎)였다.37) 검찰사 이규원(李奎遠)의 「울릉도검찰일기 · 계본초(欝陵島檢察日記 · 啓本草)」에 의하면, 전석규(全錫奎, 석규 · 서일<錫圭 · 瑞日>)는 울릉도에 들어온 지 이미 10년이 된 경상도(慶尙道) 함양(咸陽)의 사족(士族) 출신으로 채약(採藥)에 종사하고 있었다. 그는 울릉도 지리에 익숙하여 사람이 살만한 곳과 각종 토산물을 샅샅이 알고 있었다. 그렇기 때문에 이규원(李奎遠)의 천거를 받아 도장으로 발탁되었던 것 같다.

이해(1882) 10월경에는 개척 사업을 주관할 지방관으로 평해군수(平海郡守)가 위촉되었다. 그리하여 평해군수는 강원도관찰사의 지휘하에 현지 사정에 밝은 도장(島長) 전석규(全錫奎)와 협의하면서 개척에 따른 여러 가지 준비를 추진하여 나갔다.38) 그러니까 울릉도 개척 사업은 우선 강원도관찰사 · 평해군수 · 울릉도장의 선에서 추진되었던 것이다.

그런데 1883년(고종 20) 3월에 이르러서는 정계의 실력자인 참의교섭통상사무(叅議交涉通商事務) 김옥균(金玉均)이 동남제도개척사겸포경등사(東南諸島開拓使兼捕鯨等事)에 임명됨으로써 개척 사업팀의 보강을 보게 되었다.39) 김옥균(金玉均)의 임무는 그 직함에서

---

36) 『承政院日記』, 高宗 19年 8月 20日.

37) 「江原監營關牒」(奎章閣 소장), 壬午 9月 初6日 到付.

38) 「江原監營關牒」, 壬午 10月.

도 시사하는 바가 있듯이, 울릉도의 자원과 동해의 고래잡이를 담보로 하여 일본으로부터 거액의 차관(借款)을 얻는 데 있었다고 한다.[40] 그러나 울릉도 개척·이민도 그의 주요한 임무의 하나가 아니었는가 한다. 그것은 그가 동남제도개척사겸포경등사로 임명된 지 얼마 안 되어 본토인들의 울릉도 입거가 실현되고 있는 것으로도 짐작할 수 있다.

내륙인들의 울릉도 입거(入居)가 시작된 것은 이해(1883) 4월경부터였다. 우선 이달에 약 30명의 입거가 있었다. 그리고 뒤이어 제2차로 약 20명의 입거가 있었다. 그리하여 두 차례에 걸쳐 입거한 숫자는 16호 54명에 달하였다. 출신 도별로는 강원(江原) 39(강릉<江陵> 26·울진<蔚珍> 13), 경상(慶尙) 11(안의<安義, 함양군[咸陽郡] 안의면[安義面]> 5·경주<慶州> 2·대구<大邱> 선산<善山> 연일<延日> 안동<安東> 각 1), 충청(忠淸) 3(충주<忠州>), 경기(京畿) 1명이었고, 남녀별로는 남 36, 여 18명이었다.[41]

제1차 입거 때는 배 4척, 선원 40명이 동원되었고, 목수·대장장이 수 명도 동행하였다. 벼·콩·조·팥 등의 씨앗과 쌀 60석·소(암수) 2마리 등을 비롯하여 여러 가지 물자도 지급되었다. 그 안에는 총검(銃劍)·화승(火繩, 총을 쏠 때 사용하는 화약 심지) 등도 포함되어 있었다.[42] 아마도 일본인에 대비하기 위해서였던 것 같다. 제2차 입거 때도 거의 비슷한 지원이 있었을 것이다.

이들 16호 54명의 입거인들은 대황토포(大黃土浦, 태하 16명)·곡

---

39) 『承政院日記』, 高宗 20年 3月 16日.

40) 李光麟, 『開化黨研究』(一潮閣, 1973), pp.59~60.

41) 「光緖 9年 4月 日 欝陵島開拓時船格糧米雜物容入假量成冊」(奎章閣 소장); 「光緖 9年 7月 日 江原道欝陵島新入民戶人口姓名年歲及田土起墾數爻成冊」(奎章閣 소장).

42) 「光緖 9年 4月 日 欝陵島開拓時船格糧米雜物容入假量成冊」.

포(谷浦, 남양 5명)·추봉(錐峰, 송곳산 8명)·현포동(玄浦洞, 현포 25명) 등지로 흩어져 터전을 잡고 개간과 영농에 종사하였다. 그 결과 입거가 시작된 지 약 3개월이 지난 7월에 이르러서는 310두락(斗落, 대황토포 100·곡포 45·추봉 80·현포동 85두락)의 농토를 개간하게 되었다.[43] 그것은 정부의 지원에 힘입은 것이기도 하지만, 입거인들의 노력에 의하여 개척이 빠른 속도로 이루어져 가고 있음을 말하여 주는 것이다.

이미 앞에서 언급한 바와 같이, 일본공사 죽첨진일랑(竹添進一郎)은 조선 정부에 조회(照會)하여 울릉도에 있는 일본인의 철수를 약속하였고, 이어 일본 정부 태정대신 삼조실미(三條實美)는 일본인들의 울릉도 왕래를 금하며 위반자는 처벌하겠다는 내달(內達)을 내무경(內務卿)과 사법경(司法卿)에게 보낸 바 있다. 그러나 이런 약속이나 내달에도 불구하고 일본인의 울릉도 왕래는 계속되었다. 태정대신의 내달이 있었던 1월(1883, 양 3월) 중에도 복강현(福岡縣)의 조뢰암평(早瀨岩平) 등 80여 명이 울릉도에 잠입하여 수목과 어류를 밀채(密採)하고 있었다. 그리고 이 무렵부터 일본 연해 각 현으로부터 잠입하는 자가 잇달아, 그 숫자는 산구현(山口縣)의 사족(士族) 송강(松岡) 등의 수십 명을 합쳐 모두 수백 명을 헤아리게 되었다.[44]

사태가 이에 이르러서는 일본 정부로서도 어떤 대책을 강구하지 않을 수 없게 되었다. 조선 정부에게 신의를 잃는 것은 물론, 장차 조선 정부에서 항의를 해올 경우 매우 난처한 입장에 빠지게 될 것을 염려하였던 것이다. 외무경 정상형(井上馨)은 우선 원

43) 「光緒 9年 7月 日 江原道鬱陵島新入民戶人口姓名年歲及田土起墾數爻成冊」.

44) 『日本外交文書』 16, 事項 10, 文書番號 126·127·128; 『善隣始末』, 附錄 「竹島始末」.

산주재영사(元山駐在領事) 부전절(副田節)에게 지시하여 조뢰암평(早瀨岩平) 등 80여 명을 조속히 철수시킬 것임을 덕원부사(德源府使) 정현석(鄭顯奭)에게 약속하였다. 이어 조뢰(早瀨)·송강(松岡) 등의 원적지(原籍地)인 복강현(福岡縣)·산구현(山口縣)에 이들의 조속한 철수를 지시하였다. 그러나 울릉도에 와 있는 일본인의 대부분은 원적지를 밝히기 어려웠으므로, 정상형(井上馨)은 내무성에서 관원을 파견하여 이들을 철수시킬 것을 태정대신에게 건의하였고, 이에 따라 태정대신은 이해(1883) 8월 초순(양 9월 초순) 일본인의 철수를 내무성에 지시하였다.[45]

일본 내무성에서 울릉도로 관리를 파견한 것은 8월 하순(양 9월 하순)이었다. 내무성서기관(內務省書記官) 회원직기(檜垣直技)와 수원(隨員)·순검(巡檢) 등 모두 31명이었다. 이들은 기선 월후환(越後丸)에 탑승, 8월 27일(양 9월 27일) 품천(品川)을 출발, 9월 7일(양 10월 7일)에 울릉도에 도착하였다. 이들은 도내(島內)의 일본인을 조사 점검하고 모두 타고 온 기선 월후환에 싣고 9월 14일(양 10월 14일) 울릉도를 출발, 15일 마관(馬關)으로 돌아갔다. 이들은 떠나기에 앞서 도장(島長) 전석규(全錫奎)로부터 단 1명의 유류자(遺留者)도 없다는 증서를 받기도 하였다. 또 원산주재영사 부전절(副田節)은 9월 9일(10월 9일)자로 덕원부사 정현석(鄭顯奭)에게 조회하여 장차 일본 정부에서 관리를 파견, 울릉도의 일본인을 체포 처벌할 것임을 알려오기도 하였다.[46] 월후환이 울릉도에 도착한 뒤의 일이었다.

일본 내무성 관리들이 울릉도에서 쇄환(刷還)한 일본인 수는

---

45) 위와 같다.

46) 『日本外交文書』 16, 事項 10, 文書番號 130·131·133; 『善隣始末』, 附錄 「竹島始末」.

255명에 달하였다. 이 안에 송강(松岡) 등 산구현(山口縣) 출신 수십 명이 포함되어 있었는지 확실하지 않다. 그러나 복강현(福岡縣) 출신 조뢰(早瀨) 등 80여 명은 당해 현에서 별도로 쇄환한 것으로 생각된다. 그러므로 송강(松岡) 등 수십 명이 255명 내에 포함되었다고 하더라도, 이 무렵에 울릉도에서 수목이나 어류를 밀채하던 일본인은 330여 명에 달하였음을 알 수 있다.[47] 검찰사 이규원(李奎遠)이 조사하였을 때의 78명에 비하여 약 4.3배의 증가를 보이고 있는 것이다.

쇄환된 255명 중 243명은 산구현(山口縣), 3명은 병고현(兵庫縣)으로 인도되었고 9명은 경시청(警視廳)으로 인도되었다. 조뢰(早瀨) 등 80여 명은 복강현(福岡縣)으로 인도되었을 것이다. 이들은 당해 재판소에서 재판을 받았다. 이 재판은 1886년(고종 23, 명치 19)까지 계속되었다. 조선 정부로부터도 여러 차례에 걸친 요구가 있었으므로 이들에 대한 재판은 불가피한 것이었을 것이다. 그러나 그 결과는 조선 정부와의 약속이나 요구와는 달리 모두 무죄로 방면되었다.[48]

다시 돌이켜보면 19세기로 들어와 일본인의 울릉도에서의 범작(犯斫, 무단 벌목)이 조선・일본 정부 간에 외교 문제화된 것은 1881년(고종 18, 명치 14)부터였다. 이래 조선 정부에서는 여러 차례 공함(公函)을 보내어 일본인들의 철수를 요청하였다. 그러나 그때마다 일본 정부는 철수시킬 것을 약속하면서도 시일을 천연하여 왔다. 그러기를 2년, 1883년(고종 20, 명치 16) 9월에 이르러 울릉도의 일본인이 완전 철수함으로써 조일 양국 정부 간의 외교

---

47) 『日本外交文書』 16, 事項 10, 文書番號 132・133; 『善隣始末』, 附錄 「竹島始末」.

48) 위와 같다; 『舊韓國外交文書』 日案 1, 文書番號 204・277・316・479.

현안이었던 울릉도 범작 문제(欝陵島 犯斫 問題)가 일단 해결을 보게 되었던 것이다.

그러나 1883년 9월 이후에도 일본인의 울릉도 왕래는 간헐적으로 있었다. 천수환사건(天壽丸事件) 같은 것이 그것이다. 일본 애원현(愛媛縣)의 촌상덕팔(村上德八) 등이 1883년 말에 천수환(天壽丸)을 이용, 울릉도로 미곡을 반출하고 그곳의 목재를 싣고 돌아온 바 있다. 그는 울릉도장(欝陵島長) 전석규(全錫奎)가 발행한 증표(證票)도 가지고 있었다. 마침 일본에 체류 중이던 동남제도개척사(東南諸島開拓使) 김옥균(金玉均)은 일본인들이 계속 울릉도의 수목을 범작(犯斫) 투운(偸運, 밀반출)하고 있다는 정보에 따라 이해 12월 초에 수원(隨員) 탁정식(卓挺埴)을 시켜 조사케 하였던 바, 탁정식(卓挺埴)은 마관(馬關)에서 천수환을 찾아냈고 촌상(村上) 등으로부터 이런 사실을 확인하게 되었던 것이다.[49]

조선 정부가 김옥균(金玉均)으로부터 천수환사건을 보고받은 것은 1884년 초(고종 20년 음 12월)였다.[50] 이에 정부에서는 증표를 발행한 도장 전석규(全錫奎)를 1월 11일자로 파면 조처하였다.[51] 한편 이 날짜로 독판교섭통상사무(督辦交涉通商事務) 민영목(閔泳穆) 명의의 공함(公函)을 일본 서리공사 도촌구(嶋村久)에게 보내어 항의하고 촌상(村上) 등을 처벌할 것과 목재를 동남제도개척사에게로 돌려보내 줄 것을 요청하였다.[52] 이 사건은 양국 간의 오랜 교섭 끝에, 1886년(고종 23) 6월에 이르러, 일본 정부가 촌상(村上)에게 벌금을 부과하고 이 벌금과 목재 공매 대금을 조선 측에 보

49) 『善隣始末』, 附錄 「竹島始末」.

50) 『舊韓國外交文書』 日案 1, 文書番號 204; 『善隣始末』, 附錄 「竹島始末」.

51) 『承政院日記』, 高宗 21年 正月 11日.

52) 주 50)과 같다.

내옴으로써 결말을 보게 되었다.[53]

1885년(고종 22)의 만리환사건(萬里丸事件)은 천수환사건과는 또 다른 경우였다. 일본에 건너가 차관을 교섭 중이던 동남제도개척사 김옥균(金玉均)은 울릉도 규목(槻木, 느티나무)을 벌채하여 일본에 판매하는 계획을 추진하였다.[54] 이에 따라 김옥균의 수원 백춘배(白春培)는 1884년 8월 만리환(萬里丸) 선장 도변말길(渡邊末吉)과 규목 반출 계약을 체결하였다. 그런데 그동안 김옥균(金玉均)은 갑신정변(甲申政變, 1884년 10월)을 주도하다 일본으로 망명했고, 공석이 된 개척사(開拓使)에는 전 검찰사 이규원(李奎遠)이 임명되었다(1885년 초, 고종 21년 음 12월).[55] 한편 만리환선장 도변(渡邊)은 1885년 봄에 울릉도로 가서 규목을 싣고 4월에 신호항(神戶港)으로 돌아갔다.[56] 이 만리환의 규목 반출이 조일 양국 간에 외교 문제로 대두하였던 것이다.

갑신정변 뒤처리 문제를 마무리 지으려 1885년 초에 일본에 건너갔던 전권대신 서상우(徐相雨), 부대신 묄렌돌프(Möllendorff, Paul George von)는 울릉도의 목재 관리를 신호(神戶)의 한 독일상회에 위탁했다. 전권 일행은 바로 이 독일상회로부터 만리환이 울릉도에서 '도탈(盜奪)'한 규목을 싣고 신호항(神戶港)에 도착했다는 제보를 받았다. 이에 묄렌돌프는 외무경 정상형(井上馨)에게 만리환의 도탈을 항의하고 목재의 압류를 요청하였으며, 통리교섭통상

53) 『舊韓國外交文書』 日案 1, 文書番號 207・277・278・293・316・438・604・702; 『善隣始末』, 附錄 「竹島始末」.

54) 『尹致昊日記』(國史編纂委員會, 1973) 1, 1884年 2月 15日.

55) 『承政院日記』, 高宗 21年 12月 17日; 『舊韓國外交文書』 日案 1, 文書番號 483.

56) 『舊韓國外交文書』 日案 1, 文書番號 728; 『日本外交文書』 18, 事項 7, 文書番號 98; 19, 事項 6, 文書番號 116.

사무아문(統理交涉通商事務衙門)에서도 일본대리공사 근등진서(近藤眞鋤)에게 공함을 보내어 같은 요청을 하였다. 이 사건은 1887년(고종 24)에 이르러 일본 측에서 목재 공매 대금을 교부하겠다는 공함을 조선 측에 보내옴으로써 매듭지어졌다.[57)]

울릉도를 개척함에 있어서는 계속 내륙인을 입거시키고 경지도 개간하지 않으면 안 되었다. 그리고 이를 주관할 관원의 배치도 필요하였다. 1882년(고종 19) 8월부터 도장(島長)이 임명되기는 하였으나 강원도관찰사의 발령이었고 이정(里正)이나 보갑(保甲)과 같은 것이어서 관수(管守, 맡아 지키는 관원<官員>)의 권한을 가지고 있지 않았다.[58)] 그런데 그 도장 전석규(全錫奎)마저 천수환사건과 관련, 파면(1884년 1월)되었던 것이다.

이에 정부에서는 1884년(고종 21) 3월에 삼척영장(三陟營將)으로 하여금 현지를 답사하여 관수가 입주(入駐)할 수 있는 방도를 강구케 하는 한편, 그 배설(排設)에 관한 것은 강원도관찰사로 하여금 조처토록 할 것과 관수의 직명은 울릉도첨사겸삼척영장(欝陵島僉使兼三陟營將)으로 발령할 것을 결정하였다.[59)] 이 울릉도첨사제는 비록 겸임이라 상주하는 것은 아니지만, 정부 관원의 배치가 제도적으로 뒷받침되었다고 하는 점에서 중요한 의미가 있는 것이었다.

울릉도관수(欝陵島管守)에 관한 제도는 그 뒤 몇 차례의 변경이 있었다. 이해(1884) 6월에는 삼척영장이 예겸(例兼, 관제상 정해진 겸직<兼職>)하던 것을 바꾸어 평해군수(平海郡守)가 예겸하게 되었

57) 『舊韓國外交文書』 日案 1, 文書番號 479・480・597・732・866・885・886; 『日本外交文書』 18, 事項 7; 19, 事項 6.

58) 『舊韓國外交文書』 日案 1, 文書番號 204.

59) 『高宗實錄』, 高宗 21年 3月 15日.

다.[60] 그런데 1888년(고종 25) 2월에 이르러서는 첨사제(僉使制)를 도장제(島長制)로 바꾸어, 평해군(平海郡) 삼척포진관(三陟浦鎭管) 월송포수군만호(越松浦水軍萬戶)가 도장(島長)을 예겸하게 되었다.[61] 비록 예겸이기는 하지만, 이제 종래의 도장제와는 달리 종4품의 정부 관원으로 임명하게 된 것이었다.[62] 그리고 첫 도장에는 전 도장 서경수(徐敬秀)가 임명되었던 것 같다.[63]

겸임도장(兼任島長)을 임명하는 1888년(고종 25)부터 울릉도 경영에 변화가 일기 시작하였다. 종래의 도장을 없애는 대신 가도장(假島長) 혹은 도수(島首)를 두게 된 것도 변화의 하나였다.[64] 그런데, 수토제도에는 더욱 커다란 변화가 있었다. 수토제도는 이미 이 이전부터 얼마만큼 바뀌어지고 있었다. 종래 삼척영장과 월송포만호가 하던 것을 평해군수와 월송포만호가 하게 된 것이 그것이었다. 그 시기는 평해군수가 울릉도첨사(鬱陵島僉使)를 예겸(例兼)하게 되는 1884년(고종 21) 이후였을 것이다. 그런데 1888년(고종 25)부터는 겸임도장이 전담하게 되었고, 그것도 종래처럼 몇 해를 격해서 실시하는 것이 아니라 수시로 왕래하는 것이었다.[65] 이래 겸임도장은 매년 울릉도를 수토하고 있으며, 그때마다 종래

60) 『高宗實錄』, 高宗 21年 6月 30日.

61) 『承政院日記』, 高宗 25年 2月 6·7日.

62) 월송포수군만호(越松浦水軍萬戶)의 품계(品階)는 종4품이었다(『大典會通』 4, 兵典 外官職 江原道).

63) 이해(1883) 3월 서경수(徐敬秀)가 월송포수군만호(越松浦水軍萬戶)로서 울릉도(鬱陵島)를 검찰하고 있는 것으로 짐작할 수 있다(「江原道關草」, 丁亥 5月 22日·戊子 7月 10日).

64) 「江原道關草」, 戊子 7月 10日·庚寅 8月 10日.

65) 「江原道關草」, 壬辰 12月 9日·癸巳 3月 12日; 『承政院日記』, 高宗 25年 2月 6·7日.

의 예처럼 도형(圖形)과 토산물(土産物)을 바쳤던 것은 물론, 신구호수(新舊戶數)・남녀인구(男女人口)・개간면적(開墾面積)을 보고하고 있다.[66] 이는 1888년 이후 정부의 울릉도 개척 사업이 더욱 적극적으로 추진되어 갔음을 말하여 주는 것이다.

겸임도장(兼任島長)이 매년 울릉도를 수토하였을 뿐 아니라, 중앙 혹은 지방의 관원을 울릉도로 파견하여 개척 사업을 점검하기도 하였다. 국왕의 각별한 지시에 의한 것이었다. 그리하여 1892년(고종 29)에는 선전관(宣傳官) 윤시병(尹始炳)을 울릉도검찰관(鬱陵島檢察官)으로 임명 파견하였다.[67] 이어 1893년(고종 30)에는 평해군수 조종성(趙鍾成)을 수토관(搜討官)에 임명 파견하였으며, 1894년(고종 31)에도 조종성(趙鍾成)을 사검관(査檢官)에 임명 파견하였던 것 같다.[68]

정부에서는 울릉도민에게 양곡을 지원하기도 하였다. 울릉도는 조・서재(鳥・鼠災, 새나 쥐로 인한 재해)가 심하였던 것 같다. 1888년(고종 25) 7월 겸임도장 서경수(徐敬秀)의 수토보고서(搜討報告書)에 "금년은 조・서재가 없어서 실제 흉년을 면하였다"고 한 것은 바로 이런 사정을 말하여 주는 것이다.[69] 그런데 그 뒤 울릉도는 심한 서재(鼠災)를 입게 되었다. 도장 서경수(徐敬秀)의 보고를 접한 정부는, 영의정 심순택(沈舜澤)이 국왕에게 건의한 바에 따라, 삼척・울진・평해(三陟・蔚珍・平海) 3읍(邑)의 환곡(還穀) 중 300석을 떼어 울릉도에 지급하였는데, 이로써 도민들은 위기를 넘길 수가 있었다.[70] 지금 울릉도에 있는 휼진기념비(恤賑記念碑)의 건립

66) 「江原道關草」, 戊子 7月 10日・己丑 7月 17日・庚寅 7月 19日・辛卯 8月 16日・壬辰 7月 14日.

67) 「江原道關草」, 壬辰 2月 1日・8月 28日.

68) 「江原道關草」, 壬辰 12月 9日, 癸巳 3月 12日・9月 20日・11月 8日.

69) 「江原道關草」, 戊子 7月 10日.

연대가 '경인(庚寅, 1890, 고종 27)' 4월로 되어 있고 도장 서경수(徐敬秀)가 1889년에 상경한 듯한 것을 감안한다면,[71] 정부에서 양곡을 지원한 것은 1889년 말이거나 1890년 초였을 것으로 추정된다.

정부에서는 울릉도민에 대하여 부세(賦稅)·요역(徭役)을 감면하였다. 내륙인의 입거와 개간을 장려하기 위한 것이었다. 이런 방침은 이미 앞에서 언급한 바와 같이, 개척이 시작되는 1882년(고종 19)에 결정된 것이었으나 그 기간은 5년으로 제한되어 있었다. 그런데 그 뒤에도 계속 부세와 요역이 면제되었다.[72] 다만 울릉도에서는 호남인으로부터 곽세(藿稅)와 조선세(造船稅)를 거두었을 뿐이었다.[73] 이런 부세나 요역의 면제 조처도 울릉도를 개척하는데 크게 기여하였을 것이다.

울릉도에는 평해군(平海郡)으로부터 이교(吏校, 지방 관아의 하리<下吏>·장교<將校>)들이 배치되고 있었다. 그 시작은 평해군수가 울릉도첨사를 예겸하게 되는 1884년(고종 21)경부터가 아니었을까 한다. 이 이교들은 도민으로부터 주재비조(駐在費條)로 콩이나 보리를 거두었는데, 뒤에 가서는 그것이 커다란 민폐(民弊)가 되고 있었다. 또 도민(島民)들 중에는 외국인과 짜고 곡물을 외국으로 반출하여, 가뜩이나 부족한 식량 사정을 더욱 어렵게 하는 사례도 있었다. 이에 정부에서는 1894년(고종 31) 초에 평해군과 울릉도에 관문(關文, 상관이 하관에게 보내는 공문)을 보내어 불법 이교배(吏校輩)와 잠상배(潛商輩)를 체포 압송할 것과 이교배 배치의 폐지를

---

70) 崔南善, 「鬱陵島와 獨島」, 『六堂崔南善全集』 2(高麗大學校 亞細亞問題研究所, 1973), p.695; 禹用鼎, 「欝島記」.

71) 울릉도(欝陵島) 태하동(台霞洞) 소재, 「領議政沈公舜澤恤賑永世不忘碑」; 「江原道關草」, 己丑 7月 17日.

72) 「江原道關草」, 甲午 正月 7日.

73) 禹用鼎, 「欝島記」.

지령하기도 하였다.74)

1882년(고종 19)부터 울릉도 개척이 시작되었고 1888년(고종 25) 이후 더욱 개척에 힘쓴 결과 1894년(고종 31)을 전후하여서는 제법 많은 민호(民戶)가 입거하게 되었고, 농지도 상당히 개간되고 있었다. 처자를 거느린 일본인(백수길병위<白水吉兵衛>)이 입적(入籍)을 원하기도 하였다(1888).75) 그리하여 1896년(건양 원년) 9월경에 울릉도에서 작성한 통계에 의하면, 도내 동리 수는 11동(저포동 · 도동 · 사동 · 장흥동 · 남양동 · 현포동 · 태하동 · 신촌동 · 광암동 · 천부동 · 나리동), 호구 수는 277호 1,134명(남 662 · 여 472), 개간농지는 4,774.9두락에 이르고 있다.76) 1883년(고종 20) 첫 입거(入居) 당시의 16호 54명, 310두락과 비교한다면, 호구는 17배, 인구는 21배, 농지는 15.3배의 증가를 보이고 있는 것이다.

이처럼 1894년(고종 31)을 전후하여 민호와 농지가 불어나는 등 울릉도 개척에 상당한 성과를 거두게 되었으므로 종래 실시하여 오던 수토제도(搜討制度)를 폐지하는 대신 전임도장제(專任島長制)를 실시하는 것이 바람직하게 되었다. 그리하여 정부에서는 우선 1895년 1월(고종 31년 음 12월)에 경상도위무사(慶尙道慰撫使) 이중하(李重夏)의 건의에 따라 강원도(江原道) · 경상도(慶尙道)의 울릉도 수토선격(搜討船格, 선격은 격군<格軍> 또는 선부<船夫>) · 집물(什物, 세간살이)의 폐지를 결정하였다.77) 그것은 물론 울릉도 수토제도 자체의 폐지를 의미하는 것이었다. 수토의 기원을 삼척첨사

---

74) 주 72)와 같다.

75) 「江原道關草」, 戊子 11月 28日, 己丑 8月 6日.

76) 『독립신문』, 건양 2년 4월 8일 외방통신.

77) 『高宗實錄』, 高宗 31年 12月 27日.

장한상(張漢相)이 다녀온 1694년(숙종 20)으로 칠 때, 실로 198년만의 일이었다.

울릉도 수토제도를 폐지한 이상 전임도장(專任島長)을 두는 것은 당연한 순서였다. 그리하여 정부에서는 1895년(고종 32) 1월(양 2월)에 내부대신(內部大臣) 박영효(朴泳孝)의 건의에 따라 월송포만호(越松浦萬戶)의 울릉도장(鬱陵島長) 겸임을 감하(減下, 감원<減員>)하고 대신 전임도장을 두어 도무(島務)를 관령(管領)하게 하였다. 이와 함께 매년 수차 배를 보내어 도민의 질고(疾苦)를 물을 것도 결정하고 있다.[78] 그러나 이 전임도장에 누가 임명되었는지 알 수 없다. 적어도 『관보(官報)』에는 게재되어 있지 않다. 농민전쟁(農民戰爭)·청일전쟁(淸日戰爭) 등으로 치안 상태가 대단히 혼란한 때였으므로 미처 도장을 임명 파견할 겨를이 없었을지도 모른다. 그런데 이해(1895) 8월(양 10월)에는 내부대신 박정양(朴定陽)의 건의에 따라 도장제(島長制)가 도감제(島監制)로 바뀌었고, 도감(島監)에 울릉도인(鬱陵島人) 배계주(裵季周)가 임명(9월 20일)되었다. 판임관(判任官) 대우였다.[79] 배계주(裵季周)는 인천(仁川) 영종도(永宗島) 출신으로 개척 초에 입거한 사람이었다.[80]

수토제도(搜討制度)의 폐지와 이에 이은 도장(감)제(島長<監>制)의 실시는 고종조(高宗朝)의 울릉도 경영상 획기적인 의미를 갖는 것이었다. 그러나 도장(감)은 아직 지방관제(地方官制)에 편입된 것이 아니었다. 울릉도가 지방관제에 편입되는 것은 광무(光武)연간으로 들어가서였다.

---

78) 『高宗實錄』, 高宗 32年 1月 29日; 『官報』, 開國 504年 正月 29日.

79) 『高宗實錄』, 高宗 32年 8月 16日; 『官報』, 開國 504年 8月 16日·9月 20日.

80) 「駐韓日本公使館記錄」, 本省機密往信(明治 33年), 機密 第133號.

6

울릉도의 지방관제 편입과 석도

조선 정부가 부호군(副護軍) 이규원(李奎遠)을 울릉도검찰사(欝陵島檢察使)에 임명한 것은 1881년(고종 18) 여름, 울릉도(欝陵島)로 파견한 것은 1882년(고종 19) 여름이었다. 그리고 그의 조사 보고에 따라 울릉도 개척 방침을 확정짓고 1883년(고종 20) 여름부터 민호(民戶)를 이주시키기 시작했다. 개척은 급속도로 이루어져 갔다. 그리하여 1895년 초에는 약 2세기 간에 걸쳐 실시해 오던 수토제도(搜討制度)를 폐지(고종 31년 12월)하는 대신 전임도장제(專任島長制)를 실시(고종 32년 1월)하게 되었다.

이 고종조(1864~1907)에 있어서의 울릉도 경영은 1895년 초를 기준으로 하여 수토제도의 폐지까지를 전기(제1기)로, 전임도장제의 실시 이후를 후기(제2기)로 나눌 수 있다. 전기는 개척사업의 적극적인 추진과 이에 따른 수토제도의 폐지에 그 특징이 있다고 할 수 있다. 이에 대하여 후기는 개척의 성과를 바탕으로 한 지방관제에의 편입-지방관의 파견-과 독도(獨島)에 대한 영토로서의 재확인에 그 특징이 있다고 할 수 있을 것이다. 그리고 일본의 울

릉도 침략이 본격화되고 '량고도(リヤンコ島, 독도)'를 그 영토로 편입시키는 것도 이 시기에 있었던 일들이다.

본 논고에서 검토하려는 것은 바로 후기, 즉 지방관제 편입과 독도에 대한 영토로서의 재확인에 관한 것이며, 편의상 이를 (1) 시찰위원(視察委員) 우용정(禹用鼎)의 파견, (2) 지방관제 편입과 석도(石島)로 나누어 살피고자 한다. 울릉도 경영의 전기, 즉 개척과 수토제도의 폐지에 관해서는 이미 간단한 논고를 발표한 바 있다.[1] 또, 일본의 울릉도 침략과 '량고도(島)' 편입, 이와 관련된 울도군수(鬱島郡守) 심흥택(沈興澤)의 보고서(報告書) 등도 필요에 따라 언급할 것이지만, 구체적인 검토는 다음 기회로 미룬다.

본고를 정리함에 있어서는 기왕의 연구 성과에 힘입은 바 적지 않았다. 그 중에서도 최남선(崔南善) 선생이 발굴한 것으로 짐작되는 울릉도시찰위원(鬱陵島視察委員) 우용정(禹用鼎)의 「울도기(鬱島記)」[2]는 지방관제에의 편입 문제를 살피는 데 큰 도움이 되었고, 고(故) 방종현(方鍾鉉) 교수의 울릉도 기행문 「독도(獨島)의 하루」[3]는 석도와 독도와의 관계를 밝히는 데 있어 시사받은 바가 컸다.

Ⅰ. 시찰위원 우용정(禹用鼎)의 파견

고종조(高宗朝)에서 울릉도(鬱陵島) 개척에 관심을 기울이기 시작한 것은 검찰사(檢察使) 이규원(李奎遠)의 파견을 결정하는 1881

---

1) 이 책, pp.133~163 참조.

2) 高麗大學校附設 亞細亞問題硏究所 소장(六堂文庫).

3) 『京城大學豫科新聞』 13호(1947); 方鍾鉉, 『一簑國語學論集』(民衆書館, 1963), pp.568~572.

년(고종 18)부터였고, 그가 다음해 울릉도를 다녀오면서 개척 사업이 적극적으로 추진되었다. 그 결과 1894년을 전후해서는 민호(民戶)와 농지(農地)가 크게 불어나게 되었으므로, 종래 실시되어 오던 수토제도(搜討制度)의 폐지와 함께 전임도장(專任島長)의 배치가 요청되었다.[4]

그리하여 정부에서는 1895년 초(1월, 고종 31년 12월)에 근 2백년간 계속되어 오던 수토제도를 폐지하였고, 곧이어(2월) 전임도장을 두어 도무(島務)를 관령(管領)하도록 하였다. 그런데 도장제(島長制)는 다시 도감제(島監制)로 바뀌었고(8월), 도감에는 울릉도인(鬱陵島人) 배계주(裵季周)가 임명되었다. 판임관(判任官) 대우였다. 그는 인천(仁川) 영종도(永宗島) 출신으로 개척 초에 입거(入居)한 사람이었다.[5]

수토제도의 폐지와 이에 이은 전임도장·도감제의 실시는 조선 정부의 울릉도 경영상 획기적인 의미를 갖는 것이었다. 그러나 도감은 지방관제에 편입된 것이 아니었다. 도감은 울릉도인으로 임명되었으며, 비록 판임관 대우라고는 하지만 정부에서 지급하는 월봉(月俸)도 없었고, 그 수하에는 단 한 사람의 하인도 없었다.[6] 그러니까 도감제는 자치적 성격을 띠는 것이었다.

울릉도가 지방관제에 편입되는 것은 광무(光武)연간으로 들어와서였다. 즉, 1898년 5월에 광무2년 칙령(勅令) 제12호로 지방관제(1896, 건양 원년 칙령 제36호)를 개정하여 울릉도에 도감을 두고 판임관으로 대우하도록 한 것이 그것이다.[7] 그러나 도감은 아직 본

---

4) 이 책, pp.162~163 참조.

5) 위와 같다.

6) 『독립신문』, 光武 元年 10月 12日, 외방통신.

7) 「勅令」(奎章閣 소장), 光武 2年 5月 26日.

토인(울릉도민) 중에서 임명하는 것이었다.[8] 여전히 월봉도 없었고, 그 수하에는 단 한 사람의 서기나 사환도 없었다.[9] 명목상 지방관제에 편입되었을 뿐 그 자치적 성격에는 변함이 없었던 것이다.

중앙으로부터 지방관이 파견되는 등, 울릉도가 실질적으로 지방관제에 편입되는 것은 1900년(光武 4)에 내부시찰관(內部視察官) 우용정(禹用鼎) 등이 이 섬을 다녀온 뒤의 일이다. 우용정(禹用鼎) 등을 파견한 것은 호구·농지 등 도세(島勢)를 조사하기 위해서이기도 하였지만, 일본공사관원(日本公使館員)과 같이 현지 일본인의 작폐(作弊)를 조사하고 이들을 퇴거시키기 위해서였다.

17세기 말(1696, 숙종 22, 원록 9) 일본 막부(幕府)의 도해금지령(渡海禁止令)에 따라 잠잠해졌던 일본인의 울릉도 침어(侵漁)가 재개되는 것은 19세기 중엽(막부 말, 명치 초)부터였던 것으로 보인다. 이 일본인들은 울릉도의 규목(槻木, 느티나무)을 '범작(犯斫, 무단 벌목)'하여 '투운(偸運, 밀반출)'하고 있었다. 그리고 이러한 사실은 1880년대로 들어서면서 조선 측 수토관(搜討官)과 검찰사(檢察使, 이규원<李奎遠>)에 의하여 적발되었다. 이에 정부는 여러 차례에 걸쳐 일본 측에 서계(書契)를 보내어 항의하고 일본인들의 철수를 요청하였다.[10]

일본 정부는 조선 측의 요구에 따라 1883년(고종 20) 9월에 울릉도에 있는 일본인들을 모두 철수시켰다. 이래, 천수환사건(天壽丸事件, 1883. 12월)·만리환사건(萬里丸事件, 1885. 4월) 등, 일본인에 의한 울릉도 목재의 투운은 간헐적으로 있었지만, 범작은 당분간 끊기게 되었다.[11] 그러나 그 대신 1888년(고종 25)부터는 전복[鰒]

---

8) 위와 같다.

9) 禹用鼎, 「鬱島記」.

10) 이 책, pp.134~141, 146~149 참조.

을 채취하는 일본 어민(漁民)들의 울릉도 연안 출몰이 시작되었다.[12] 처자를 거느린 일본 어민 1명이 울릉도 입적(入籍)을 원한 것도 이해의 일이었다.[13]

특히 1889년(고종 26) 여름에는 전복을 채취하는 대규모의 일본 어선단(漁船團)이 들어와 크게 소요를 일으킨 사건이 발생하였다. 어부 186명, 어선 24척으로 구성된 이 어선단은 도방포(道傍浦, 도동<道洞>)에 사기그릇 등의 상품을 쌓아놓고 이를 곡물과 교환하기도 하였고, 장흥동(長興洞) 등지에서는 도민(島民)이 가꾸어 놓은 조[옥출(玉秫)] 약 16석(石) 분을 절취해 갔으며, 관고(官庫)와 민가(民家)를 때려 부수는 등의 행패도 부렸다. 이 사건은 마침 울릉도를 수토(搜討) 중이던 월송포만호겸울릉도장(越松浦萬戶兼鬱陵島長) 서경수(徐敬秀)에게 적발되어 정부로 보고되었다.[14]

보고에 접한 정부는 이해(1889) 9월 일본공사관(日本公使館)으로 조회하여 일본 어민들의 불법 행위를 항의하고 그 처벌과 배상을 요구하였다.[15] 본래 일본인의 울릉도 해빈어업(海濱漁業)은 1883년(고종 20)에 체결된 조일통상장정(朝日通商章程)에 근거한 것이라고 할 수 있다. 이 장정 41조는 일본인의 전라・경상・강원・함경(全羅・慶尙・江原・咸鏡) 4도 해빈에서의 어업을 허가하고 있다.

---

11) 이 책, pp.153~158 참조.

12) 「江原道關草」(奎章閣 소장), 戊子 7月 10日・11月 9日・12月 24日, 己丑 5月 6日; 『統署日記』 2(『舊韓國外交關係附屬文書』, 高麗大學校附設 亞細亞問題硏究所, 1973), p.8.

13) 「江原道關草」, 戊子 11月 28日, 己丑 8月 6日.

14) 「江原道關草」, 己丑 5月 28日, 7月 17日・25日, 8月 6日・11日; 『統署日記』 2, pp.133・163・174・197・232; 『日案』 2(『舊韓國外交文書』, 高麗大學校附設 亞細亞問題硏究所, 1967) 文書番號 1510.

15) 『日案』 2, 文書番號 1510.

그러므로 강원도(江原道)에 소속된 울릉도 해빈에서의 어업도 허가하고 있는 셈이다. 그런데 이 41조는 어업을 빙자한 화물(貨物)의 매매 행위를 동시에 금지하고 있으며, 33조에서도 일본 상선의 불통상구(不通商口)에서의 화물 매매 행위를 금지하고 있다.[16] 따라서 일본 어민들의, 곡물 절취나 관고·민가의 파괴가 조일통상장정과 관계없이 당초부터 불법적이었음은 물론, 상품의 교환 자체도 이 장정에 저촉되는 것이었다. 그리하여 조선 정부는 이 규정에 따라 당해 일본 어민의 처벌과 배상을 요구하였던 것이다.

조선 정부의 요구에 대한 일본공사관의 반응은 미온적이었다. 당초 조일통상장정을 체결할 때 이 장정 41조를 근거로 하여 일본인어채범죄조규(日本人漁採犯罪條規)도 함께 체결되었다. 이 조규 제2조는 어채 중 조선의 법금(法禁)을 어긴 일본인은 부근 일본 영사관(領事官)에게 인도하며, 일본영사관(領事官)이 이를 처벌할 것을 규정하고 있다.[17] 이 규정이 치외법권(治外法權)을 인정하고 있는 것은 차치하고라도, 겨우 겸임도장(兼任島長)을 두고 있는데다가, 교통마저 매우 불편한 울릉도로서는 도저히 실현할 수 없는 사문(死文)에 지나지 않는 것일 수밖에 없었다. 그런데 일본대리공사(日本代理公使) 근등진서(近藤眞鋤)는 조선 측에 보내는 회답조회(9월)에서 이 조문을 들어 당해 지방관이 죄범(罪犯)을 체포하여 부근 일본 영사관에 인도하지 않았음을 지적하고, 다만 부산·원산 영사(釜山·元山領事)에게 조사 처리하도록 지시하였음을 밝히고 있을 뿐이었다.[18]

이 사건이 일어난 지 얼마 안 되어 다시 조일통상장정 제41조

16) 『高宗實錄』, 高宗 20年 6月 22日.

17) 위와 같다.

18) 『日案』 2, 文書番號 1523.

에 근거한 조일통어장정(朝日通漁章程)이 체결(1889, 고종 26년 10월) 되었다. 이 장정(章程) 제2조는 일본영사(日本領事)가 발행하는 어업준단(漁業准單, 어업허가증)을 소지한 일본 어선은 전라·경상·강원·함경 4도 해빈 3해리 이내에서도 어업을 할 수 있도록 규정하고 있다.[19] 이 규정에 따라 어업을 빙자한 일본 선박들이 보다 자유롭게 울릉도 연안을 출입할 수 있는 길이 트이게 되었고, 사실상 1889년 말 이후 일본 선박들의 울릉도 연안 출입이 잦아졌던 것으로 보인다. 국왕이 새로 부임하는(1890, 고종 27년 윤 2월) 강원도관찰사(江原道觀察使) 이원일(李源逸)에게 울릉도 검찰을 각별히 당부하고 있는 것도[20] 그 때문이었을 것이다.

그런데 일본인들이 다시 울릉도에 잠입하기 시작하는 것은 1891년(고종 28)부터였다. 그러나 이해에 잠입한 숫자는 7명에 지나지 않았고, 그 목적도 벌목이 아니라 '끈끈이(리<黐>, とりもち)'를 만드는 데 있었다.[21] 그 뒤 일본인들의 잠입은 점점 늘어나 1896년(건양 원년) 이후에는 계속 2백 명 내외의 선을 유지하였고, 그 대부분은 벌목에 종사하는 자들이거나 그 부속원들이었다.[22] 청일전쟁(淸日戰爭)을 전후하여 일본인들의 조선 진출이 급격하게 불어나 1895년 현재 일본인 수는 12,303명에 달하였다 하는데,[23] 이런 추세가 울릉도에도 반영되고 있었던 것이다.

이 일본인들의 울릉도에서의 범작이 말썽을 빚기 시작한 것은 1895년(고종 32) 초부터였다.[24] 그리고 그것은 광무년간으로 접어

19) 『高宗實錄』, 高宗 26年 10月 20日.

20) 『承政院日記』, 高宗 27年 閏2月 18日.

21) 「駐韓日本公使館記錄」(國史編纂委員會 소장), 各領事機密來信(明治 33年) 釜山領事館 機密 제17호(明治 33年 6月 12日).

22) 위와 같다.

23) 趙璣濬, 『韓國資本主義成立史論』(大旺社, 1977), pp.135~136.

들면서 더욱 심해졌다. 1898년(광무 2) 초에 내부(內部)에서 외부(外部)로 보낸 조회문에 의하면, 일본인들은 도내(島內)의 규목을 남벌할 뿐만 아니라 도민(島民)들에게 칼을 휘두르는 등 작폐도 심하였다고 한다.[25)]

일본인들이 범작한 목재는 물론 일본으로 투운되었다. 거기에는 법금을 어긴 일부 도민들의 협력도 있었다.[26)] 도감 배계주(裵季周)는 이 목재를 찾기 위하여 1898년(광무 2) 말에 일본으로 건너가 은기(隱岐)·동경(東京) 등지에서 재판하여 승소하였다. 그는 다음해(광무 3) 초에도 일본 송강(松江)으로 건너가 소송을 제기하였다.[27)]

일본인의 범작 투운이 심해짐에 따라 정부에서는 1899년(광무 3) 5월 부산(釜山)에 머무르고 있던 전 도감 배계주(裵季周)를 도감에 재임명하는 한편, 그의 부임에 즈음하여 부산 해관세무사서리(海關稅務司署理) 라뽀떼(Laporte, E., 羅保得)를 함께 파견, 진상을 조사하게 하였다.[28)] 라뽀떼·배계주(裵季周) 등이 울릉도로 떠난 것은 이해(1899) 6월 하순이었다.[29)] 라뽀떼는 곧 조사를 마치

---

24) 『統署日記』 3, 高宗 32年 5月 20日·21日, 閏 5月 30日; 『日案』 3, 文書番號 3666·3688.

25) 「內部來去案」(奎章閣 소장) 6(光武 2年); 『外衙門日記』(『舊韓國外交關係附屬文書』 高麗大學校附設 亞細亞問題硏究所, 1974), 光武 2年 2月 10·29日.

26) 『독립신문』, 光武 3年 1月 19日.

27) 『外衙門日記』, 光武 2年 10月 8日·11日·12日, 光武 3年 4月 25日; 『日本外交文書』 32, 事項 9, 文書番號 165; 『皇城新聞』, 光武 3年 2月 6日, 4月 26日, 5月 16日; 「內部來去案」 7(光武 3年).

28) 「內部來去案」 7(光武 3年), 照會 제13호; 『俄案』 2(『舊韓國外交文書』 18, 高麗大學校附設 亞細亞問題硏究所, 1969) 文書番號 1460.

29) 『內衙門日記』, 光武 3年 6月 27日·28日.

고 돌아와, 총세무사(總稅務司) 브라운(Brown, J.B., 柏卓安)을 통하여 정부에 보고서를 제출하였다(7월).[30] 그리고 배계주(裵季周)의 보고서도 이때 같이 제출되었던 것으로 보인다.

라뽀떼・배계주(裵季周) 등의 보고에 의하면,[31] 울릉도에는 이미 200여 명의 일본인들이 들어와 촌락을 이루어 살고 있었다. 이들은 목재 반출과 물화 밀매에 종사하였으며, 거래 중 그 뜻을 조금이라도 거스르면 곧 창・칼을 휘둘러 폭동하기 때문에 도민(島民)들이 모두 놀라고 두려워하여 안도하지 못하는 실정이었다.

울릉도에서의 일본인의 범작과 투운은 러시아를 자극하였다. 잘 알려진 바와 같이, 1896년(건양 원년) 2월의 아관파천(俄館播遷)을 계기로 조선 정부는 러시아에 몇 가지 이권을 넘겨주었는데, 이해 9월에는 압록강・두만강(鴨綠江・豆滿江) 유역 및 울릉도 삼림 벌채권(森林 伐採權)을 블라디보스토크 상인 브린너(Brynner, Y.I.,)에게 특허한 바 있다.[32] 그러므로 러시아는 일본인의 범작과 투운을 그 이권에 대한 침해로 간주하였던 것이다.

이에 러시아는 1899년(광무 3) 8월에 주일공사(駐日公使)를 통하여 일본 정부에 울릉도의 수목이 러시아인에게 특허되었음을 밝히고, 이 섬의 어떤 부분에서도 일본인의 벌목을 금지하도록 조처하여 줄 것을 요청하였다.[33] 이어 한국 정부에 대하여도 이해 8월 3일・15일, 10월 11일 등 세 차례에 걸쳐 조회하여 일본인의 벌목

30) 『海關案』 2(『舊韓國外交關係附屬文書』 高麗大學校附設 亞細亞問題硏究所, 1972) 文書番號 1621.

31) 「內部來去案」 7(光武 3年), 照會 제13호; 『外衙門日記』, 光武 3年 9月 16日.

32) 『高宗實錄』, 建陽 元年 9月 9日.

33) 『外衙門日記』, 光武 3年 8月 16日; 『日案』 4, 文書番號 5261; 『日本外交文書』 32, 事項 9, 文書番號 166・168.

을 강력히 항의하여 왔다.34)

후술하는 부산주재(釜山駐在) 일본영사관보(日本領事官補) 적총정보(赤塚正補)의 보고에 보이는 바와 같이, 울릉도 임산물(林産物)의 대종을 이루고 있는 규목은 그동안 일본인에 의하여 거의 벌채된 상태였다. 그럼에도 불구하고 러시아가 일본인의 벌목에 대하여 갑자기 강경한 입장을 취하였던 것은 그 남하정책상 울릉도가 갖는 전략적 가치를 높이 평가하기 때문이었던 것으로 보인다.35)

그리고 실제에 있어 그렇게 간주할 만한 러시아 측의 움직임도 없지 않았다. 가령, 1899년(광무 3) 말에는 러시아 군함이 몇 차례 울릉도에 기항하여 일본인의 동정을 살피거나, 울릉도가 러시아의 점령지임을 양언(揚言)하면서 병력을 주둔시키기도 하였으며, 병영(兵營)과 수영(水營)을 건설하기 위하여 섬 전체를 측량하고 있다는 등의 기사가 『독립신문』이나 『황성신문(皇城新聞)』에 보도되었고, 뒤에 울릉도시찰위원 우용정(禹用鼎)의 조사에서 이런 사실이 확인되기도 하였던 것이다.36)

러시아 측으로부터 울릉도 삼림 벌채권이 러시아인에게 특허되었다는 통고를 받은 일본 정부는 즉시(1899년 8월) 주한공사(駐韓公使) 임권조(林權助)에게 훈령하여 사실 여부를 확인하게 하였고, 곧 한국 정부로부터 이 사실을 공식적으로 확인받게 되었다.37)

---

34) 『交涉局日記』(『舊韓國外交關係附屬文書』, 高麗大學校附設 亞細亞問題硏究所, 1974), 光武 3年 8月 8日, 10月 17日 ; 『外衙門日記』, 光武 3年 10月 12日 ; 『俄案』 2, 文書番號 1429 · 1433 · 1434 · 1460 · 1469.

35) 崔文衡, 「러시아의 鬱陵島活用企圖와 日本의 對應」, 『獨島硏究』(韓國近代史資料硏究協議會, 1985), pp.370~375.

36) 『독립신문』, 光武 3年 11月 14日 · 25日 ; 『皇城新聞』, 光武 3年 11月 28日, 12月 5日 · 7日 ; 禹用鼎, 「欝島記」.

37) 『外衙門日記』, 光武 3年 8月 11日 · 16日 ; 『日案』 4, 文書番號 5261 ·

일본 정부는 다시 임권조(林權助)를 통하여 러시아의 기득권을 존중하되,

> 그 본원적(本源的)인 사실, 즉 귀정부(貴政府)의 양여(讓與)에 대하여 제국정부(帝國政府)는 완전히 권리(權利)를 유보(留保)하는 것임을 성명(聲明)하여 둔다.

는 조회를 한국 정부에 보내왔다.[38)]

한편, 일본 정부는 러시아의 벌목 금지(伐木 禁止) 요청을 받아들이기로 결정하고 재류(在留) 일본인의 철수를 위하여 이해(1899) 8월 말에 원산영사관(元山領事館) 외무서기생(外務書記生) 고웅겸삼(高雄謙三)을 울릉도로 파견하였다. 고웅(高雄)이 군함 마나(摩那) 편으로 울릉도에 도착한 것은 9월 말, 그는 현지 일본인들에게 11월 30일까지 철수할 것을 지시하였고, 대표들로부터 이를 준수하겠다는 다짐도 받았다.[39)]

한국 정부가 부산해관세무사 라뽀떼・도감 배계주(裵季周) 등의 보고에 따라 일본 측에 울릉도에 있는 일본인의 철수를 요청한 것은 이해(1899) 9월 중순이었다.[40)] 일본 측이 외무서기생 고웅(高雄)을 울릉도로 파견한 뒤였다. 그리고 10월 초(2일)에 일본공사 임권조(林權助)로부터 일본인을 철수시키겠다는 약속을 받았다.[41)]

5266.

38) 『外衙門日記』, 光武 3年 8月 21日; 『日案』 4, 文書番號 5273.

39) 「駐韓日本公使館記錄」, 各領事館往復(明治 32年) 元山領事館 公 제28호; 『日本外交文書』 32, 事項 9, 文書番號 171~176.

40) 『外衙門日記』, 光武 3年 9月 16日; 『日案』 4, 文書番號 5322.

41) 『外衙門日記』, 光武 3年 9月 21日・22日, 10月 3日; 『日案』 4, 文書番號 5323・5337.

이것도 고웅(高雄)이 9월 말 울릉도에 도착하여 현지 일본인들에게 11월 말일까지 철수하도록 지시한 뒤의 일이었다. 결국 일본 측의 철수 약속은 한국 측의 항의가 아니라 러시아 측의 항의가 있었기 때문이었던 것이다.

그런데, 한국 정부는 일본공사로부터 울릉도 재류 일본인의 철수를 약속받게 되자, 다시(10월 4일) 일본공사관으로 조회하여 내륙에 있는 일본인들도 철수시킬 것을 요구하였다.[42] 청일전쟁을 계기로 한국에 크게 진출한 일본인들은 개항장(開港場)이 아닌 내지에까지 들어가 토지·가옥의 구입, 점포의 개설, 화물의 투운 등 불법을 저지르는 사례가 많았다.[43] 그리하여 한국 정부는 울릉도의 예에 따라 이들의 철수를 요구하였던 것이다.

한국 정부의 이런 요구는 일본 측의 태도를 경화시켰다. 일본공사 임권조(林權助)는 그 회답조회(10월 25일)에서, 울릉도의 일본인을 철수시키는 것은 벌목을 금지하기 위해서일 뿐, 주거권(住居權)의 유무와는 아무런 관계가 없는 것이라 하고, 한국 내지에는 다른 외국인도 많이 있으므로 일본인만이 퇴거할 이유가 없음을 들어 한국 측 요구를 거절하였다.[44] 그는 비단 한국 측 요구를 거절하였을 뿐 아니라, 울릉도 일본인의 쇄환(刷還)이 주거권과 관계가 없음을 지적함으로써 오히려 울릉도에서의 일본인의 주거권을 주장하고 나섰던 것이다.

이처럼 한국 정부는 라뽀떼·배계주(裵季周) 등의 보고에 따라 일본공사관에 조회하여 일본인의 철수를 요구하는 한편, 러시아의 항의와도 관련하여 이해(1899) 9월에 내부시찰관(內部視察官)을

42) 『外衙門日記』, 光武 3年 10月 4日 ; 『日案』 4, 文書番號 5343.
43) 위와 같다.
44) 『外衙門日記』, 光武 3年 10月 26日 ; 『日案』 4, 文書番號 5383.

울릉도조사위원(鬱陵島調査委員)으로 임명 파견하여 그 정황을 살피도록 할 것을 결정하였다. 내부대신(內部大臣) 이건하(李乾夏)의 상주(上奏)에 의한 것이었다.[45] 이어 이해 12월 15일에는 내부시찰관 우용정(禹用鼎)을 울릉도시찰위원(鬱陵島視察委員)에 임명하였다.[46]

이처럼 한・일 간에 울릉도 재류 일본인들의 철수 교섭이 계속되어 오던 중, 1900년(광무 4) 초에 다시 도감 배계주(裵季周)로부터 일본인들의 작폐에 관한 보고가 있었다. 그 요지는 (1) 현지 일본인들은 퇴거할 뜻이 없을 뿐 아니라, 전 도감 오성일(吳聖一)이 발급한 문서를 빙자하여 1899년 8・9월 사이에 규목 1천여 판(板)을 작벌(斫伐)하였고, 도감이 서울로 올라가 고소하려 하자 일본인들이 나루를 지켜 통섭(通涉)할 수 없었다, (2) 도감이 일본에 건너가 재판을 한 것은 수년 전의 일인데 일본인들이 당시의 비용을 강요하여 도민(島民)들이 변상하였다, (3) 규목의 작벌을 금지하자 일본인들은 사검(査檢, 김용원<金庸爰>)과 벌목 계약을 맺었다 하고 계약금의 반환을 요청하여 도민들이 3,000여 냥을 갚아 주었다는 것 등이었다.[47]

도감의 보고에 접한 한국 정부는 곧(3월 16일) 일본공사관에 조회하여 이를 항의하였다. 이 조회문에서 정부는 도감이 보고한 세 가지 점을 지적하면서, 일본인들이 아직도 퇴거하지 않은 채 종종의 작폐가 있는 것은 대단히 놀라운 일이라고 하고 이들의 조속한 철수와 전화(錢貨)의 상환을 요청하였다.[48]

곧 이에 대한 일본공사 임권조(林權助)의 회답조회가 있었다(3월

---

45) 禹用鼎, 「鬱島記」.

46) 『官報』(亞細亞文化社, 1973~4), 光武 3年 12月 19日.

47) 「內部來去案」 8(光武 4年), 照會 제6호; 『交涉局日記』, 光武 4年 3月 15日.

48) 『交涉局日記』, 光武 4年 3月 16日; 『日案』 4, 文書番號 5566.

23일). 이 조회문에서 임권조(林權助)는 내문(來文)의 사실이 명료하지 않고 이유도 석연하지 않으므로 양측에서 관리를 파견하여 공동 조사할 것을 요구하였다. 이어 그는 울릉도 일본인들로부터 도감에게 상당한 대가를 지불, 그 허가를 받아 벌목에 종사하였다는 진정이 있었다 하고, 일본인들은 도감과의 묵계하에 부지불식간에 왕래 거류하는 것이 관례가 되었다고 주장하였다.[49] 그러니까 임권조(林權助)가 조회한 요지는 일본인들의 비행은 양국이 관리를 파견하여 공동으로 조사하되 그 왕래 거류는 기정사실화해야 한다는 것이었다.

한국 정부는 이미 내부시찰관(內部視察官)을 울릉도에 파견하여 그 정황을 조사한다는 방침을 정하고 있었던 터였으므로 임권조(林權助)가 제의한 공동조사안(共同調査案)을 수락하였다(5월 4일).[50] 그리하여 곧 울릉도에 파견하는 관리로 울릉도시찰위원으로 임명된 우용정(禹用鼎) 외에 동래감리서주사(東萊監理署主事) 김면수(金冕秀)·부산해관세무사서리(釜山海關稅務司署理) 라뽀떼·동 방판(幇辦) 김성원(金聲遠) 등을 선임하였다.[51] 일본 측에서 파견하는 관리는 부산주재영사관보(釜山駐在領事官補) 적총정보(赤塚正補)·경부(警部, 통역담당) 도변응치랑(渡邊鷹治郎) 등이었다.[52]

이어 외부대신(外部大臣) 박제순(朴齊純)·내부대신(內部大臣) 이건하(李乾夏) 등은 일본공사 임권조(林權助)와 외부(外部)에서 회동하고(5월 21일) 조사 요령(調査 要領) 4개항에 합의하였다. 제1항은

49) 『日案』 4, 文書番號 5572.

50) 『交涉局日記』, 光武 4年 3月 27日·5月 4日; 『日案』 4, 文書番號 5652.

51) 禹用鼎, 「鬱島記」; 주 50) 참조.

52) 禹用鼎, 「鬱島記」; 「駐韓日本公使館記錄」, 各領事機密來信(明治 33年) 機密 제6·17호.

1899년(광무 3) 7월 라뽀떼·배계주(裵季周) 등이 보고한 바 일본인들의 범작·화물 투운·무기 사용 등의 비행, 그리고 도감에 대한 목료(木料) 지불 여부이며, 제2·3·4항은 1900년 초에 배계주(裵季周)가 보고한 바 일본인들의 비행 세 가지였다.[53]

한편, 일본공사 임권조(林權助)는 이보다 앞서(5월 초) 부산영사(釜山領事) 능세진오랑(能勢辰五郞)에게 공동 조사에 대비하는 각서 4개항을 훈령하였다.[54] 그 제1항은 조선이 1896년에 브린너에게 울릉도 벌목권을 양여하였다는 것, 제2항은 1899년 8월에 일본인의 벌목에 대하여 동경(東京)주재 러시아공사(公使)로부터 항의가 있어 원산영사관 외무서기생 고웅겸삼(高雄謙三)을 울릉도에 파견하였다는 것, 제3항은 1899년 9월 고웅겸삼(高雄謙三)이 울릉도에 가서 일본인들에게 11월 말일까지 퇴거할 것을 명하였는데, 이들로부터 도감의 허가를 받아 벌목하는 것이므로 도벌(盜伐)이 아니라는 진정이 있었다는 것이었다. 제4항은 특히 우리의 주목을 끌게 한다. 그 내용은,

> 해도(該島) 벌목(伐木)은 장래(將來) 오랫동안 분운(紛紜)의 기인(基因)이 됨을 염려한다. 이 분요(紛擾)를 피하기 위하여 일방에 있어서는 아방인(我邦人)을 시켜 노인(露人)으로부터 벌목권 양수(讓受)를 위한 내담(內談)을 하였고 노인으로서도 대체로 이에 동의하여 목하(目下) 아직 교섭 중에 있다(이 1항은 한인은 물론 재도<在島> 일본인에 대하여도 비밀로 할 것을 요함).

는 것이었다. 이에 의하면 일본 정부는 울릉도 벌목권이 러시아인

53) 『日案』 4, 文書番號 5652; 「內部來去案」 8(光武 4年), 照會 제11호; 「駐韓日本公使館記錄」, 各領事館機密來信(明治 33年) 機密 제5호.

54) 「駐韓日本公使館記錄」, 各領事機密來信(明治 33年) 機密 제5호.

에게 양여된 것을 확인하고 또 러시아공사로부터 항의를 받게 되자 비밀리에 러시아인과 벌목권 양수를 교섭하기 시작하였으며, 이 교섭은 상당히 진전되고 있었던 것이다.

임권조(林權助)는 이 훈령에 이어(5월 21일) 부산영사 능세진오랑(能勢辰五郞)에게 한・일 간에 합의한 '울릉도재류일본인조사요령(欝陵島在留日本人調査要領)'을 시달하면서 조사에 임함에 있어 유의할 점에 대하여도 훈령하고 있다.[55] 그 요지는, 일본 정부로서는 일본인들이 울릉도에 잔류하도록 승인받는 것이 필요하므로 조사에 임하여서는 도감이 일본인들의 재류를 승인하였거나, 벌목을 승인 혹은 묵인한 상황에 대하여 주안을 두라는 것이었다. 이는 결국 일본 측이 공동 조사를 제의한 의도가 일본인들의 계속적인 재류에 있었음을 뜻하는 것이다. 그리고 러시아인과의 벌목권 양수 교섭도 그러한 측면에서 이해되어야 할 것이다.

이미 앞에서 언급한 바와 같이, 일본인들의 범작(犯斫)으로 울릉도의 경제적 가치는 거의 상실되어 가고 있었다. 그러함에도 불구하고 일본 정부는 벌목권이 러시아인에게 양여된 사실을 확인하게 되자 한국 정부에 대하여 일본이 갖는 권리의 유보(留保)를 성명한 데 이어 일본인들의 주거권을 주장하였고, 이제 다시 일본인들의 계속적인 잔류를 획책하고 나선 것이다. 이는 일본도 러시아와 마찬가지로 울릉도의 전략적 가치를 높이 평가한 때문이 아닌가 한다. 울릉도도 점차 일・러 양국의 각축장이 되어 가고 있었던 것이다.

울릉도시찰위원 우용정(禹用鼎)이 울릉도로 떠난 것은 1900년(光武 4) 5월 하순(25일)이었다. 그는 인천(仁川)에서 일본 경부(警部) 도변응치랑(渡邊鷹治郞)과 같이 증천환(曾川丸)을 타고 부산에

---

55) 「駐韓日本公使館記錄」, 各領事機密來信(明治 33年) 機密 제6호.

도착하여(29일) 동래감리서주사 김면수(金冕秀)·부산해관세무사서리 라뽀떼·동 방판 김성원(金聲遠)·부산주재일본영사관보 적총정보(赤塚正補) 등과 합류하였다. 이들은 창룡환(蒼龍丸) 편으로 부산을 출발(29일), 5월 말(31일) 울릉도 도동포구(道洞浦口)에 도착하였다. 한국·일본 순경 각 2명도 수행하였다.[56]

울릉도시찰위원 우용정(禹用鼎) 등 양국 조사위원들은 6월 5일까지 울릉도에 체류하였다.[57] 그동안 우위원(禹委員)과 적총영사관보(赤塚領事官補)는 라뽀떼가 입회한 가운데 도감 배계주(裵季周)와 도민, 그리고 일본인들로부터 4개 조사 사항에 대하여 진술을 받았다. 도감·도민과 일본인들의 진술은 엇갈렸다. 그러나 그런대로 진술 내용을 요약하면, (1) 일본인들이 도감의 관방(官房)에 침입한다든지 무기를 휘두르는 등의 비행이 있었으며, 도감은 일본인들로부터 세태(稅太, 세로 받는 곡물<콩>)는 징수하지 않았으나 출구세(出口稅, 수출세)는 1896(건양 원년)·1897(광무 원년) 양년에 한하여 100분의 2를 징수하였다, (2) 일본인들은 전 도감 오상일(吳相鎰[성일<聖一>]) 등에게 규목(槻木) 2주의 값을 준 것을 빙자하여 규목 등을 남벌하였으며, 도감 배계주(裵季周)의 상경을 방해하였다, (3) 비록 궐석재판(闕席裁判)이기는 하였지만 앞서(1899) 배계주(裵季周)가 일본 송강재판소(松江裁判所)에 제기한 소송에 패하여 피고인 복간병지조(福間兵之助) 등에게 콩 400두를 지급하였다, (4) 일본인들이 농상공부(農商工部)로부터 규목 벌채 허가를 받은 동래인(東萊人) 김희언(金希彦) 등에게 3,000여 냥을 주고 규목 80주의 벌채를 계약하였고, 사검(査檢) 김용원(金庸爰)은 이를

56) 禹用鼎, 「鬱島記」; 「駐韓日本公使館記錄」, 各領事機密來信(明治 33年) 釜山領事館機密 제17호.

57) 위와 같다.

위하여 김희언(金希彦) 등이 파견한 사람이며, 일본인들은 80주를 다 벌채한 뒤 돌아가려 하고 있다는 것이었다.[58)]

우용정(禹用鼎)은 이처럼 적총(赤塚)과 같이 도감・도민과 일본인들로부터 진술을 받는 한편, 그 자신이 직접 일본인의 동태를 조사하였다. 이 조사는 동행했던 동래감리서주사 김면수(金冕秀)와 같이 하였던 것 같다.[59)] 그런데 우용정(禹用鼎)의 조사에 의하면, 도내(島內) 일본인 수는 남녀 합하여 144명, 유박(留泊) 중의 선박도 11척에 달하였다. 우용정(禹用鼎)이 체류하는 동안에도 벌목장(伐木匠) 40명 등 도합 70명을 태운 일본 선박 4척이 들어와 이를 적총(赤塚)에게 항의하기도 하였다. 이 일본인들은 1899년(광무 3) 이후 규목 71주를 범작하였고, 감탕목(甘湯木)을 베끼어 생즙 1,000여 통을 만들었으며, 향목(香木)이나 잡목(雜木)을 마구 베어 그릇을 만들어 가기도 하였다. 또 늘 트집을 잡아 소요를 일으키고 이를 빙자하여 규목 '허작표(許斫票, 벌채 허가표)'를 얻어냈으며, 부녀자를 희롱하거나 내정(內庭)에 뛰어들어 주민을 농락하기도 하였다.[60)]

울릉도에는 내륙을 왕래할 수 있는 선박이 없었다. 그러므로 일본인의 잠입과 불법이 자행되어도 때맞추어 정부에 알릴 길이 없었다. 뿐만 아니라 도민이 필요로 하는 쌀・소금・포목이나 그 밖의 일용품을 제 때에 구입하기도 어려웠다.[61)] 도민들은 이런 것

58) 위와 같다.

59) 김면수(金冕秀)는 울릉도를 다녀온 직후인 이해(1900, 광무 4) 6월 9일자로 외부대신(外部大臣) 박제순(朴齊純)에게 보고서를 제출하고 있는데, 일본인들의 동태나 도세(島勢)의 조사가 우용정(禹用鼎)의 조사와 일치하고 있다(「東萊報牒」 4<奎章閣 소장>, 報告 제26호).

60) 禹用鼎, 「鬱島記」.

61) 위와 같다.

들을 전라(全羅) 남도(南道) 선박으로부터 공급받기도 하였다.[62] 그러나 일본 선박에 의존하는 경우도 많았다. 그리하여 일본 선박이 가지고 오는 상품들은 도민이 생산하는 콩·호콩·보리·해산물 등과 교환되었다.[63] 그리고 교역하는 과정에서 일본인들의 범작 투운을 방조하는 도민도 생기게 되었던 것이다.[64] 이 때문에 울릉도로서는 내륙을 왕래하는 선박을 갖추는 것이 절실히 요청되었다.

우용정(禹用鼎)은 이런 도내(島內)의 실정도 살피고 있었다. 그는 도민들이 풍범선(風帆船) 개운환(開運丸)을 구입하려는 것을 보고 자금을 변통해 주었다. 도민들로부터 압수한 규목 106주와 이미 처분한 규목의 수속금(收贖金) 400원을 이에 충당하도록 하였던 것이다.[65] 이런 조처와 함께 그는 울릉도의 물산은 개운환으로만 운반해야 하고, 일본인들과 부동하여 규목을 범작하는 등의 일이나, 내외국인을 물론하고 벌목 조선하는 것을 엄금하며, 자염(煮鹽, 바닷물을 졸여서 소금을 만듦)을 서두를 것 등을 도민들에게 신칙하기도 하였다.[66] 일본인들의 잠입·비행의 폐원(弊源)을 막아보자는 것이었다.

일본인들의 비행 불법이나 도민들의 부동은 도감의 처지에서 연유되는 것이기도 하였다. 정부에서는 1895년(<음>고종 31)부터 도감을 두어 전도의 사무를 관장하게 하였다. 그러나, 이미 언급한 바와 같이, 도감의 수하에는 단 한 사람의 서기나 사환도 없었다. 1898년(광무 2) 도감이 지방관제에 편입된 뒤에도 역시 그러하

62) 「東萊報牒」 4, 報告 제26호.

63) 주 21)과 같다.

64) 禹用鼎, 「欝島記」.

65) 위와 같다.

66) 위와 같다.

였다. 또 도감은 도민 중에서 임명되었다. 이러한 점들은 도감의 체통을 잃게 만들었다. 그렇기 때문에 일본인들은 물론, 도민들까지도 도감을 업신여겨 비행 불법을 자행하는 경우도 없지 않았고, 불법 비행이 있어도 도감으로서는 지휘(指揮) 행령(行令)할 길이 없었다.[67] 우용정(禹用鼎)은 이런 점에도 유의하여, 상경하자 울릉도의 관제 개편을 건의하게 되었던 것이다.

우용정(禹用鼎)은 김면수(金冕秀)와 같이 도세(島勢)도 조사하였다. 우용정(禹用鼎)의 조사에 의하면, 1900년(광무 4) 6월 현재의 호구는 400여 호, 남녀 합 1,700여 명, 전토(田土)는 7,700여 두락에 달하였다.[68] 이 중 호구는 김면수(金冕秀)가 외부대신에게 보고한 1,641명보다는 웃도는 것이나,[69] 다음에서 설명하는 적총영사관보(赤塚領事官補)가 조사한 520여 호・2,500여 명에는 미치지 못하는 것이었다. 어쨌든 우용정(禹用鼎)이 조사한 숫자를 기준으로 하더라도 1896년(건양 원년) 9월 현재의 277호・1,134명・4,774.9두락에 비할 때[70] 호구는 약 130호・600명, 전토는 약 3,000두락의 증가를 보이는 것이며, 1883년(고종 20) 첫 입거 당시의 16호・54명・310두락에 비할 때[71] 호수(戶數)는 약 25배, 인구는 약 31배, 전토는 약 24배의 증가를 보이고 있는 것이다.

우용정(禹用鼎)은 곽세(藿稅)와 조선세(造船稅)에 대해서도 조사하였다. 전라(全羅) 남도(南道)연해민들이 울릉도에 와서 조선(造船)・채곽(採藿, 미역 채취)・채어(採魚)에 종사하였던 것은 이미 검찰사 이규원(李奎遠)이 입도(入島)하였을 때(1882, 고종 19) 확인된

67) 위와 같다.

68) 위와 같다.

69) 「東萊報牒」 4, 報告 제26호.

70) 이 책, p.162 참조.

71) 위와 같다.

것이었다.[72] 그런데 우용정(禹用鼎)의 조사에 의하면 전라 남도연해민들로부터 징수하는 곽세가 울릉도 세과(稅課)의 대종을 이루고 있었다. 곽세는 매 100원에 5원이었는데, 징수하는 연간 액수는 500원 내지 600원에 달하고 있었다.[73] 그러므로 전라 남도연해민들이 채곽한 금액은 10,000원 내지 12,000원이 되는 것으로, 다음에서 설명하는 바와 같이, 일본인의 1897~1899년의 3년간 평균 해산물 채취액 4,160원보다 6,000원 내지 8,000원을 웃도는 것이었다. 조선세는 1파(把)에 5냥이었는데, 전라 남도연해민들은 매년 10척 내외를 건조하고 있었다.[74]

울릉도 도세(島勢)는 적총영사관보(赤塚領事官補)에 의해서도 조사되었다. 조사 내용은 그가 일본공사 임권조(林權助)에게 보고한(1900년 6월 12일) 「울릉도산림개황(鬱陵島山林概況)」과 「울릉도조사개황(鬱陵島調査概況)」에 수록되어 있다.[75] 이 보고에 의하면, 울릉도 호구는 520여 호・2,500여 명이었다. 우용정(禹用鼎)의 조사와는 상당한 차이를 보이고 있다. 1899년(광무 3) 원산일본영사관 외무서기생 고웅겸삼(高雄謙三)의 조사 보고에도 "토민(土民)의 인구는 2,000여 인으로 호수는 대략 5백, 농부와 어부 상반(相半)하며, 선박을 제조하는 대공(大工) 등이 있다"고 한 것을 보면,[76] 적총(赤塚)의 조사가 더욱 신빙성이 있는 것으로 보인다.

적총(赤塚)의 보고에 의하면, 일본인들은 끈끈이도 만들어 갔다. 1897~1899년의 3년간의 평균 금액은 일본 시세로 3,033원(2,000관)이었다. 그러나 일본으로 반출된 임산물(林産物)의 대종은 규목

---

72) 이 책, pp.143~144 참조.

73) 「東萊報牒」 4, 報告 제26호; 禹用鼎, 「欝島記」.

74) 위와 같다.

75) 주 21)과 같다.

76) 「駐韓日本公使館記錄」, 各領事館往復(明治 32年) 元山領事館 公 제28호.

이었다. 1899년 한 해 사이에 반출된 수는 28주, 100,000재(才)였다. 1재당 도내 가격은 7전, 합쳐 7,000원어치였다. 그리고 1900년 6월 현재 벌채한 것이 56주, 이 중 50,000재는 이미 반출되었다. 1재에 7전씩 치면 3,500원어치였다. 적총(赤塚)에 의하면 13년 전에 대단히 큰 규목이 일본으로 반출되었는데, 아마도 본원사(本願寺) 보수에 사용되었을 것이라고 한다.77)

농산물 중 콩·보리·호콩도 일본으로 수출되었다. 1897~1899년의 3년 간 평균 수출 금액(일본 시세)은 콩 20,000원(전도 평균 생산액 5,000석 중 3,000석), 보리 960원(150~200석), 호콩 770원, 합계 21,630원이었다. 해산물(海産物)은 일본인들이 직접 채취하여 갔다. 1897~1899년의 3년간 평균 금액은 포(鮑) 2,960원, 천초(天草) 1,200원, 합계 4,160원이었다. 반면 능목면(綾木棉)·면(綿)·금건(金巾, 카네킨, 옥양목)과 식용품 등이 일본으로부터 반입되었다. 1898~1899년의 2년간 반입 액수는 7,000원이었다. 이것들은 도내(島內) 일본인들에게 공급되는 외에 도민이 생산하는 콩·호콩·보리 등과 교환되었다.78)

적총(赤塚)은 울릉도가 갖고 있는 경제성에 대하여도 진단하고 있다. 그에 의하면, 임산물 중 가장 값어치가 있는 규목은 목재로 쓸 수 있는 6척 이상의 것이 거의 벌채되어, 현재 남아있는 것은 200주 미만이며, 그것도 중심부가 썩어서 제재에 적당치 않은 것이 많았다. 해산물인 포(鮑)와 천초(天草)도 크게 감소되고 있었다. 농산물로는 오직 콩을 꼽을 수 있으나 더 이상 개간할 땅이 없어 증산될 가망이 없었다.79)

---

77) 주 21)과 같다.

78) 위와 같다.

79) 위와 같다.

따라서 울릉도의 장래는 유망하지 않으며, 일본인을 철수시키거나 입도(入島)를 금지시킨다 하더라도 그 손실은 근소한 액수일 것이라고 결론짓고 있다. 그러면서도 그는 "그러나 금(今) 1년간 재도(在島) 일본인 문제를 미결로 남겨둘 방법만 있다면 규목은 대저 모두 벌채될 것이다"라는 말로 보고서를 끝맺고 있다.[80]

Ⅱ. 지방관제 편입과 석도(石島)

울릉도시찰위원(欝陵島視察委員) 우용정(禹用鼎)이 조사를 마치고 귀경한 것은 1900년(광무 4) 6월 중순(15일)이었다.[81] 그는 곧 일본 측과 공동으로 조사한 4개 사항과 그가 직접 조사하고 조치한 내용, 그리고 정부가 앞으로 취할 대책을 담은 보고서를 작성하여 내부대신(內部大臣) 이건하(李乾夏)에게 제출하였다.[82]

우용정(禹用鼎)이 정부가 취할 대책으로 건의한 내용은 (1) 도감(島監) 배계주(裵季周)는 1896(건양 원년)·1897(광무 원년) 양년에 일본인들로부터 벌금과 세금을 징수하였으나, 그 뒤는 불통상구안(不通商口岸)에서의 추세(抽稅, 세금을 걷음)의 불가함을 알고 징수하지 않았으며, 일본인들이 하루를 살면 '일일지해(一日之害)', 이틀을 살면 '이일지해(二日之害)'가 될 뿐만 아니라 내유(來留) 자체가 조약 외의 일이므로 일본 측과 조속히 담판하여 이들을 철수시킴으로써 도민(島民)과 삼림(森林)을 보호하여야 한다, (2) 울릉도 관제(官制)를 개편하되 이에 따라 늘어나는 관원(官員)·서기

80) 위와 같다.

81) 『皇城新聞』, 光武 4年 6月 18日.

82) 禹用鼎, 「欝島記」; 「內部來去案」 8(光武 4年), 照會 제12호.

(書記)・사환(使喚)의 월봉은 도내(島內) 400여 호로부터 걷는 콩・보리 80석으로 충당할 수 있으며, 도의 경비는 전라(全羅) 남도민(南道民)으로부터 징수하는 곽세(藿稅)를 100분의 5에서 10으로 올리면 그 액수가 연간 1,000여 원이 됨으로 적지 않은 도움이 될 것이라는 것이었다.[83)]

우용정(禹用鼎)의 보고서가 제출되자 정부는 곧(6월 20일) 일본공사관(日本公使館)에 조회하여 공동 조사 사항을 토의하기 위한 회의를 요청하였다. 이 회의는 일본 측의 요구로 몇 차례 연기되다가 외부(外部)에서 열렸다(6월 27일).[84)] 한국 측에서는 내부대신 이건하(內部大臣 李乾夏)・외부대신 박제순(外部大臣 朴齊純)・내부지방국장 정준시(內部地方局長 鄭駿時)가, 일본 측에서는 공사 임권조(公使 林權助)・서기관 국분상태랑(書記官 國分象太郎) 등이 참석하였다.[85)] 한국 측은 일본인의 즉각 철수를 요구하였고, 일본 측은 일본인의 침어를 금지시키되 철수 문제는 정부의 훈령을 기다려 조처할 것임을 고집하여 어떤 결정도 내리지 못한 채 회의는 끝났다.[86)]

이로부터 2개월여가 지난 뒤 비로소 임권조(林權助)는 일본인 철수 문제에 관하여, 일본 측 입장을 밝히는 조회문을 보내왔다(9월 5일). 본국 정부의 훈령에 의한 것이었다. 그 내용은 한・일 양측이 공동으로 조사한 결과 (1) 일본인은 10년 전부터 울릉도에 재류하였으며, (2) 일본인의 벌채는 도감이 의뢰하였거나, 적어도 매매 계약에 의한 것이며, (3) 일본인과 도민 사이의 교역은

83) 위와 같다.

84) 『交涉局日記』, 光武 4年 6月 20日・22日・25日・26日; 『日案』 4, 文書番號 5763・5764・5771~5774; 「內部來去案」 8(光武 4年), 照會 제13호・照覆 제11호.

85) 『交涉局日記』, 光武 4年 6月 27日; 『皇城新聞』, 光武 4年 6月 29日.

86) 『皇城新聞』, 光武 4年 6月 29日.

수요 공급상 긴요할 뿐 아니라 도민의 기망(企望)에 의한 것으로, 도감은 수출입세를 징수하였으며, (4) 도민의 내륙 교통은 주로 일본인으로부터 편의를 제공받고 있다는 사실들이 확인되었다는 것이었다.[87]

이 조회문은 이어, 이제 십수 년이 지난 지금에 와서 퇴거를 명한다면 일본인들을 미혹시킬 뿐 아니라 도민들의 농산물 판매, 일용품 공급, 내륙과의 교통편을 잃게 되고, 한국 정부는 세수상의 결손을 보게 될 것임을 지적하고 있다. 그리고 그럼에도 불구하고 한국 정부가 퇴거를 강요한다면 일본 정부는 한국 측에 퇴거자에 대한 상당한 보상을 요구하지 않을 수 없으며, 일단 퇴거한 뒤 재도항자가 없으리라 보장하기도 어렵다 하고, 한국 정부는 퇴거를 고집하기보다는 관세를 징수하고 수목 벌채에 관한 상당한 조처를 취함으로써 현상을 유지하도록 하는 것이 일본 정부가 바라는 바라고 덧붙이고 있다.[88] 일본인들의 울릉도 재류를, 한국 측 입장까지 염려하면서, 기정사실화 하려는 것이었다.

이러한 일본 측의 요청은 한국 정부에 의하여 거부되었다. 정부는 일본공사(日本公使)에게 보내는 회답조회에서(9월 7일), (1) 일본인의 내유(來留)는 5·6년, 혹은 3·4년에 지나지 않을 뿐 아니라 비통상구안(非通商口岸)에서의 거주·투운은 조약에 위반되는 것이며, 도감은 여러 차례 일본인들의 퇴거를 신칙한 바 있으므로 묵허·종용이란 사리에 맞지 않으며, (2) 일본인들이 전 도감 등과의 합의 혹은 매매를 빙자하여 남벌을 한 것은 숨길 수 없는 사실이며, (3) 도감은 벌금으로 출구화(出口貨, 수출품)에 한하여 100분의 2를 징수하였을 뿐 수출입세를 징수한 사실이 없으며, (4)

87) 『交涉局日記』, 光武 4年 9月 5日; 『日案』 4, 文書番號 5901.
88) 위와 같다.

도민들은 일본인들로부터 곤욕을 당하고 있을 뿐, 편의를 얻을 까닭이 없다는 것이었다.89)

이 회답조회는 이어 (1) 그럼에도 불구하고 일본인들이 퇴거할 경우 상당한 비용의 지급을 요구하고 있으나 이는 조약상에 없는 일이며, (2) 일본인들이 재도래할 경우 그 책임은 한국 정부가 아니라 일본 정부에 있으며, (3) 일본 측은 일본인들의 현상 유지를 희망하고 있으나 그럴 경우 '조약일서(條約一書)'는 강론(講論)할 여지가 없어져, 즉 조약 자체가 무의미해지는 것이어서 승인할 수 없다는 것 등을 들어 거듭 일본인들의 철수를 요구하였다.90)

이 한국 측의 울릉도 재류 일본인의 철수 요구는 일본 측에 의하여 거부되었다. 일본공사 임권조(林權助)는 한국 측(외부)에 보낸 (9월 중순) 재조회에서 일본 측이 지난번에 조회한 주의(主意)는 양국 공동 조사 결과에 비추어 서로의 편익을 도모하자는 데 있었으나, 한국 정부가 조약을 내세워 단안을 강요한다면 일본으로서도 조약을 원용하여 이 사건을 거론하지 않을 수 없다고 전제하고, 조약 규정 이외의 지역, 즉 비개항(非開港)·개시장(開市場)에 산재하는 선교사 등 많은 외국인들은 그대로 둔 채 울릉도 재류 일본인의 퇴거만을 요구하는 데 동의할 수 없으며, 일본인들의 울릉도 재류가 조약 규정 외의 일이지만 그것이 관습화된 책임은 도감에게, 따라서 한국 정부에 있다고 주장하였다.91)

일본 측은, 이미 앞에서 지적한 바와 같이, 양측의 공동 조사에 즈음하여 일본인들의 울릉도 재류를 획책하였는데, 이제 조사가

89) 『交涉局日記』, 光武 4年 9月 7日; 『日案』 4, 文書番號 5905; 「內部來去案」 8(光武 4年 9月 12日 起案).

90) 위와 같다.

91) 『交涉局日記』, 光武 4年 9月 12日; 『日案』 4, 文書番號 5909.

끝나자 일본인들이 재류하게 된 책임이 한국 측에 있음을 들어 퇴거를 강력하게 거부하고 나선 것이었다. 그러나 한국 정부로서는 이에 맞서서, 어떤 조처를 취할, 가령 일본인들을 부근 일본영사관으로 인도한다든지 하는, 역량을 가지고 있지 못하였다. 외부대신 박제순(朴齊純)이 퇴거를 거부하는 임권조(林權助)의 조회를 받은 직후 내부대신 이건하(李乾夏)에게 보내는 조회문에서 "이 안건의 해결이 아득하여 그 기약이 없사오며, 한갓 허문(虛文)만을 일삼는 것도 또한 좋은 계책이 아니온 즉 참으로 걱정…"이라고 개탄하고 있는 것은[92] 바로 정부의 딱한 실정을 반영하는 것이라 하겠다.

한국 정부는 어쨌든 일본 측과 울릉도 재류 일본인들의 철수를 교섭하였다. 한편 울릉도의 관제 개편(官制 改編)도 서둘러 추진하였다. 우용정(禹用鼎)이 울릉도에서 귀경한 직후 내부대신 이건하(李乾夏)에게 제출한 보고서에 "본도(本島) 관제 개편 청의서(官制改編 請議書)가 정부에 유안(留案)되었다"고 하고 있는 것을 보면,[93] 관제 개편 작업은 1900년(광무 4) 6월 중순부터 시작되었고 우용정(禹用鼎) 자신도 이에 관여하고 있었던 것 같다. 그러나 내부(內部)에서 정식으로 의정부(議政府)에 설군청의서(設郡請議書), 즉 '울릉도(鬱陵島)를 울도(鬱島)로 개칭(改稱)ᄒᆞ고 도감(島監)을 군수(郡守)로 개정(改正)에 관(關)ᄒᆞᆫ 청의서(請議書)'를 제출한 것은 이해(1900, 광무 4) 10월 하순(22일)에 가서였다.[94]

울릉도시찰위원 우용정(禹用鼎)의 보고서와 도감 배계주(裵季周)의 첩보, 그리고 부산해관세무사서리 라뽀떼가 제출한 시찰록(視

92) 「內部來去案」 8(光武 4年 9月 15日 起案).

93) 禹用鼎, 「鬱島記」.

94) 「各部請議書存案」 17(奎章閣 소장).

察錄)을 참작하여 작성된 이 청의서는 울릉도에 군(郡)을 설치해야 할 이유로 다음의 두 가지를 들고 있다. 즉 (1) 울릉도는 호수가 400여 호, 간전(墾田)이 10,000여 두락, 1년 농산이 감자 20,000여 포(包), 보리 20,000여 포, 콩 10,000여 포, 밀 5,000여 포나 되어 내륙의 산군(山郡)과 비교하여 큰 차이가 없으며,[95] (2) 외국인들이 왕래 교역하고 있어 현행 도감 체제로는 행정을 하는 데 장애가 된다는 것이었다.[96]

이 설군청의서는 곧 의정부의 의결을 거쳐 1900년 10월 25일에 광무4년 칙령(勅令) 제41호로 황제의 재가를 받아 10월 27일 『관보(官報)』에 게재함으로써 반포되었다. 울릉도 경영상 대단히 중요한 의미를 갖는 이 칙령(勅令)의 내용은 다음과 같다.[97]

---

95) 禹用鼎의 「鬱島記」에는 墾田(田土)이 7,700여 두락으로 되어 있어 10,000여 두락과는 차이를 보이고 있으며, 농산물 수확량에 대하여는 언급되어 있지 않다. 이런 점을 감안한다면 (1)은 라뽀떼의 「視察錄」을 주로 참작한 것이 아닌가 한다.

96) 주 94)와 같다.

97) 「勅令」(奎章閣 소장) 9, 光武 4年 10月 25日;『官報』, 光武 4年 10月 27日. 原文은 다음과 같다.

勅令 第四十一號

鬱陵島를 鬱島로 改稱ᄒᆞ고 島監을 郡守로 改正ᄒᆞᆫ 件

第一條 鬱陵島를 鬱島라 改稱ᄒᆞ야 江原道에 附屬ᄒᆞ고 島監을 郡守로 改正ᄒᆞ야 官制中에 編入ᄒᆞ고 郡等은 五等으로 ᄒᆞᆯ 事

第二條 郡廳 位寘ᄂᆞᆫ 台霞洞으로 定ᄒᆞ고 區域은 鬱陵全島와 竹島·石島를 管轄ᄒᆞᆯ 事

第三條 開國 五百四年 八月 十六日 官報中 官廳事項欄內 鬱陵島 以下 十九字를 刪去ᄒᆞ고 開國 五百五年 勅令 第三十六號 第五條 江原道 二十六郡의 六字ᄂᆞᆫ 七字로 改正ᄒᆞ고 安峽郡下에 鬱島郡 三字를 添入ᄒᆞᆯ 事

第四條 經費ᄂᆞᆫ 五等郡으로 磨鍊호ᄃᆡ 現今間인 즉 吏額이 未備ᄒᆞ고

칙령(勅令) 제41호

울릉도(鬱陵島)를 울도(鬱島)로 개칭(改稱)하고 도감(島監)을 군수(郡守)로 개정(改正)한 건(件)

제1조 울릉도(鬱陵島)를 울도(鬱島)라 개칭(改稱)하여 강원도(江原道)에 부속(附屬)하고, 도감(島監)을 군수(郡守)로 개정(改正)하여 관제(官制) 중에 편입(編入)하고, 군등(郡等)은 5등(等)으로 할 사(事).

제2조 군청(郡廳) 위치(位寘)는 태하동(台霞洞)으로 정(定)하고, 구역(區域)은 울릉전도(鬱陵全島)와 죽도(竹島)·석도(石島)를 관할(管轄)할 사(事).

제3조 개국(開國) 504년 8월 16일 관보(官報) 중 관청사항란(官廳事項欄) 내 울릉도(鬱陵島) 이하(以下) 19자(字)를 산거(刪去)하고, 개국(開國) 505년 칙령(勅令) 제36호 제5조 강원도(江原道) 26군(郡)의 6자(字)는 7자(字)로 개정(改正)하고, 안협군(安峽郡) 하(下)에 울도군(鬱島郡) 3자(字)를 첨입(添入)할 사(事).

제4조 경비(經費)는 5등군(等郡)으로 마련(磨鍊)하되, 현금간(現今間)인 즉 이액(吏額)이 미비(未備)하고 서사(庶事) 초창(草創)하기로 해도(該島) 수세(收稅) 중(中)으로 고선(姑先) 마련(磨鍊)할 사(事).

제5조 미진(未盡)한 제조(諸條)는 본도(本島) 개척(開拓)을 수(隨)하여 차제(次第) 마련(磨鍊)할 사(事).

부칙(附則)

제6조 본령(本令)은 반포일(頒布日)로부터 시행(施行)할 사(事).

광무(光武) 4년 10월 25일 봉(奉)

칙(勅) 의정부의정임시서리(議政府議政臨時署理) 찬정(贊政) 내부대신(內部大臣) 이건하(李乾夏)

庶事 草創ᄒᆞ기로 該島 收稅中으로 姑先 磨鍊ᄒᆞᆯ 事

第五條 未盡ᄒᆞᆫ 諸條ᄂᆞᆫ 本島 開拓을 隨ᄒᆞ야 次第 磨鍊ᄒᆞᆯ 事

附 則

第六條 本令은 頒布日로부터 施行ᄒᆞᆯ 事

光武 四年 十月 二十五日 奉

勅 議政府議政臨時署理 贊政 內部大臣 李乾夏

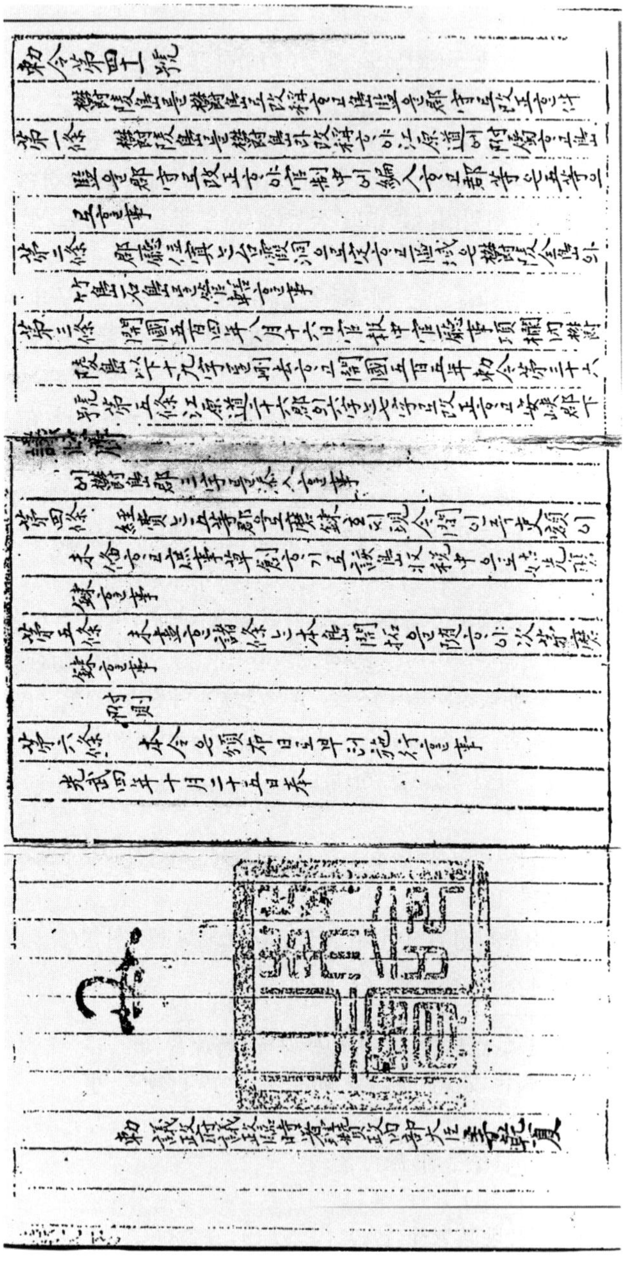
勅令第四十一號

鬱陵島를 鬱島로 改稱ᄒᆞ고 島監을 郡守로 改正ᄒᆞᆫ 件

第一條 鬱陵島를 鬱島라 改稱ᄒᆞ야 江原道에 附屬ᄒᆞ고 島監을 郡守로 改正ᄒᆞ야 官制中에 編入ᄒᆞ고 郡等은 五等으로 ᄒᆞᆯ 事

第二條 郡廳位寘ᄂᆞᆫ 台霞洞으로 定ᄒᆞ고 區域은 鬱陵全島와 竹島石島를 管轄ᄒᆞᆯ 事

第三條 開國五百四年八月十六日官報中官廳事項欄內 鬱陵島以下十九字ᄅᆞᆯ 刪去ᄒᆞ고 開國五百五年勅令第三十六號第五條江原道二十六郡의 六字ᄂᆞᆫ 七字로 改正ᄒᆞ고 安峽郡下에 鬱島郡三字ᄅᆞᆯ 添入ᄒᆞᆯ 事

第四條 經費ᄂᆞᆫ 五等郡으로 磨鍊ᄒᆞ되 現今間인즉 吏額이 未備ᄒᆞ고 庶事草創ᄒᆞ기로 該島收稅中으로 姑先磨鍊ᄒᆞᆯ 事

第五條 未盡ᄒᆞᆫ 諸條ᄂᆞᆫ 本島開拓을 隨ᄒᆞ야 次第磨鍊ᄒᆞᆯ 事

附則

第六條 本令은 頒布日로부터 施行ᄒᆞᆯ 事

光武四年十月二十五日

奉

勅 議政府議政臨時署理贊政內部大臣 李乾夏

[도판 6] 광무(光武) 4년 칙령(勅令) 제41호, 울릉도(鬱陵島)를 울도(鬱島)로 개칭(改稱)ᄒᆞ고 도감(島監)을 군수(郡守)로 개정(改正)ᄒᆞᆫ 건(件), 광무(光武) 4년(1900) 10월 25일(「칙령<勅令>」, 9, 서울대학교 내 규장각 소장)

이 광무4년 칙령 제41호 중에서 우선 주목되는 것은 제1조의 규정이다. 이미 앞에서 언급한 바와 같이, 종래 울릉도 도감은 판임관(判任官) 대우였고, 그것도 본토인(本土人, 울릉도인)으로 임명되었었다. 그런데 이제 이 제1조의 규정에 따라 중앙으로부터 주임관(奏任官)인 군수(郡守)가 파견되게 되었기 때문이다.[98] 또 비록 군(郡)의 등급을 최하급인 5등으로 규정하고 있기는 하지만, 이에 따라 울도군(鬱島郡)에도 군수 외에 순교(巡校) 2명, 수서기(首書記) 1명, 서기(書記) 4명, 통인(通引) 2명, 사령(使令) 4명, 사용(使傭) 2명, 사동(使僮) 1명, 객사직(客舍直) 1명, 향교직(鄕校直) 1명 등 모두 19명의 직원을 둘 수 있게 되어,[99] 우용정(禹用鼎)이 염려하였던 바 울릉도의 관장(官長)도 지방관으로서의 체통을 세울 수 있게 되었다.

제2조의 규정도 우리의 눈길을 끌게 한다. 전단에서 군청(郡廳)의 위치를 태하동(台霞洞, 울릉군<鬱陵郡> 서면<西面>)으로 정하고 있는 것은 이곳 지세가 비교적 평탄한 데다가 도감의 관사(官舍)가 있다는 것과[100] 관련지어 이해해야 할 것이지만, 후단에는 울도군의 관할 구역으로 울릉전도(鬱陵全島)·죽도(竹島)와 함께 석도(石島)를 규정하고 있어서, 오늘의 독도 문제를 가늠하는 데 있어 대단히 중요한 의미를 갖는다고 생각되기 때문이다.

이 관할 구역에 관한 규정 중에서 우선 울릉전도(鬱陵全島)란, 울릉도라 하지 않고 '전도'라고 한 것을 감안할 때, 울릉본도(鬱陵

98) 建陽 元年(開國 505年) 勅令 제37호 地方官吏職制(「勅令」, 建陽 元年 8月 4日; 『官報』, 建陽 元年 8月 6日) 참조.

99) 建陽 元年(開國 505年) 勅令 제36호 地方制度와 官制와 俸給과 經費의 改正에 關흔 件(「勅令」, 建陽 元年 8月 4日; 『官報』, 建陽 元年 8月 6日) 참조.

100) 「東萊報牒」 4, 報告 제26호.

本島)와 이에 부속된, 죽도(竹島)·석도(石島)를 제외한, 작은 섬과 바위들까지 망라하는 것으로 보아야 할 것이다. 다음으로 죽도(竹島)는 고종 19년(1882) 검찰사(檢察使) 이규원(李奎遠)이 확인한 선판구미(船板邱尾, 섬목) 남쪽으로 마주 바라보이는 죽도,[101] 바로 오늘의 죽도(竹島, 죽서<竹嶼>, Boussole rock)를 가리키는 것이다.

그렇다면 석도(石島)는 어느 섬을 가리키는 것일까. 우선 울릉전도(鬱陵全島), 즉 울릉본도(鬱陵本島)와 이에 부속된 작은 섬·바위들과 죽도(竹島)를 제외하고 나면, 울릉도 주변에 있는 도서로 오직 오늘의 독도(獨島)가 남을 뿐이다. 또 석도를 훈독(訓讀)하면 '독섬' 혹은 '돌섬'이 되는데, 지금도 울릉도 주민들은 독도를 '독섬' 혹은 '돌섬'이라 부르고 있다. 이렇게 볼 때 이 제2조 후단의 석도는 바로 독도를 가리키는 것이다. 1906년(광무 10)에 울도군수(鬱島郡守) 심흥택(沈興澤)이 강원도관찰사서리(江原道觀察使署理) 이명래(李明來)에게 보낸 보고서에서 '독도운운(獨島云云)'한 독도[102]는 이 석도(石島), 즉 '독섬'에서 차음(借音)한 것이라 하겠다.

그러면 칙령 제41호 제2조에서 오늘의 독도(獨島)를 '석도(石島)'라고 한 배경은 무엇일까. 이 문제와 관련하여 먼저 밝혀 두고자 하는 것은 석도가 중앙(서울)에서의 호칭이 아니었다고 하는 사실이다. 현지 사정에 어두운 반면, 문헌과 손쉽게 접할 수 있었던 서울에서는 울릉도 개척이 상당히 진척된 19세기 말, 20세기 초까지도 독도를 우산도(于山島)로 부르고 있었다.

가령, 광무 3년(1899) 9월 23일자 『황성신문(皇城新聞)』은 전면에 '별보(別報)'로 울릉도의 역사와 라뻬떼의 조사 내용을 소개하고

101) 이 책, p.145 참조.

102) 「各觀察道案」 1(奎章閣 소장); 申奭鎬, 「獨島 所屬에 대하여」, 『史海』(1948); 申奭鎬, 「獨島의 來歷」, 『思想界』 8 : 8(1960).

있는데, 그 첫머리에,

> 울진지동해(蔚珍之東海)에 일도(一島)가 유(有)ᄒᆞ니 왈(曰) 울릉(鬱陵)이라 기(其) 부속(附屬)한 소육도중(小六島中)에 최저자(最著者)ᄂᆞᆫ 우산도(于山島) 죽도(竹島)니 대한지지(大韓地誌)에 왈(曰) 울릉도(鬱陵島)ᄂᆞᆫ 고우산국(古于山國)이라

고 한 것이 그러한 것이다.

그러니까, 울릉도에 부속된 작은 6개의 섬 가운데에서 가장 큰 것이 우산도(于山島)와 죽도(竹島)라는 것이다. 이 '죽도'는 바로 오늘의 죽도(竹島, 죽서<竹嶼>)요, 따라서 부속된 가장 큰 섬의 하나인 '우산도'는 명백히 오늘의 독도(獨島)를 가리키는 것이었다. 그러함에도 석도(石島)라 하지 않고 '우산도'라고 하고 있는 것은 서울에서의 호칭이 19세기 말, 20세기 초까지도 우산도였음을 시사하는 것이다. 그리고 그것은 아마도 우산도에 관한 기록을 싣고 있는 문헌, 이를테면 『동국문헌비고(東國文獻備考)』나 「동국지도(東國地圖)」(정상기<鄭尙驥>) 등으로부터의 영향이었을 것이다.

그러한 예는 서울대학교 내 규장각(奎章閣)에 소장되어 있는 「대한여지도(大韓輿地圖)」에서도 찾아볼 수 있다. 1898년 학부에서 제작한 대단히 정치한 이 지도에도 울릉도 동쪽으로 작은 섬을 그려 넣고 있으며, 그 위치는 오늘의 독도와 정확히 일치하고 있다. 그럼에도 불구하고 석도(石島)라고 하지 않고 우산(于山)으로 표기하고 있는 것은 필경 독도에 대한 당시 서울에서의 호칭이 우산도였기 때문이었을 것이다.

칙령 제41호에 보이는 석도(石島)의 연원은 울릉도를 왕래하던 전라(全羅) 남도(南道)연해민들로부터 찾아야 할 것 같다. 전라 남도연해민들이 언제부터 울릉도를 왕래하였는지는 확실히 알 수

없다. 다만 울릉도에 출어했던 동래(東萊)의 노군(櫓軍) 안용복(安龍福)의 일본 밀항 때(1696, 숙종 22) 낙안(樂安, 전남<全南> 순천군<順天郡> 낙안면<樂安面>) 사람 김성길(金成吉), 그리고 순천(順天)의 중 뇌헌(雷憲)·승담(勝淡)·연습(連習)·영률(靈律)·단책(丹責) 등과 동행하고 있는 것을 보면,[103] 늦어도 17세기 말부터는 왕래가 시작되었던 것 같다. 그러나 전라 남도연해민들의 왕래가 소개되기 시작한 것은 1882년(고종 19)에 이규원(李奎遠)이 울릉도를 검찰하면서부터가 아니었는가 한다.

이규원(李奎遠)의 조사에 의하면, 울릉도에 있는 내륙인(內陸人) 수는 약 140명이었다. 이 중 전라 남도가 가장 많아 흥양(興陽, 고흥<高興>) 94명, 낙안(樂安) 21명 등 모두 115명이었고, 다음이 강원(江原, 평해<平海>) 14명, 경상(慶尙, 경주·연일·함양<慶州·延日·咸陽>) 10명, 경기(京畿, 파주<坡州>) 1명의 순이었다. 이 전라 남도연해민들은 뱃사람들(선주<船主> 6, 격졸<格卒> 109)로 조선(造船)·채곽(採藿)·채어(採魚)에 종사하였는데, 봄에 울릉도에 와 나무를 베어 배를 만든 뒤, 미역을 따고 고기를 잡으면서 돌아갔다.[104]

전라 남도연해민들의 울릉도 왕래는 개척이 진척됨에 따라 더욱 잦아졌다. 이미 앞에서 언급한 바와 같이, 우용정(禹用鼎)·김면수(金冕秀) 등의 조사에 의하면, 이들은 매년 10척 내외의 배를 건조하였으며, 도민들에게 미곡(米穀) 등도 공급하고 있었다. 또 이들은 울릉도에서 미역도 채취하였는데, 그 액수는 연간 10,000원에서 12,000원에 달하였고, 이는 일본인의 1897~1899년의 연평균 해산물 채취량보다 6,000원에서 8,000원을 웃도는 액수였다.

---

103) 『肅宗實錄』, 肅宗 22年 8月 壬子; 이 책, pp.76~77 참조.

104) 이 책, pp.143~144 참조.

전라 남도연해민들의 울릉도 왕래가 개척 이후 더욱 활발해졌음을 말하여 주는 것이다.

이들 전라 남도연해민들은 울릉도를 왕래하는 도중에 그 동쪽으로 200리쯤(약 50해리) 격하여 위치한 독도를 목격하였을 것이다. 또 미역을 따거나 고기를 잡기 위하여, 혹은 조류나 풍랑으로 인하여 독도에 당도하거나 스쳐 지나가는 경우도 있었을 것이다. 그리고 울릉도·우산도에 관한 문헌을 접할 수도, 잘 읽을 수도 없었던 이 뱃사람들은 그들이 목격하였거나 당도하였던 독도에다 그들 나름대로의 이름을 붙였을 것이다.

그리하여 전라 남도연해민들은 그들이 목격하였거나 당도하였던 이 섬을 '독섬'이라 불렀을 것으로 보여진다. 그것은 (1) 독도는, 잘 알려진 바와 같이, 나무 한 포기 없고, 풀조차 제대로 자라지 못하는 돌(바위)로 된 섬인 데다가, (2) 전남 방언(方言)에서는 돌(石)을, '돌(tol)'로 부르는 예외가 없는 것은 아니지만(광주<光州>), 거의가 '독(tok)'으로 부르거나, 일부 지방(여수·순천·강진·영광<麗水·順天·康津·靈光>)에서 '돌'과 '독'으로 섞어 부르고 있어서,[105] 이 돌로 된 섬을 그들의 방언에 따라 '독섬'이라 부르게

---

105) 小倉進平, 『朝鮮語方言の硏究』 上 (岩波書店, 1944), pp.218~219. 참고로 원문을 소개하면 다음과 같다. '×'표는 다른 어형(語形)도 존재한다는 표시임.

石 (1) [tol] [全南] 濟州·城山·×西歸·×大靜·×麗水·×順天·×康津·×靈光·光州. [慶南] 蔚山·×梁山·東萊·×釜山·金海·×馬山·×巨濟·×統營·晋州·×南海·×河東·×咸陽·×居昌·×陜川·×昌寧·×密陽. [慶北] 永川·慶州·浦項·興海·盈德·×大邱·高靈·義城·×咸昌·×聞慶·×醴泉·×安東·×榮州·×青松(道內多くの地方にありては主格(石が)を[toli]の外[tol-gi]といふ. 忠淸南北道·江原道などまた同じ).

[忠南] ×鴻山·×靑陽·×舒川·×洪城·×天安. [忠北] ×淸州·×報恩·

되었으리라는 것은 매우 자연스러운 것이라 생각되기 때문이다.

전라 남도연해민들이 부르던 이 '독섬'이란 도명(島名)은 1883년(고종 20)부터 입거하기 시작한 도민(島民)들에게 영향을 주었을 것이다. 그러나 그것은 입거인(入居人)들의 방언에 따라 얼마만큼 잠식되어 두 어형(語形)이 공존했으리라는 것도 짐작할 수 있다. 입거인들의 출신지는 자세히 알 수 없지만, 지리적 관계를 고려한다면 첫 입거 때와 같이 강원도가 가장 많고 그 다음이 경상도(慶尙道)였을 것으로 생각된다.[106] 그러므로 이 입거인들은 그들의

鎭川・槐山・×忠州・丹陽・堤川. [江原] 通川・長箭・高城・杆城・襄陽・注文津・江陵・三陟・蔚珍・平海・寧越・平昌・原州・横城・洪川・春川・麟蹄. (2) [tok] [全南] ×西歸・×大靜・×麗水・×順天・筏橋・高興・寶城・長興・×康津・海南・靈岩・木浦・咸平・×靈光・羅州・長城・潭陽・玉果・谷城・求禮. [全北] 雲峰・南原・淳昌・井邑・金堤・群山・全州・任實・長水・鎭安・茂朱・錦山. [慶南] ×梁山・×河東・×居昌・×陜川・×昌寧・×密陽. [慶北] 金泉・尙州(これでは主格を[tok-i] [tok-hi]など といふ)・×咸昌・×聞慶. [忠南] ×公州・×江景・×鴻山・×靑陽・×舒川・藍浦・×洪城・海美・瑞山・沔川・禮山・鳥致院. [忠北] ×淸州・×報恩. (3) [tuk] [忠南] 保寧. (4) [tol-ma] [忠南] ×天安. (5) [tol-mak] [忠南] ×公州・×洪城. [忠北] ×淸州. (6) [tol-mɛ-gi] [忠南] ×江景. (7) [tol-mɛ-ki] [慶北] ×醴泉. (8) [tol-mɛŋ-i] [慶南] ×釜山. [慶北] ×榮州. [忠南] ×江景・×天安. [忠北] ×報恩・×永同・×忠州. (9) [tol-moŋ-siŋ-i](卑語) [慶南] ×統營. (10) [tol-mu-ʤiŋ-i] [慶南] ×南海. (11) [tol-mi] [慶南] ×巨濟・×晋州・咸陽. [慶北] ×安東. (12) [tol-miŋ-i] [慶南] ×馬山・×統營. (13) [tol-piŋ-i] [慶南] ×馬山. [慶北] ×大邱・×義城・×靑松. (14) [tol-pak] [忠南] ×江景・×舒川・×洪城. (15) [tol-ʧak] [忠南] ×公州. [忠北] ×淸州・×永同.

106) 1883년(고종 20) 첫 입거(入居) 당시의 숫자는 16호 54명이었는데, 출신 도별로는 강원(江原) 39(강릉<江陵> 26, 울진<蔚珍> 13), 경상(慶尙) 11(함양<咸陽> 5, 경주<慶州> 2, 대구<大邱>・선산<善山>・연일<延

방언, 즉 강원(江原)·경남북(慶南北)의 방언에 따라[107] '독섬'을 '돌섬'이라 부르기도 하였을 것이다. 이미 앞에서 언급한 바와 같이, 지금도 울릉도민(鬱陵島民)들은 독도(獨島)를 '독섬', 혹은 '돌섬'으로 부르고 있다.

이렇게 볼 때 광무 4년(1900) 칙령 제41호 제2조에서 울도군(鬱島郡)의 관할 구역으로 울릉전도(鬱陵全島)·죽도(竹島)와 함께 규정하고 있는 '석도(石島)'란 전라 남도연해민들이나 울릉도민들이 부르던 '독섬' 혹은 '돌섬'을 한역(漢譯)한 것으로, 그 무렵에 서울에서 부르던 우산도(于山島), 즉 오늘의 독도(獨島)를 가리키는 것이었다. 그리고 울도군수(鬱島郡守) 심흥택(沈興澤)의 보고서에 보이는 '독도'는 바로 '독섬'에서 차음(借音)한 것이었다. '독'을 차자(借字) 표기할 때 '독(獨)'자를 쓰는 것은 15세기 초엽으로까지 올라간다. 가령, 약초인 '오독도기'(낭독<狼毒>·여여<藺茹>)를 '오독독기(吾獨毒只)'로 표기한 것이 그러한 예이다.[108] 이 점은 20세기 초엽에도 그러하였다. 전남(全南) 무안(務安)의 '독섬'을 '독도(獨島)'로, 제주(濟州)에 있는 '독개'를 '독포(獨浦)'로 표기한 것이 그런 예이다.[109]

日>·안동<安東> 각 1), 충청(忠淸) 3(충주<忠州>), 경기(京畿) 1이었다(이 책, p.152 참조).

107) 소창진평(小倉進平)의 연구에 의하면, 강원도(江原道)와 경상남북도(慶尙南北道)에서는 돌을 '돌'이라고 하거나 여기에 기(gi) 메기(me-gi) 멩이(meŋ-i) 등의 접미사(接尾辭)를 붙였고, 경상남북도 일부 지방(양산<梁山>·하동<河東>·거창<居昌>·합천<陜川>·창령<昌寧>·밀양<密陽>·김천<金泉>·상주<尙州>·함창< 咸昌 >·문경<聞慶>)에서는 '돌'과 '독'을 혼용하고 있다고 한다(주 105) 참조).

108) 「鄕藥採取月令」(世宗 13年刊, 서울大學校 中央圖書館 소장) 2月條; 「鄕藥集成方」(世宗 15年 初刊, 仁祖 11年 重刊, 高麗大學校 中央圖書館 晩松文庫 소장) 29권 48장.

그러면, 이 칙령 제41호 제2조에 독도(獨島)가 '석도(石島)'로 실리게 된 경위는 어떠한 것일까. 그것은 짐작컨대 울릉도시찰위원(欝陵島視察委員) 우용정(禹用鼎) 등이 도세(島勢) 조사에 즈음하여 전라 남도연해민들이나 도민들이 부르던 '독섬' 혹은 '돌섬'을 '석도'로 한역(漢譯)하여 울릉도(欝陵島) 관제개편안(官制改編案)에 반영시켰기 때문이 아닌가 한다. 이 관제개편안에 우용정(禹用鼎)이 관여하였다는 것은 이미 앞에서 언급해 둔 바 있다.110)

석도(石島)와 관련하여 첨언해 두고자 하는 것은 이에 대한 고(故) 방종현(方鍾鉉) 교수의 견해이다. 그는 1947년 8월에 독도(獨島)를 시찰하고 돌아와 기행문 「독도(獨島)의 하루」를 『경성대학(京城大學) 예과신문(豫科新聞)』에 기고하였다. 그는 이 글에서 독도가 곧 석도임을 주장하였다. 칙령 제41호를 보지 못했을 그가 이런 추정을 했다는 것은, 국어학자였기 때문이었겠지만, 가히 탁견이라고 할 만한 것이다. 번거롭지만 원문 중 관계된 부분을 소개한다.111)

> 나는 끝으로 혹(或)은 이 섬의 이름이 「석도(石島)」의 의(意)에서

---

109) 『增補文獻備考』「輿地考」21, 海防 濟州・務安.

110) 굴화생(堀和生)이 「一九〇五年日本の竹島領土編入」(『朝鮮史硏究會論文集』 24<1987> 소수)에서 제시한 일본군함 신고(新高)의 『일지(日誌)』(『군함신고행동일지<軍艦新高行動日誌>』, 방위청전사부<防衛廳戰史部> 소장)에 의하면 울릉도민들은 심흥택 보고서(沈興澤 報告書) 이전부터 이 섬을 '독도(獨島)'라 쓰[書]고 있었다. 즉 이 『일지』 1904년 9월 25일자에 '松島(欝陵島)ニ於テリアンコルド岩實見者ヨリ聽取リタル情報'라고 전제하고 이어 'リアンコルド岩韓人之ヲ獨島ト書シ本邦漁夫等略シテリヤンコ島ト呼稱セリ'라고 기록하고 있는 것이 그것이다(『朝鮮史硏究會論文集』 24, p.111).

111) 方鍾鉉, 『一簑國語學論集』, pp.570~571.

> 온 것이 아닌가 생각된다. 이것은 「돌섬」 또는 「독섬」의 두 가지로 부를 수 있는 것이니 여기서 문제(問題)는 이 독도(獨島)의 외형(外形)이 전부(全部) 돌로 된 것 같이 보이게 되었다 하는 것과 또한 「돌」을 어느 방언에서 「독」이라고 하는가를 해결(解決)하면 이 석도(石島)라는 명칭이 거의 가까운 해석(解釋)이 되리라고 할 것이다. 그런데 이 독도(獨島)는 역시(亦是) 돌로 되었고 돌뿐이요 오히려 흙이 없다고 하겠다. 그러면 다음으로 「석(石)」이 「독」이라고 하는 것은 전라남도(全羅南道)의 해안(海岸)에서도 이렇게 하는 곳이 있는 만큼 「절구」를 「도구통」이라고 하든가 「기(碁)」를 「돌」 또는 「바둑」으로, 「다드미돌」을 「다드미독」이라고도 하는 것 등(等)에 비추어 울릉도(鬱陵島)의 지명례(地名例)와 같이 이 섬은 역시(亦是) 석도(石島)의 의(意)인 「독섬」이라고 생각된다.

앞에서 이미 언급한 바와 같이, 이 광무4년 칙령 제41호는 1900년 10월 27일자 『관보(官報)』(제1711호)에 게재되었다. 그런데 당시의 공문식(公文式)[개국(開國) 504년(1895) 칙령(勅令) 제86호]에 의하면 "범(凡) 법률(法律) 명령(命令)은 관보(官報)로써 반포(頒布)할 사(事)"를 규정하고 있어(제2장 제10조 1항),[112] 10월 27일은 바로 칙령 제41호의 반포일이 된다. 그리고 이 칙령 부칙 제6조에 "본령(本令)은 반포일(頒布日)로부터 시행(施行)홀 사(事)"를 규정하고 있으므로 광무4년 칙령 제41호는 1900년 10월 27일로부터 효력을 발생하게 된 것이다. 이는 석도(石島), 즉 오늘의 독도(獨島)가 대한제국(大韓帝國)의 영토임을 칙령으로 재확인한 것을 의미하는 것이다.

이 밖에 칙령 제41호 제3조는 법령(法令) 정비, 제4·5조는 경과(經過) 규정이라고 할 것이다. 제3조 중 "개국(開國) 504년 8월 16일 관보운운(官報云云)"한 것은 '울릉도(欝陵島)에 도감(島監)을 치(置)

---

112) 「勅令」, 開國 504年 5月 7日; 『官報』, 開國 504年 5月 11日·12日.

ᄒᆞᄂᆞᆫ 건(件)'[113]을 삭제한다는 것이며, "개국(開國) 505년 칙령(勅令) 제36호"란 1896년(건양 원년) 8월 4일에 23부(府)를 13도(道)로 개편하면서 반포한 '지방제도(地方制度)와 관제(官制)와 경비(經費)의 개정(改正)에 관(關)ᄒᆞᄂᆞᆫ 건(件)'을 지적하는 것으로,[114] 울릉도가 울도군(欝島郡)으로 승격됨에 따라 제5조의 강원도 26군을 27군으로 고치고, 제26군인 안협군(安峽郡) 다음에 제27군으로 울도군(欝島郡)을 넣는다는 것이다. 또 제4조의 규정은 우용정(禹用鼎)이 울릉도(欝陵島)에서 돌아온 직후에 건의한 바, 울릉도 관제 개편에 따라 늘어나는 경비와 월봉에 관한 대책을 그대로 받아들인 것이라 하겠다. 제4조에 보이는 '이액(吏額)'은 관리의 수(數), '서사(庶事)'는 제반사무를 말한다. 제5조에 대하여는 특별한 설명이 필요치 않을 것이다.

울릉도가 군(郡)으로 승격됨에 따라 정부는 1900년(광무 4) 11월 26일자로 군수(郡守)를 임명하였다. 중앙으로부터 지방관이 파견된 것이다. 이 초대 군수는 오랫동안 도감(島監)으로 일한 배계주(裵季周)였다.[115] 이어 1901년 초에는 내부 관원(內部 官員) 최성린(崔聖麟)을 파견하였다. 설군(設郡)에 따른 여러 가지 준비를 하기 위해서였다.[116] 울릉도에 처음으로 향교(鄕校)가 세워진 것도 이 무렵이었다.[117] 군의 경비는 도민으로부터 징수하였는데, 이 때문에 배계주(裵季周)·최성린(崔聖麟) 등은 민원을 사기도 하였다.[118]

113) 『高宗實錄』, 高宗 32年 8月 15日; 『官報』, 開國 504年 8월 16日, 9月 20日.

114) 「勅令」, 建陽 元年 8月 4日; 『官報』, 建陽 元年 8月 6日.

115) 『官報』, 光武 4年 11月 29日.

116) 『皇城新聞』, 光武 5年 1月 18日.

117) 『皇城新聞』, 光武 5年 2月 27日.

118) 『交涉局日記』, 光武 5年 5月 1日; 『皇城新聞』, 光武 5年 5月 3日, 7月

군으로 승격되면서 인구도 불어나, 부산해관(釜山海關)의 사미수(士彌須)의 조사에 의하면, 설군한 지 1년도 채 안 되는 1901년 8월 현재 약 3,000명에 달하였다.[119]

그러나 정부의 노력에도 불구하고 아직 군용(郡容)은 제대로 갖추어지지 않았다. 군아(郡衙)는 여전히 도감의 관사(官舍)를 이용하였던 것 같다. 행정 실무를 담당할 관속도 제대로 배치되지 않았으며, 치안을 담당할 이교(吏校)는 아예 배치되지 않았다. 군아를 도동(道洞)에 신축하여 이전한 것은 1903년(광무 7)에 가서였다. 그리고 이해에 관속(官屬)·이교(吏校)도 배치되어 군으로서의 면목을 어느만큼 갖추게 되었다.[120] 신군수(新郡守) 심흥택(沈興澤)이 도임(到任, 1903. 4. 20)한 뒤의 일이었다.[121]

여기서 울도군(欝島郡)의 소속에 대하여 좀더 언급한다면, 1906년(광무 10) 9월에 이르러 행정구역 정리에 따라 강원도(江原道)에서 경상남도(慶尙南道) 관할로 이속(移屬)되었다.[122] 지금처럼 경상북도 관할로 된 것은 1913년 12월부터였다.[123] 그리고 1915년 5월에는 관제 개정의 결과 군을 폐지, 도제(島制)를 실시하여 도사(島司)를 두게 두었다.[124] 다시 군제로 복귀된 것은 1949년부터였다.[125]

26日.

119) 『皇城新聞』, 光武 6年 4月 29日.

120) 『交涉局日記』, 光武 6年 9月 3日; 『皇城新聞』, 光武 7年 10月 14日; 「欝陵島郵便所沿革簿」(鬱陵郡郵便局 소장).

121) 『官報』, 光武 7年 1月 29日, 8月 11日.

122) 『官報』, 光武 10年 9月 28日 附錄.

123) 『官報』(朝鮮總督府), 大正 2年 12月 29日 號外.

124) 『官報』, 大正 4年 5月 1日 號外.

125) 『官報』(大韓民國), 檀紀 4282年 4月 15日.

7

일본의 '량고'도(독도) 영토 편입과 울도군수 심흥택 보고서

필자는 고종조(高宗朝, 1864~1907)의 울릉도(鬱陵島) 경영(經營)을 수토제도(搜討制度)가 폐지되는 1895년 초(고종 31년 12월)를 기준으로 하여, 그 이전을 전기, 그 이후, 즉 전임도장[감]제의 실시 이후를 후기로 구분하고, 전·후기 경영에 대하여 각각 간단한 논고를 발표한 바 있다.[1) 그런데 후기 경영을 정리하면서, 이 시기에 있었던 일본의 '량고'도(リヤンコ島, 독도) 영토 편입과 이와 관련된 울도군수(鬱島郡守) 심흥택 보고서(沈興澤 報告書)에 대해서는 후일을 기약했었다. 이 글은 바로 이 두 문제를 고찰하려는 데 그 목적이 있으며, 이를 (1) 일본의 울릉도 침략, (2) 일본의 '량고'도 영토 편입, (3) 울도군수 심흥택 보고서(沈興澤 報告書)로 나누어 살피고자 한다.

일본의 '량고'도 영토 편입에 관한 국내 자료는 거의 없다고 보아도 좋을 만큼 영성하다. 그런데 필자는 1978년 여름 서울대학교

1) 이 책, pp.133~163, 165~205 참조.

내 규장각(奎章閣)의 울릉도·독도(欝陵島·獨島) 관계 자료를 조사하던 중 「각관찰도안(各觀察道案)」 1(의정부외사국<議政府外事局>)에 편철(編綴)되어 있는 강원도관찰사서리(江原道觀察使署理) 춘천군수(春川郡守) 이명래(李明來)의 '보고서호외(報告書號外)' 원본을 발견하였다. 의정부참정대신(議政府叅政大臣)에게 보내진 이 보고서에는 고(故) 신석호(申奭鎬) 교수가 1947년 울릉도청(欝陵島廳)에서 발견한 울도군수 「심흥택 보고서(沈興澤 報告書) 부본(副本)」의 내용이 그대로 수록되어 있으며, 그 말미에는 독도의 일본 영유를 부인하는 내용을 담은 참정대신(叅政大臣) 박제순(朴齊純)의 '지령(指令) 제3호'도 실려 있다.[2] 독도 영유권(獨島 領有權) 문제를 가늠하는 대단히 중요한 문서로 제Ⅲ절 「울도군수 심흥택 보고서(沈興澤 報告書)」를 정리하는데 크게 도움이 되었음을 밝혀둔다.

Ⅰ. 일본의 울릉도 침략

울릉도에 일본인들이, 규목(槻木, 느티나무) 도벌을 위하여 잠입하기 시작한 것은 19세기 중엽부터였다. 이 일본인들은 1880년대 초(1883, 고종 20)에 일본 정부에 의하여 일단 철수되었다. 조선 정부의 항의에 따른 것이었다. 그런데 1890년대 초(1891, 고종 28)부터 일본인들의 잠입은 다시 시작되었고, 그 수는 해가 갈수록 불어났다. 그리하여 청일전쟁(淸日戰爭)이 끝난 다음해인 1896년(건양 원년) 이후부터 계속 200명 내외의 선을 유지하였다. 그리고 이들은 규목 도벌뿐 아니라 점차 상품도 밀매하기 시작하였으며, 그런 과정에서 도민(島民)들에게 폐를 끼치는 일도 잦아졌다.[3]

---

2) 이 책, p.238의 [도판 10] 참조.

한국 정부는 도내 일본인들의 실태를 조사하기 위하여 부산해관세무사서리(釜山海關稅務司署理) 라뽀떼(Laporte, E.,) 등을 울릉도에 파견하였고(1899, 광무 3), 이어 시찰위원(視察委員, 내부시찰관<內部視察官>) 우용정(禹用鼎) 등도 파견하였다(1900, 광무 4). 그리고 이들의 조사 보고에 따라 일본 측에 현지 일본인들의 철수를 여러 차례에 걸쳐 요청하였다. 그러나 일본 측은 일본인들의 울릉도 재류(在留)가 조약 규정 외의 일임을 인정하면서도, 일본인들의 주거권(住居權)을 주장하여, 혹은 그것이 관습화된 책임이 한국 정부에 있음을 내세워 철수를 거부하였다.[4)]

한편, 현지에서는 시찰위원 우용정(禹用鼎) 등이 체류하는 동안 잠시 중단되었던 일본인들의 규목 도벌이 재개되고 있었다.[5)] 물론 한국 정부는 이를 일본 측에 항의하였다. 그러나 아무런 성과를 거두지 못하였다.[6)] 그리하여 1901년(광무 5) 8월에 부산해관(釜山海關)의 사미수(士彌須), 동 방판(同 幇辦) 김성원(金聲遠), 동래감리서주사(東萊監理署主事) 정보섭(丁寶燮) 등을 다시 현지로 파견하였다. 역시 일본인들의 실태를 조사하기 위해서였다.[7)]

현지 조사를 마친 사미수(士彌須)는 곧 정부에 보고서를 제출하였다(8월). 그 요지는 (1) 도내(島內)에 상주하는 일본인 수는 약 550명이며, 이 밖에도 매년 채어·벌목(採魚·伐木)차 내도(來島)하는 수가 300~400명에 이른다, (2) 도내 일본인의 2대 파벌인 '하

---

3) 이 책, pp.168~172 참조.

4) 이 책, 6장 1절 참조.

5) 「內部來去案」(奎章閣 소장), 8(光武 4年), 照會 제14호.

6) 『交涉局日記』(『舊韓國外交關係附屬文書』 7, 高麗大附設 亞細亞問題研究所, 1974), 光武 4年 9月 5·11日; 『日案』 5(『舊韓國外交文書』 5, 高麗大附設亞細亞問題研究所, 1968), 文書番號 5900·5907.

7) 『皇城新聞』, 光武 6年 4月 29日.

다모도당(黨)'과 '와기다당(黨)'이 울릉도를 남북으로 분계(分界), 삼림(森林)을 스스로 영유(領有)하여 '인장(認狀)' 없이 벌목하고 있는데다가 도민들의 벌목을 금하고 위반자로부터 벌금을 징수하고 있다, (3) 도내 일본 선박 수는 판재(板材)를 싣고 출범 중인 5척을 포함하여 21척이며, 부산일본영사관(釜山日本領事館)의 준단(准單, 허가증)을 가진 어선 7척과 잠수부정(潛水夫艇) 13척이 있다는 것 등이었다.[8)]

이런 사미수(士彌須)의 보고에 뒤이어 도민(島民)들로부터 일본인의 '분계' 등의 작폐에 대한 두 차례에 걸친 진정이 있었다.[9)] 또 울도군(欝島郡)으로부터도 삼림이 이미 황폐하여졌고 토지마저 장차 일본인의 수중으로 넘어가고 말 것이라는 내용의 보고도 있었다.[10)] 이와 같은 현지 일본인들의 일련의 동태는 일본인들의 재류를 기정 사실화하려는 일본 정부의 방침과도 무관하지 않은 것으로 보인다.

그런데 일본 정부는 1902년(광무 6) 3월에, 일본인의 재류를 기정사실화하는 방침에서 한 걸음 더 나아가 울릉도에 경찰관주재소(警察官駐在所)를 신설, 경찰을 상주시키기 시작했다.[11)] 일본공사(日本公使) 임권조(林權助)가 이 계획을 세운 것은 1901년 말로 그 의도하는 바는 일본인의 도민과의 마찰을 사전에 방지함으로써 일본인의 철수를 요구당하는 '고정(苦情)'에 부딪치는 일이 없도록 하려는 데 있었다.[12)] 일본인의 재류를 더욱 확실하게 하기

---

8) 위와 같다.

9) 『交涉局日記』, 光武 5年 9月 10日 ; 『皇城新聞』, 光武 5年 9月 12日・18日.

10) 『交涉局日記』, 光武 5年 9月 14日.

11) 「欝陵島郵便所沿革簿」(鬱陵郡郵便局 소장).

12) 『駐韓日本公使館記錄』(國史編纂委員會 소장), 本省機密往信(明治 34年)

위한 방편이었다. 그 구체적인 계획은 자세히 알 수 없지만 부산 일본영사관 소속 경부(警部) 1명, 순사(巡査) 2명을 6개월, 혹은 1년 기한으로 파주(派駐)시키는 것이었던 것 같다.[13]

한국 정부가 일본의 경찰관주재소 설치를 인지한 것은 이해(1902) 9월 말로 강원도관찰사(江原道觀察使)의 보고를 통해서였다. 강원도관찰사의 보고에 의하면, 일본 측은 비단 울릉도에 주재소를 설치하였을 뿐 아니라 도민을 임의로 연행하였고, 또 도민들 가운데는 그 억울한 일을 일본 경찰에 호소하는 일조차 있었다고 한다.[14]

사태의 중대함을 인식한 한국 정부는 곧 '급행조회(急行照會)'로 일본 측에 조약에 저촉됨을 들어 주재소의 폐지와 재류 일본인들의 철수를 요구하였다(10월).[15] 그러나 공사(公使) 임권조(林權助)는 한국 측의 요구를 거부하였다. 신 군수(新 郡守) 강영우(姜泳禹)의 부임에 즈음하여 일본 경찰 주재 문제를 협의한 바 있고, 울릉도의 오늘의 개척이 있게 된 것은 일본인 도항자(渡航者)의 공로 때문이라는 것이었다.[16]

일본 경찰 주재 문제에 대하여 일본공사관 서기관(書記官) 국분상태랑(國分象太郞)이 강영우(姜泳禹)와 몇 차례 접촉하면서 협의한 것은 사실이었다. 강영우(姜泳禹)는 부임을 앞두고 현지 일본인의 작폐 때문에 크게 공포감에 사로잡혀 있었는데, 일본 측은 바로 이 점을 이용하였던 것이다.[17] 그러나 일개 군수에게 외국 경찰

機密 제133호.

13) 위와 같다.

14) 『交涉局日記』, 光武 6年 9月 30日.

15) 『交涉局日記』, 光武 6年 10月 11日 ; 『日案』 6, 文書番號 7057 · 7501.

16) 『交涉局日記』, 光武 6年 10月 30日 ; 『日案』 6, 文書番號 7084 · 7515.

17) 주 12)와 같다.

의 주재를 허가할 권능이 있었던 것은 아니었다. 이 문제는 당연히 한국 정부와 협의했어야 할 성질의 것이었다. 그러나 재류 일본인의 철수를 요구당하고 있었던 일본 측 처지로서는 경찰 주재 문제를 한국 측과 협의할 수는 없었을 것이며, 그리하여 군수와라도 협의해야 하는 궁색한 방법을 택한 것이 아니었던가 한다.

일본이 울릉도에 경찰관주재소를 설치한 것은 시기적으로 영국과 일영동맹(日英同盟)을 체결한 직후가 된다. 일본은 의화단사건(義和團事件) 때 영국의 요청을 받고 대규모의 병력을 중국에 파견하였는데(1900, 광무 4), 이후 일본은 영국과 군사적 협력 관계를 맺게 되었다. 그런데 의화단사건으로 출병했던 러시아가 만주 지방에 계속 병력을 주둔시키고 한반도로 그 영향력을 확대하여 나아감에 따라 일본은 영국과의 군사적 협력 관계를 동맹 관계로 발전시켜 1902년 1월 일영동맹을 성립시켰다. 이 동맹으로 일본은 중국에서의 영국의 이권을 승인하는 대신, 영국으로부터 한국의 지배와 이미 예상하고 있던 대 러시아전의 지원을 약속받게 되었다. 울릉도 재류 일본인의 철수 거부나 경찰관주재소 설치는 이런 상황하에서 이루어진 것이었다.

영국 세력을 배경으로 한 일본은 러시아 측에 만주에서의 철병과 한국에 대한 일본의 특수 권익 승인을 강력히 요청하였다. 그러나 러시아는 만주에서 철병을 거부하는 대신 북위 39도선 이북의 한국 영토를 중립 지대화할 것을 요구하였다. 이 협상은 여러 차례에 걸쳐 계속되었으나 타결점을 찾지 못하였으며, 무력으로 문제의 해결을 결정한 일본이 1904년(광무 8) 2월 여순(旅順)을 기습 공격함으로써 일로전쟁(日露戰爭)은 시작되었다.

사태의 급박함을 살핀 한국 정부는 전쟁 발발에 즈음하여 국외중립을 선언하였으나(1월), 일본은 곧 서울을 점령하고 국왕을 위

협하여 이미 내정하고 있던 한일의정서(韓日議定書)를 성립시켰다(2월). 한국에 대한 정치 · 군사 · 외교적 간섭을 합리화시킨 이 의정서에 의하여 일본은 광대한 토지를 군용(軍用)으로 점령하고 모든 통신망을 접수하였으며, 경부 · 경의 철도 부설권(京釜 · 京義 鐵道 敷設權), 해안 · 하천 항해권(海岸 · 河川 航海權) 등을 획득하였다.

그리고 전황이 일본군에게 유리하게 전개되자 일본은 한국 정부에 대하여 러시아와의 국교단절을 뜻하는 칙선서(勅宣書, 칙령<勅令>)의 발표를 강요하였다(5월). 그 요지는 (1) 한로간에 체결된 일체의 조약 · 협정을 폐기한다, (2) 한국 정부가 인정하지 않는 러시아인이나 회사와 체결한 특허 합동(特許合同, 약정<約定>), 특히 두만강 · 압록강 · 울릉도삼림벌식권(豆滿江 · 鴨綠江 · 欝陵島森林伐植權)을 취소한다는 것이었다.[18)]

이 칙선서 제1항은, 적어도 일본의 입장에서 볼 때, 러시아와의 전쟁 수행상 오히려 당연한 규정이라고 할 수 있겠다. 그런데 제2항에서 러시아인이나 회사에 한 특허 합동(特許 合同) 가운데 브린너(Brynner, Y.I.,)의 삼림 벌채권을 지적하여 무효화시킨 것이 주목된다. 그것도 당초의 일본 측 계획은 압록강 · 두만강 삼림 벌채권에 대하여 특허 조건을 이행하지 않았기 때문에 무효화시키자는 것이었는데, 한국 정부와 협의하는 과정에서 울릉도 삼림 벌채권이 추가되고, 그 이유도 '불법 행위(不法 行爲)'에서 '침점적 행위(侵占的 行爲)'로 바꾸고 있는 것이다.[19)] 이는 일본이 러시아와 전쟁을 수행하면서 울릉도의 전략상 가치를 높이 평가한 때문이었던 것으로 보인다.

---

18) 『勅令』(奎章閣 소장), 光武 8年 5月 18日 ; 『官報』, 光武 8年 5月 18日 號外, 24日.

19) 『日本外交文書』 37 : 1, 文書番號 435 · 444 · 451.

그런데 실제로 일본은 칙선서가 반포되면서 울릉도의 전략 기지화를 추진하였다. 칙선서가 반포된 직후(6월) 울릉도에 일본 우편수취소(日本 郵便受取所)가 설치되었다.[20] 망루(望樓)의 설치가 결정되어(7월) 송도 동망루(松島 東望樓, 배원<配員> 6명), 송도 서망루(松島 西望樓, 배원 6명)가 활동을 개시하였고(9월), 일본 해군 정박지(碇泊地) 죽변만(竹邊灣)과 연결하는 해저 전선도 부설되었다(9월). 이에 따라 울릉도 망루는 좌세보(佐世保)의 해군진수부(海軍鎭守府)와 직접 교신할 수 있게 되었다.[21]

Ⅱ. 일본의 '량고'도 영토 편입

일본은 대 러시아전을 성공적으로 수행하면서 한국을 식민지화하기 위한 단계적 조처를 취해 나갔다. 그리하여 1904년(광무 8) 8월에 일본인 재정고문관(財政顧問官)과 외국인 외교고문관(外交顧問官) 초빙을 내용으로 하는 한일협정서(韓日協定書, 제1차 한일협약<韓日協約>)를 성립시켰다. 그 의도하는 바는 한국 정부의 재정권・외교권을 박탈하려는 데 있었다. 그러나 실제로 일본은 탁지부(度支部)와 외부(外部)는 물론 궁내부・군부・경무청・학부(宮內府・軍部・警務廳・學部) 등에도 일본인 고문관의 초빙을 강요하였으며, 이에 따라 정치의 실권이 일본인 고문관 수중으로 넘어가게 되었다. 이른바 고문정치가 시작되었던 것이다.

이 한일협정서의 성립과 거의 때를 같이하여 일본에서는 도근

---

20) 「欝陵島郵便所沿革簿」; 堀和生, 앞의 논문, 『朝鮮史研究會論文集』 24, p.310.

21) 堀和生, 위의 논문, 『朝鮮史研究會論文集』 24, pp.114~115.

현(島根縣) 어업인 중정양삼랑(中井養三郎)에 의하여 '량고도(독도) 영토 편입 및 대하원(リヤンコ島<獨島>領土編入並ニ貸下願)'이 일본 정부에 제출되었다(9월). 그리고 이를 바탕으로 하여 일본 정부는 1905년(광무 9, 명치 38) 2월 22일자로 '량고'도(島)를 그 영토로 편입하였다. 도근현지사(島根縣知事) 송영무길(松永武吉)이 이 날짜 '도근현고시(島根縣告示) 제40호'로,

> 북위(北緯) 37도 9분 30초(三十七度 九分 三十秒), 동경(東經) 131도 55분(百三十一度 五十五分), 은기도(隱岐島)를 거(距)하기 서북(西北) 85리(八十五浬)에 있는 도서(島嶼)를 죽도(竹島)라 칭(稱)하고 자금(自今) 본현 소속(本縣 所屬) 은기도사(隱岐島司)의 소관(所管)으로 정(定)하여짐.

이라고 고시하고 있는 것이 그것이다.[22] 러시아 함대와의 '일본해 해전(日本海 海戰, 5월)'을 얼마 앞두고서의 일이었다.

'도근현고시 제40호'가 나오게 된 경위, 즉 '량고'도(독도)의 영토 편입 경위를 간단히 살펴본다면, 그 형식적인 계기가 된 것은, 앞에서 잠깐 언급한 바와 같이, 도근현(島根縣) 주길군(周吉郡) 서향정(西鄕町)의 어업인 중정양삼랑(中井養三郎)의 출원(出願)에 있었다. 그는 1903년(광무 7) 5월에 처음으로 '량고도'에 출어한 일이 있고, 이어 1904년(광무 8)에도 출어하였는데, 이 섬의 어업권을 독점하기 위하여 이해(1904) 9월 29일에 내무·외무·농상무대신(內務·外務·農商務大臣) 앞으로 '량고도(독도) 영토 편입 및 대하

---

22) 奧原碧雲, 『竹島及鬱陵島』(日本 松江: 報光社, 1907), p.32. 原文은 다음과 같다.

北緯三十七度九分三十秒東經百三十一度五十五分隱岐島ヲ距スル西北八十五浬ニ定ル島嶼ヲ竹島ト稱シ自今本縣所屬隱岐島司ノ所管ト定メラル.

원(リヤンコ島<獨島>領土編入並ニ貸下願)'을 제출하였다. 농상무성·외무성·해군성 관원들의 종용에 따른 것이었다.[23]

주무 부서인 내무성(內務省)에서는 그로부터 3개월여가 지난 1905년(광무 9) 1월 10일에 '무인도 소속에 관한 건(無人島所屬ニ關スル件)', 즉 '량고'도를 일본 영토로 편입, 죽도(竹島)로 명명하여 도근현(島根縣) 소속 은기도사(隱岐島司)의 소관으로 할 것을 내각(內閣)에 청의(請議)하였고,[24] 1월 28일의 각의(閣議)에서 이 청의가 승인되었다.[25] 그리하여 내무성에서는 2월 15일자 훈령(訓令) 제87호로 각의의 결정을 관내에 고시하도록 도근현지사에게 지령하였고,[26] 이에 따라 '도근현고시 제40호'가 나오게 된 것이었다.

그런데 량고도 영토 편입에서 가장 주목해야 할 내각결정문(內閣決定文)은 다음과 같은 것이다.[27]

---

23) 奧原碧雲, 위의 책, pp.27~32; 堀和生, 앞의 論文, 『朝鮮史硏究會 論文集』 24, pp.116~118.

24) 「內務省請議書」(日本內閣文庫 소장).

25) 「內閣決定文」(日本內閣文庫 소장).

26) 川上健三, 『竹島の歷史地理學的硏究』(東京 : 古今書院, 1966), p.213.

27) 「內閣決定文」. 그 原文은 다음과 같다.

明治卅八年一月廿八日 ㊞ ㊞

別紙內務大臣請議無人島所屬ニ關スル件ヲ審査スルニ右ハ北緯三十七度九分三十秒東經百三十一度五十五分隱岐島ヲ距ル西北八十五浬ニ在ル無人島ハ他國ニ於テ之ヲ占領シタリト認ムヘキ形跡ナク一昨三十六年本邦人中井養三郎ナル者ニ於テ漁舍ヲ構ヘ人夫ヲ移シ獵具ヲ備ヘテ海驢獵ニ着手シ今回領土編入竝ニ貸下ヲ出願セシ所此際所屬及島名ヲ確定スルノ必要アルヲ以テ該島ヲ竹島ト名ケ自今島根縣所屬隱岐島司ノ所管ト爲サントスト謂フニ在リ依テ審査スルニ明治三十六年以來中井養三郎ナル者カ該島ニ移住シ漁業ニ從事セルコトハ關係書類ニ

별지(別紙) 내무대신(內務大臣) 청의(請議) 무인도(無人島) 소속(所屬)에 관(關)한 건(件)을 심사(審查)함에 우(右)는 북위 37도 9분 30초 동경 131도 55분, 은기도(隱岐島)를 거(距)하기 서북 85리(浬)에 재(在)한 무인도는 타국에서 이를 점령하였다고 인정할만한 형적(形跡)이 없고, 재작(再昨) 36년 본방인(本邦人) 중정양삼랑(中井養三郎)이라는 자가 어사(漁舍)를 구(構)하고 인부(人夫)를 이(移)하고 엽구(獵具)를 비(備)하여 해려렵(海驢獵)에 착수(着手)하고 금회(今回) 영토 편입(領土編入) 병(竝) 대하(貸下)를 출원(出願)한 바 차제(此際) 소속 및 도명(島名)을 확정할 필요가 있음으로써 해도(該島)를 죽도(竹島)라 이름하여 지금부터 도근현(島根縣) 소속(所屬) 은기도사(隱岐島司)의 소관(所管)으로 하려고 한다 하므로, 의(依)하여 심사(審查)하건대 명치 36년 이래 중정양삼랑(中井養三郎)이란 자가 해도(該島)에 이주(移住)하여 어업(漁業)에 종사한 일은 관계 서류에 의하여 명백한 바이므로 국제법상 점령의 사실이 있는 것으로 인정하여 이를 본방(本邦) 소속으로 하고 도근현 소속 은기도사의 소관으로 삼아도 틀림없다고 사고(思考)한다. 의(依)하여 청의(請議)와 같이 각의(閣議) 결정함이 가(可)하다고 인정함.

이 일본 각의의 결정 내용은 다음과 같은 두 가지, 즉 (1) 은기도(隱岐島) 서북 85리에 있는 무인도(량고도 · 독도)는 다른 나라에서 점령하였다고 인정할 만한 형적이 없고, 1903년(명치 36) 이래 중정양삼랑(中井養三郎)이 이 섬에 이주하여 어업에 종사한 것이 명백하므로 국제법상 점령한 사실이 있는 것으로 인정한다, (2) 따라서 이 섬을 죽도(竹島)로 명명, 일본 영토로 편입하여 도근현 소속 은기도사(隱岐島司)의 소관으로 한다는 것으로 요약할 수 있다.

依リ明ナル所ナレハ國際法上占領ノ事實アルモノト認メ之ヲ本邦所屬トシ島根縣所屬隱岐島司ノ所管ト爲シ差支無之儀ト思考ス依テ請議ノ通閣議決定相成可然ト認ム

[도판 7] 량고도(リヤンコ島, 독도) 영토 편입에 관한 일본 내각결정문, 명치(明治) 38년(1905) 1월 28일(일본 내각문고 소장)

이처럼 일본 정부가 량고도를 죽도라 이름 붙여 그 영토로 편입시킨 데 대하여는 두 가지 측면에서 검토가 있어야 하리라고 생각한다. 하나는 일본 각의의 결정이 정당한 것이었느냐 하는 문제이고, 다른 하나는 영토 편입에 관한 고시가 충분한 절차를 밟은 것이었느냐 하는 문제이다. 결론부터 말하면 두 가지가 다 그렇지 않았다.

일본 각의의 결정이 정당한 것이 되기 위해서는 무엇보다도 그 결정문에 보이는 바, 량고도가 무주지(無主地)였다는 전제 조건이 충족되지 않으면 안 된다. 그러나 량고도는 무주지가 아니었다. 한국에서는 이 량고도, 즉 독도를 일찍부터 고유의 영토로 인식하여 왔다.[28] 그리고 1900년(명치 33) 10월에 반포한 광무(光武) 4년 칙령 제41호 '울릉도(鬱陵島)를 울도(鬱島)로 개칭(改稱)ᄒᆞ고 도감(島監)을 군수(郡守)로 개정(改正)ᄒᆞᆫ 건(件)'에서는 울도군의 관할구역으로 석도(石島, 돌섬・독섬, 독도)를 규정함으로써(제2조) 독도가 한국의 영토임을 재확인하고 있는 것이다.[29] 그러므로 무주지가 아닌 다른 나라의 영토를 일본의 영토로 편입키로 한 일본 각의의 결정은 그 근본부터 잘못된 것이었다고 할 수밖에 없다. 한국의 칙령 제41호가 영토의 재확인이었는데 반하여 일본 각의의 결정은 새로운 영토의 편입이었다는 사실에 특히 유념할 필요가 있는 것이다.

또 중정(中井)이 명치 36년(1903년, 광무 7) 이래 '해도(該島, 량고도)'에 이주하여 어업에 종사하였다는 것도 수긍이 가지 않는다. 중정(中井)은 1903년, 1904년 두 차례에 걸쳐 독도에 출어하였다. 해려(海驢, 가지어<可支魚>)를 잡기 위한 것이었다. 중정(中井)에 의

28) 이 책, pp.37~38, 110~112, 118~122 참조.

29) 이 책, pp.195~203 참조.

하면 량고도에 해려가 모여드는 시기는 생식기인 4·5월에서 7·8월까지의 4개월 간이다. 그러므로 이때가 해려의 어기(漁期)가 된다. 중정(中井)도 이 어기에 출어한 것이다. 그것도 첫 출어 때(1903)는 5월 한 달에 한하였던 것 같다. 또 출어 때 어사(漁舍)도 지었다고 하는데, 이 어사란 고기를 잡기 위하여 임시로 엮은 막사에 지나지 않는 것이었다. 이때 중정(中井)은 작은 배(폭 8척<尺>, 길이 4간<間>) 1척에 어부 7명을 데리고 갔다고 하므로 바위로 된 이 섬에 가옥을 지었다고는 생각할 수 없다.[30] 그러므로 이 잠시의 출어와, 가까스로 얽어 놓은 막사를 들어 중정(中井)이 1903년 이래 량고도에 이주하였다고 할 수는 없는 것이다.

앞에서(Ⅰ) 지적한 바와 같이 부산해관 사미수(士彌須)의 조사 보고에 의하면 보고서를 제출한 1901년(광무 6) 8월 현재 울릉도에 상주하는 일본인은 약 550명, 매년 벌목, 채어(採漁)하러 오는 수가 300~400명에 달하며, 이들은 울릉도를 남북으로 분계(分界)하여 인장(認狀) 없이 벌목하고 있었다. 울릉도가 일본인들에게 점령된 상태였던 것이다. 또 이 보고서는 도내 일본 선박수가 출항준비 중인 5척을 포함하여 21척, 잠수부정(潛水夫艇) 13척이 있다는 것도 확인하고 있다. 잠수부정은 해려(海驢, 가지어<可支魚>) 사냥을 위한 것이었다. 그러니까 중정(中井)을 비롯한 일본 어민들은 울릉도에 불법적으로 주거(住居)를 갖고 이곳을 기지로 하여 독도(獨島)에 출어하였던 것이다. 그렇기 때문에 일본 어민들의 독도 어업은 일본인의 울릉도 침략이라고 하는 역사적인 조건 밑에서 비로소 성립된 것임을 간과해서는 안 된다.[31]

일본 내각의 량고도 영토 편입 결정과 관련하여 지적해 두고자

30) 奧原碧雲, 앞의 책, pp.27~32.

31) 堀和生, 앞의 논문, 『朝鮮史硏究會論文集』 24, p.112.

하는 것은, 한국이 일찍부터 독도를 그 판도로 인식하고 있었는데 반하여 일본의 경우 거의 그러한 인식이 없었다고 하는 사실이다. 서양 이름인 량고도(독도)에 죽도라는 새 이름을 붙여 영토로 편입시켰다고 하는 사실 자체가 1905년 2월 22일 이전까지 판도로서의 인식이 없었다는 것을 의미하는 것이지만, 오히려 일본은 량고도를 판도 밖의 땅, 다시 말하면 사실상 조선령으로 인식하고 있었다. 이 점은 량고도(독도)에 관한 일본 최고(最古)의 문헌이라고 하는 17세기 중엽의 『은주시청합기(隱州視聽合記[紀])』 이래 그러하였다.

우산도(독도)의 위치와 소속을 밝힌 유형원(柳馨遠)의 「여지지(輿地志)」(1656)와 거의 같은 시기에 출운국(出雲國, 운주<雲州>)의 번사(藩士, 관원) 재등풍선(齋藤豊仙[宣])이 저술한 『은주시청합기』(1667) 「국대기(國代記)」에 보이는 '죽도(竹島)'와 '송도(松島)'는 바로 오늘의 울릉도와 독도를 가리키는 것이다. 이는 일본이 늦어도 17세기 중엽부터 독도를 송도로 불렀음을 의미한다. 그러나 이 문헌은 동시에 일본[운주(雲州)]의 판도를 은주(隱州, 은기<隱岐>)에 국한시킴으로써 송도(독도)를 그 영역 밖으로 돌리고 있는 것이다. 적어도 송도가 일본 판도가 아니라는 것을, 사실상 조선령임을 명백히 한 것이었다.[32]

17세기 말엽의 조일 간의 울릉도 영유권 분규, 즉 울릉도쟁계(鬱陵島爭界, 죽도일건<竹島一件>)는 막부가 울릉도의 조선 지계(地界)됨을 인정하여 죽도도해금지령(竹島渡海禁止令)을 내림으로써(1696) 타결의 기틀을 마련하였다.[33] 이 도해금지령은 울릉도는 물론 그 부속도서인 우산도(자산도)에도 적용되는 것이었다. 그리

32) 이 책, pp.122~123 참조.

33) 이 책, 2장 Ⅱ절 참조.

고 그렇게 말할 수 있는 근거는 많다.

제일 먼저 들어야 할 것이 일본에서 송도(우산도 · 자산도)를 일본령으로 기록하고 있는 문헌은 거의 없다고 하는 사실이다. 굳이 있다고 한다면 북원통망(北园通莽)의 『죽도도설(竹島圖說)』(보력년간 <寶曆年間>, 1751~1763)과 시전고당(矢田高當)의 『장생죽도기(長生竹島記)』(1801) 등이 아닌가 한다. 『죽도도설』에는 "은기국송도(隱岐國松島)", "은기의 송도(隱岐ノ松島)"라는 기록이 있고, 『장생죽도기』에는 송도가 "본조(일본) 서해의 끝이다(本朝西海のはて也)"라는 기록이 있다[34] 그러나 두 문헌은 영토문제에 별 책임이 없는 민간의 저술이요, 따라서 중앙정부 차원에서 영유의지를 천명한 것은 아니었다.

두 문헌과 거의 같은 시기에 조선에서는 왕명에 따라 『동국문헌비고(東國文獻備考)』(1770)와 『만기요람(萬機要覽)』(1808)이 편찬되었다. 두 문헌은 우산도가 일본의 은기도(隱岐島)에 인접한 조선령이라고, 그 영유의지를 명확히 하고 있다. 『만기요람』은 국왕(순조<純祖>)이 좌우(座右)에 놓고 참고하는 정무지침서로 편찬된 것이었다. 또 우산도는 울릉도의 부속도서였다. 우산도를 자산도라고 한 것도 울릉도와 모자관계에 있는 섬이라는 뜻이지만, 일본측 자료(「대곡가문서<大谷家文書>」)들은 우산도가 울릉도의 부속도서임을 설명하여 준다. 이러한 것들에 대하여는 제2장의 Ⅲ에서 이미 언급해 두었다.

뿐만 아니라 울릉도쟁계 이후 일본에서 제작한 중요 관·사찬(官·私撰) 지도들이 우산도를 조선령으로 표시하거나 기록하고 있다. 일본 최초로 경·위도를 도입하였고, 명치 초년에 이르기까지 지도계(地圖界)에 군림했다는 장구보적수(長久保赤水)의 「일본노정여지전도(日本路程輿地全圖)」(1773)의 개정판 「개정일본노정여지전

34) 川上健三, 앞의 책, pp.53~54, 191~193.

도(改正日本路程輿地全圖)」(1779)는 일본 본토와 부속지를 모두 채색하고 있지만, 죽도(竹島, 울릉도)와 송도(松島, 우산도)는 조선 본토와 함께 채색하지 않았고 경·위도도 긋지 않았다. 또 그 옆에 "[두 섬에서] 고려를 보는 것이 운주(雲州)에서 은기(隱岐)를 바라보는 것과 같다"고 하여 『은주시청합기』와 같이 일본의 서북경을 은기까지로 보고 있다.[35]

임자평(林子平)의 『삼국통람도설(三國通覽圖說)』(1785)의 부속지도 「삼국접양지도(三國接壤之圖)」는 울릉도와 독도를 조선 본토와 같은 노란색으로 칠하여 일본 영토의 녹색과 구별하고, 그 옆에 "조선의 차지로(朝鮮ノ持之)"라는 설명까지 붙이고 있다.[36] 울릉도 쟁계(죽도일건)의 결과 울릉도와 우산도가 조선령으로 결정된 사실을 밝힌 것이었다.

일본 지리학상 위대한 업적으로 평가되는 이능충경(伊能忠敬)의 「대일본연해여지전도(大日本沿海輿地全圖)」(1821)에는 죽도와 송도가 빠져 있다. 두 섬이 일본령이 아닌, 따라서 조선령임을 시사하는 것이다.[37] 그리고 이능(伊能)의 「연해여지전도(沿海輿地全圖)」가 장구보(長久保)의 「노정여지전도(路程輿地全圖)」와 함께 관찬(官撰)이라는 사실을 고려할 때, 막부가 17세기 말 울릉도와 독도를 조선령으로 인정한 이후 계속 이 사실을 존중해 왔음을 의미하는 것이다.

명치 정부가 수립되면서(1868) 외무성에서는 1869년(명치 2) 12월 조선과의 국교 개시 문제 등을 정탐하기 위하여 외무성 출사(出仕) 좌전백모(佐田白茅)·삼산무(森山茂)·재등영(齋藤榮) 등을 대마도·부산 등지로 파견하였다. 이들은 다음해(1870) 귀국하여 13

---

35) 崔書勉, 「古地圖から見た獨島」, 『統一日報』 1981年 5月 27~29日.

36) 愼鏞廈, 『獨島의 民族領土史硏究』(지식산업사, 1996), pp.126~127.

37) 堀和生, 앞의 논문, 『朝鮮史硏究會論文集』 24, p.102.

개 항목으로 구성된 복명서(復命書) 「조선국교제시말내탐서(朝鮮國交際始末內探書)」를 제출하였다. 13개의 내탐(內探) 항목은 외무성에서 좌전(佐田) 등이 현지로 떠나기 앞서 태정관(太政官)에 품의하여 그 승인을 받은 것이었다. 그 중에서도 주목되는 것이 마지막 항목의 "죽도(竹島)·송도(松島)가 조선의 부속으로 된 시말(竹島松島朝鮮附屬ニ相成候始末)"이라고 한 제목이다.38) 이는 외무성은 물론 태정관에서 울릉도쟁계(죽도일건) 이후 울릉도와 독도가 조선령으로 된 사실을 명치 정부가 그 초년부터 인지하고 있었다는 것을 말하여 주는 것이다.

그런데 곧 일본 정부가 독도를 조선령으로 인식한 기록이 보이기 시작한다. 강화도조약(江華島條約, 1876)이 체결되면서 일본 해군성 수로국(海軍省 水路局)에서는 서양인들의 조선 해안도를 번안한 「조선동해안도(朝鮮東海岸圖)」(1876 초판)를 작성하여 군사용 지도로 이용해 왔다. 1905년까지 판을 거듭한 이 「동해안도(東海岸圖)」에는 독도가 동해안에서 너무 멀리 떨어져 있기 때문에 원 경위도에서 떼어내어 울릉도 아래의 안쪽으로 옮겨 한 장의 지도에 수록하고 있다. 해군성에서는 늦어도 1876년부터 독도를 조선령으로 인식하고 있었던 것이다.39)

명치 정부가 독도의 소속에 관하여 분명한 입장을 밝힌 것은 1877년 3월 29일자로 내무성(內務省)에 내린 태정관(太政官)의 지령이었다. 내무성에서는 도근현(島根縣)에서 문의하여 온 죽도(竹島) 외 일도(一島)에 대한 지적(地籍)편찬 문제를 검토하였다. 그리하여 죽도일건(울릉도쟁계)까지 조사한 끝에 두 섬이 조선령이라

38) 『日本外交文書』 3, 事項 6, 文書番號 87; 山邊健太郎, 『日韓併合小史』(東京 : 岩波書店, 1976), pp.17~18; 李漢基, 『韓國의 領土』(서울대출판부, 1969), p.259.

39) 愼鏞廈, 『獨島의 民族領土史硏究』, pp.172~174.

는 결론을 내렸다. 그러나 "판도(版圖)의 취사(取捨)는 중대한 사건(事件)"이기 때문에 1877년 3월 17일 태정관에 「일본해(동해)내 죽도 외 일도 지적 편찬에 관한 질의서(日本海<東海>內竹島外一件地籍編纂方伺)」를 제출하고 그 판단을 요청하였다. '죽도 외 일도'란 내무성의 「지적편찬에 관한 질의서」 별첨문건(別添文件)에 "[죽도] 다음에 일도가 있는데 송도라 부른다([竹島]次ニ一島アリ松島ト呼フ)"라고 밝히고 있는 바와 같이, 송도(독도)를 가리킨다.[40]

태정관 조사국의 심사에서는 내무성의 견해, 즉 원록(元祿) 5년(1692) 조선인이 울릉도에 들어온 이래 양국 간에 문서가 오고 간 끝에 두 섬이 일본과 관계 없다는 사실이 인정되어

> 질의한 죽도 외 일도 건에 대하여 본방(本邦, 일본)은 관계가 없다는 것을 주지(周知)할 것(伺之趣竹島外一嶋之義本邦關係無之義ト可相心得事)

이라는 지령안이 작성되었고, 이 지령안은 우대신(右大臣) 암창구시(岩倉具視)의 승인을 받아 내무성에 지령되었다. 일본 최고 국가기관인 태정관은 내무성이 질의하여 온 죽도(울릉도)와 송도(독도) 영유 문제에 대하여, 두 섬이 일본과 관계가 없음을, 다시 말하면 조선령임을 공적으로 선언한 것이었다.[41] 덕천막부(德川幕府)를 계승한 명치 정부에서도 울릉도와 독도가 조선령임을 확인하고 있는 것이다.

40) 「日本海內竹島外一件地籍編纂方伺」 明治 10年(1877) 3月 17日(日本國立公文書館 소장); 堀和生, 앞의 논문, 『朝鮮史硏究會論文集』 24, pp.103~104.

41) 「日本海內 竹島外一島 地籍編纂 等에 관한 太政官 指令」, 明治 10年(1877) 3月 29日(日本國立公文書館 소장); 堀和生, 앞의 논문, 『朝鮮史硏究會論文集』 24, pp.103~104.

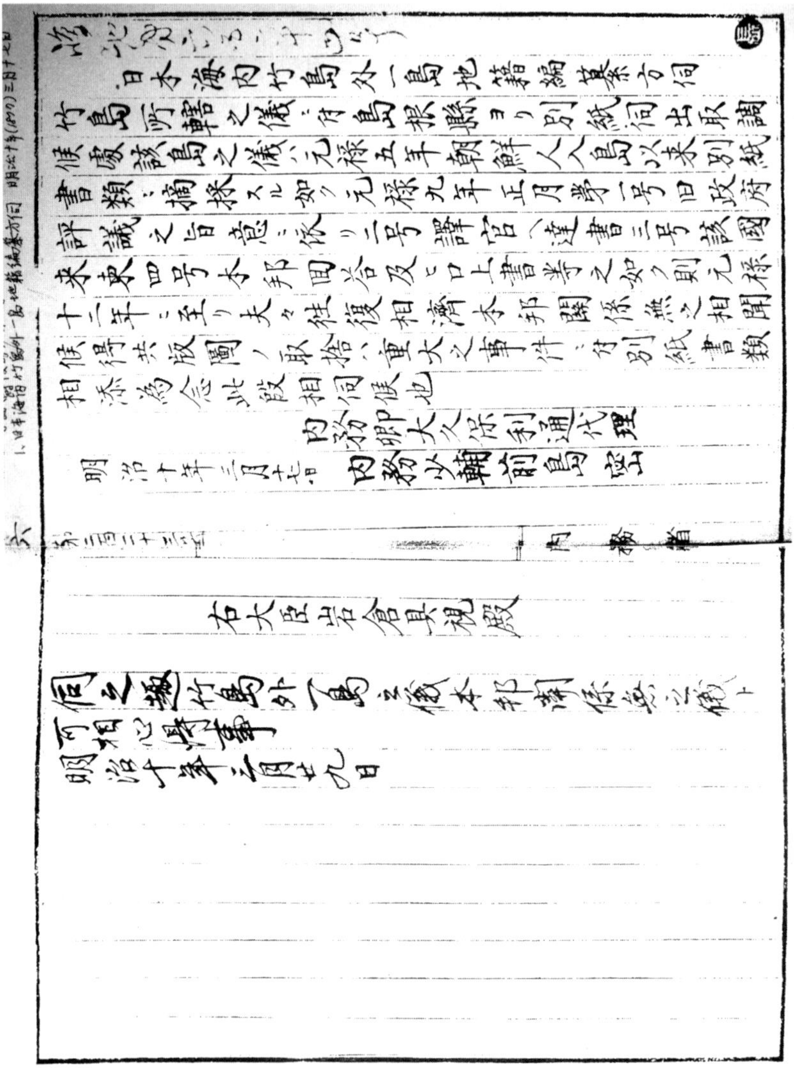

[도판 8] 일본 내무성의 「일본해(동해)내(日本海<東海>內) 죽도 외 1도(竹島外一島) 지적 편찬(地籍 編纂)에 관한 질의서(質疑書)」, 명치(明治) 10년(1877) 3월 17일 및 태정관 우대신(太政官 右大臣) 암창구시(岩倉具視)의 지령(指令) 명치(明治) 10년(1877) 3월 29일(일본국립공문서관 소장)

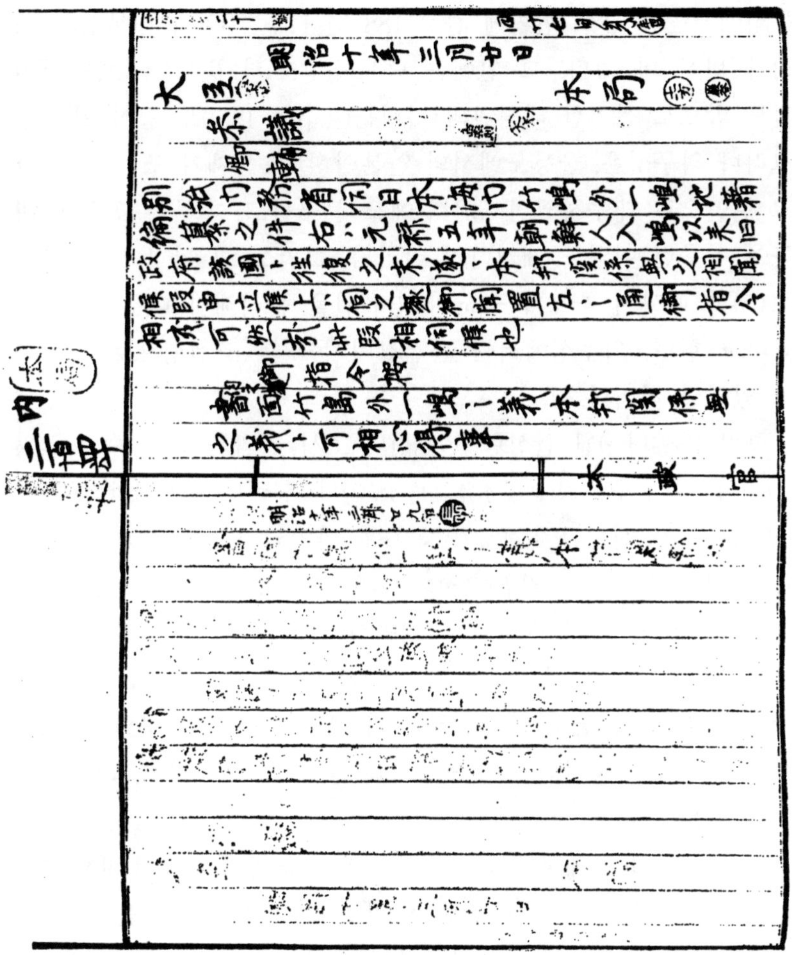

明治十年三月廿日

大臣　参議　卿輔

別紙内務省伺日本海内竹島外一島地籍編纂之件右ハ元禄五年朝鮮人入島以来旧政府該国ト往復之末遂ニ本邦関係無之相聞候段申立候上ハ伺之趣御聞置左之通御指令相成可然哉此段相伺候也

御指令按

伺之趣竹島外一島之義本邦関係無之義ト可相心得事

太政官

[도판 9] 일본 내무성의 「일본해(동해)내(日本海<東海>內) 죽도 외 1도(竹島外一島) 지적 편찬(地籍 編纂)에 관한 태정관(太政官)의 지령안(指令按<案>)」, 명치(明治) 10년(1877) 3월 20일(일본국립공문서관 소장)

1883년 울릉도도항금지령(鬱陵島渡航禁止令)을 전후해서는 외무성과 해군이 독도(량고도)를 조선령으로 인식한 기록이 보인다. 외무성에서는 울릉도 현황에 관한 1881년 11월 29일자 내무성의 조회를 받은 바 있다. 그 안에는 죽도(울릉도)와 송도(독도)를 일본판도 밖으로 선언한 태정관의 지령문(指令文, 1877)도 들어 있었다. 그러나 외무성은, 울릉도에서의 일본인 철수 문제가 조·일 간 외교 현안으로 대두하였던 당시임에도 불구하고, 내무성 조회에 대하여 아무런 이의도 제기하지 않았다. 그리고 그 뒤 독도를 편입(1905)할 때까지 죽도와 송도의 영유권을 분리해서 다룬 적이 없었다고 한다. 외무성에서는 한결같이 독도를 조선령으로 인식하고 있었던 것이다.42)

한편 1880년 9월 천성함(天城艦)의 조사 결과는 해군 수로국(水路局)의 『환영수로지(寰瀛水路誌)』(1883)와 수로부(水路部)의 1894·1899년판 『조선수로지(朝鮮水路誌)』에 반영되어 송도(松島, 울릉도)와 함께 리앙고루도 열암(リヤンコルト 列岩, Liancourt Rocks, 독도)을 싣고 있다. 이에 반하여 1892년부터 순차적으로 간행된 일본영토만을 다룬 『일본수로지(日本水路誌)』에는 하관조약(下關條約, 1895)에 따른 새 영토 대만(臺灣)이나 팽호도(澎湖島), 쿠릴(천도<千島>) 열도의 최북단인 점수도(占守島)까지 싣고 있지만, 리앙고루도 열암은 실리지 않았다.43)

이러한 사실은 해군이 리앙고루도 열암을 일본령에서 제외시킨 것, 다시 말하면, 조선령으로 인식하고 있었다는 것을 의미한다.44) 그리고 이는 해군뿐 아니라 천성함도 이미 송도(松島)를 조

42) 堀和生, 앞의 논문, 『朝鮮史研究會論文集』 24, p.105.

43) 堀和生, 앞의 논문, 『朝鮮史研究會論文集』 24, pp.105~106.

44) 위와 같다.

사할 당시부터 량고도를 조선령으로 보고 있었다는 것을 말해준다. 그러니까 해군성 수로국(海軍省 水路局)에서는 「조선동해안도(朝鮮東海岸圖)」(1876 초판)에서 독도가 조선령임을 인정하였고, 해군 수로부는 천성함의 현지 조사(1880)에서 이 사실을 확인했으며, 『조선수로지』(1894 · 1899)를 간행하면서 이를 재확인하였던 것이다.

중정양삼랑(中井養三郎)도 량고도를 한국 영토로 믿고 있었다. 그리하여 그는 한국 정부로부터 이 섬을 대하(貸下)할 것을 결심하고, 1904년 어기(漁期)가 끝나자 동경으로 올라가 농상무성(農商務省) 수산국장(水産局長)에게 이를 교섭하였던 것이다.[45] 중정(中井)뿐 아니라 당시의 일본 정부 당국자들도 량고도를 한국 영토로 인식하고 있었던 것으로 보인다. 그것은 중정(中井)이 이해 9월 29일 청원서를 제출한 뒤 계속 내무성 지방국(地方局), 외무성 정무국(政務局) 관리들과 접촉 설득하고 있는 것이라든지,[46] 주무 부서인 내무성이 중정(中井)의 출원을 받은 지 3개월여가 지난 다음해(1905) 1월 10일에 가서 비로소 내각에 영토 편입 청의서를 제출하고 있는 것으로 미루어 그렇게 생각되는 것이다.

이미 앞(2장)에서 지적한 바와 같이, 17세기 말 막부의 죽도도해 금지령이 내리면서부터 죽도(竹島, 울릉도)와 송도(松島, 독도)는 일본인들에게서 점차 잊혀져 갔다. 그 대신 19세기 중엽, 즉 막부 말 명치 초부터 울릉도를 송도로, 독도를 량고도(リャンコ島)로 부르기 시작했다. 일본 정부는 스스로가 일본령 외로, 사실상 조선령으로 판단 선포했던 이 량고도에 죽도(竹島)라는 새 이름을 붙여 그 영토로 편입시킨 것이었다. 그것은 다음에서 언급하는 바와 같이, 러시아와의 '일본해 해전(日本海 海戰)'을 앞두고 독도를 전

45) 奧原碧雲, 앞의 책, pp.27~28.

46) 奧原碧雲, 위의 책, p.31.

략 기지로 활용하기 위해서였다.

한편, 영토 편입에 관한 고시도 충분한 절차를 밟은 것이 아니었다. 일본 정부는 량고도 영토 편입을, 그것이 영토 편입이기 때문에 『관보(官報)』에 게재함으로써 정부 차원에서 공시(公示)하는 조처를 취했어야 했지만 그렇게 하지 않았다. 일본 정부는 이보다 앞서, 1898년(명치 31) 7월에 소립원도(小笠原島) 모도(母島)로부터 동남쪽으로 660해리에 있는 남조도(南鳥島)를 영토로 편입, 동경부고시(東京府告示) 58호로 이를 고시한 바 있다.[47] 이때에도 『관보』에는 게재하지 않았다.

그러므로 남조도(南鳥島)의 예에 따라 량고도의 편입도 『관보』에 게재하지 않았다는 주장이 나올 수 있다. 그러나 새로운 영토 취득이 관보에 게재되는 것이 아니라면, 일본 『관보』는 도대체 무엇을 게재해야 하는 것인지 알 수 없게 된다. 더욱 량고도는, 남조도와는 달리, 일본 정부조차 조선령으로 인식할 만큼 조선의' 이익과 직접 관련된 도서였으므로, 그(남조도)와 동격으로 논할 성질의 것은 아니었던 것이다.

그러니까 도근현고시(島根縣告示)는 량고도의 영토 편입을 "현청(縣廳)의 문전(門前)에 게부(揭付)"하거나,[48] 한두 개의 지방 신문에 게재하는[49] 은밀한 방식을 취한 것으로, 각의 결정(량고도 영토 편입)을 관내(管內)에 공시하라는 내무성훈령(內務省訓令, 87호)을 충실히 이행한 것이었다고 할 수는 있지만 충분한 절차를 밟은

---

47) 「內閣決定文」, 同附屬文書(日本內閣文庫 소장).

48) 崔南善, 「鬱陵島와 獨島」, 『六堂崔南善全集』 2(高麗大附設 亞細亞問題研究所, 1973), pp.699~700.

49) 일본 정부 주장에 의하면 도근현고시(島根縣告示) 제40호는 『도근현현보(島根縣縣報)』(명치 38년 2월 22일자)와 『산음신문(山陰新聞)』(제5912호)에 게재되었다 한다(愼鏞廈, 『獨島領有權 資料의 探究』 4<2001>, pp.435~ 436).

고시였다고 하기는 어렵다. 하물며 어떤 일본 연구자의 주장처럼 "일본 정부가 국제적으로 영토 편입을 공시(公示)"한 것[50]이라고 보기는 더욱 어려운 것이다.

일본 정부는 이처럼 비밀리에 량고도를 그 영토로 편입하였다. 그리고 그렇게 한 까닭으로 먼저 다음의 두 가지를 지적할 수 있지 않을까 한다. 그 하나는 한국 정부의 반발을 염려한 때문일 것이라는 점이다. 한국은 이미 1900년에 광무 4년 칙령 제41호로 독도를 그 영토로 재확인하였는데, 일본이 이 섬을 병합하였다는 사실이 알려질 경우, 그 강도가 높든지 낮든지 간에, 한국 정부가 반발하리라는 것은 쉽게 짐작할 수 있는 일이었다.

다른 하나는 열강을 자극하지 않을까 염려한 때문일 것이라는 점이다. 일본은 열강의 지원을 받아 대 러시아전을 수행하고 있는 터인데, 갑자기 량고도를 병합할 경우, 열강으로 하여금 그들의 양해를 구함이 없이 한국을 병합할 지 모른다는 의구심을 불러일으키리라는 것도 예상할 수 있는 것이다. 이에 관해서는 중정양삼랑(中井養三郎)이 청원서를 제출하였을 때 내무성 당국자가

> 이 시국(時局, 일로전쟁)에 즈음하여 한국(韓國) 영토(領土)라고 의심이 가는 거치른 일개 불모(不毛)의 암초(暗礁)를 얻음으로써 환시중(環視中)의 제외국(諸外國)에게 아국(我國)이 한국 합병(合倂)의 야심이 있다는 의심을 크게 함은 이익(利益)이 지극히 적음에 반하여 사체(事體)가 결코 용이하지 않다.

고 지적하였다[51]는 사실도 음미해 볼 만한 것이라 하겠다.

---

50) 大熊良一, 『竹島史稿』(東京 : 原書房, 1968), p.243.

51) 竹島漁獵合資會社, 「行政諸官廳往復雜書類」, 1905; 姜萬吉, 「日本側文獻을 통해서 본 獨島」, 『獨島硏究』(韓國近代史資料硏究協議會, 1985),

그러나 일본이 량고도의 병합을 비밀에 부친 보다 궁극적인 이유는 그것이 대 러시아전 수행과 깊은 관련이 있기 때문이 아닌가 한다. 즉 일본은 1905년(광무 9)으로 들어서면서 러시아 함대와의 '일본해 해전'을 앞두고 량고도를 전략 기지로 활용하기 위하여 편입시켰던 것으로 보이며, 전략 기지로 활용하기 위하여 편입시켰다면, 전략·전술상 이 사실을 결코 대외적으로 공표할 수 없었을 것이라는 것은 너무나 당연한 것이라고 할 수 있다.

량고도의 편입이 전략 기지로 활용하기 위해서였으리라는 것은 일본 함대 사령관 동향평팔랑(東鄕平八郎)의 일련의 움직임에서 엿볼 수 있다. 가령 동향(東鄕)이 러시아 함대와의 해전을 앞두고 진해(鎭海)에서 임전태세의 완료를 성명한 것이 이해(1905) 2월 20일이었는데, 도근현(島根縣)의 영토 편입 고시가 있었던 것은 바로 이틀 뒤인 22일이었다. 또 이보다 앞서 동향(東鄕)은 1월 10일부터 21일까지 동경에 체류하면서 각료들과 빈번히 접촉하고 있었는데, 내무성에서 내각에 영토 편입을 청의한 것이 1월 10일이었고, 동향(東鄕)이 전(全)함대의 대한해협 집결령(大韓海峽 集結令)을 내린 것이 1월 21일이었는데, 각의에서 영토 편입을 결정한 것은 이보다 1주일 뒤인 28일이었다. 이러한 사실들은 결코 우연한 연관이라고만 볼 수는 없는 것이다.[52]

그리고 그러한 추정은 일본 정부 관리의 발언을 통해서도 살필 수 있다. 중정양삼랑(中井養三郎)이 출원을 마치고 내무·외무성 관리들과 접촉할 때, 외무성 정무국장 산좌월이랑(山座月二郎)의,

> 시국(時局)은 오히려 그 영토 편입(領土 編入)을 급요(急要)로 하

---

pp.327~328.

52) 崔文衡, 「발틱艦隊의 來到와 日本의 獨島併合」, 위의 책, pp.383~394.

> 고 있다. 망루(望樓)를 건축하고 무선(無線) 또는 해저 전신(海底 電信)을 설치한다면, 적함(敵艦) 감시(監視)상 극히 편리하다(하략).

는 지적은[53] 량고도의 편입이 대러시아전 수행을 위한 전략 기지화에 있었다고 하는 것을 시사하는 것이다.

그리고 실제 일본 해군은 독도를 병합하기 전인 1904년 11월에 독도와 울릉도를 해저 전선으로 연결하는 망루(望樓)의 건설 여부를 조사하기 시작했다. 그 결과 타당성이 인정되었지만, 마침 겨울철이어서 착공을 하지 못한 채 일본해 해전을 맞았다. 그 뒤 1905년 6월에 이 계획을 확정짓고 7월에 착공하여 포츠머드조약(9월)이 성립되기 전에 독도 망루(獨島 望樓, 배원<配員> 4명)・울릉도 [신]망루(欝陵島 [新]望樓, 배원 9명)가 활동을 개시하였다.[54]

그런데, 이미 앞에서 언급한 바와 같이, 일본은 일로전쟁을 일으킨 직후인 1904년 2월에 조선에 강요하여 한일의정서를 성립시켰다. 이 의정서 제4조에는 일본 정부는 한국 황실의 안녕과 영토 보전을 위하여… 군사상 필요한 지점을 수용할 수 있음을 규정하고 있다. 그러므로 일본은 독도를 일본령으로 편입시키지 않더라도 이 조항에 의거하여 독도를 전략기지로 활용할 수 있었다. 독도가 일본의 주장대로 무주지일 경우 더욱 거리낄 것이 없었다. 그럼에도 불구하고 일본이 서둘러 독도를 그 영토로 편입한 것은 국운을 걸었다고 하는 러시아함대와의 '일본해 해전'(5월)의 결과 있을지도 모를 일본의 패배에 대비하여 사전에 이 섬을 일본령으로 확보해야 한다는 판단 때문이 아니었는가 한다.[55]

---

53) 주 51)과 같다.

54) 堀和生, 위의 논문, 『朝鮮史硏究會論文集』 24, p.115.

55) 호사카 유지(保坂祐二), 「지도와 문헌으로 본 19세기 일본의 대독도 인식」, 『독도와 교과서』(서울대학교 사범대학 학술회의 發表文, 2006),

Ⅲ. 울도군수 심흥택 보고서(沈興澤 報告書)

일본은 1906년(광무 10, 명치 39) 3월 26일, 도근현사무관(島根縣事務官, 제3부장) 신서유태랑(神西由太郎)을 책임자로 하는 관민(官民) 45명으로 구성된 대규모의 조사대를 죽도(량고도, 독도)에 파견하였다. 그 중에는 은기도사(隱岐島司) 동문보(東文輔), 영토 편입 및 대하 출원인(貸下 出願人) 중정양삼랑(中井養三郎), 이 조사대의 보고서 『죽도급울릉도(竹島及鬱陵島)』의 작성자(저자) 오원복시(奧原福市, 벽운<碧雲>) 등도 들어 있었다. 이들은 3월 27일 독도에 도착하여 서도·동도(西島·東島)를 차례로 조사하였다.[56]

이어 조사대는 3월 28일 울릉도에 상륙하였고, 신서유태랑(神西由太郎) 등은 울도군아(鬱島郡衙)로 군수 심흥택(沈興澤)을 방문하였다.[57] 이들은 심군수에게 독도가 일본 영토로 편입되었다는 것을 알렸다. 『죽도급울릉도(竹島及鬱陵島)』 부록 「죽도도항일지(竹島渡航日誌)」에는 이에 대한 언급이 없지만, 다음에 소개하는 강원관찰사서리 춘천군수 이명래(李明來)의 보고서에 의하여 이 사실을 확인할 수 있다. 비록 일개 군수에게 한 것이기는 하지만, 일본은 비로소 량고도의 영토 편입을 한국 측에 알려온 것이다. 도근현고시가 있은 지 1년 2개월여가 지나서였다.

일본은, 이미 앞에서 언급한 바와 같이, 량고도의 편입을 비밀히 다루어왔다. 이 점은 1905년 8월 도근현지사 송영무길(松永武吉) 등이 죽도(량고도, 독도)를 시찰할 때도 그러하였다. 송영(松永)

pp.88~89.

56) 奧原碧雲, 앞의 책, 附錄, 「竹島渡航日誌」.

57) 위와 같다.

등은 처음에 은기기선회사(隱岐汽船會社)의 선박 제2은기환(第二隱岐丸)을 이용할 예정이었는데, 돌연 이를 바꾸어 해군 어용선(海軍御用船) 경도환(京都丸)을 이용하였었다. 그런데 신서(神西)가 이끄는 이 조사대는 관민으로 구성되었을 뿐 아니라 제2은기환을 이용하는 등,[58] 그 활동이 공개적이었고, 또 당당하게 군아(郡衙)로 심군수를 방문하여 영토 편입을 알리고 있는 것이다.

신서(神西)가 이끄는 조사대가 독도·울릉도에 파견되었을 때는 이미 일로전쟁(日露戰爭)을 마무리짓는 포츠머드조약이 성립되어(1905년 9월), 한국에서의 일본의 특수 권익이 열강에 의하여 양해되어 있었다. 그리고 그 결과 일본은 한국에 외교권의 접수와 통감(統監)의 파견을 주 내용으로 하는 제2차 한일협약(을사조약<乙巳條約>)을 강요하였다(11월). 그리하여 외국 주재 공사들에게 소환령이 내리고(12월),[59] 외부(外部)는 폐지되어 그 사무가 의정부(議政府)에 설치된 외사국(外事局)으로 넘어가는 등(1906년 1월)[60] 외교권을 명실공히 박탈당하였으며, 통감부(統監府)와 통감 휘하의 이사청(理事廳)이 사무를 개시함으로써(2월),[61] 한국은 일본 통감 지배하에 들어간 뒤였다. 그러므로 량고도 편입을 한국에 알리거나 대외적으로 공표한다 하더라도 거리끼는 바가 없었다. 영토 편입을 더 이상 비밀에 부칠 이유가 없어졌던 것이다.

울릉도(鬱陵島) 소속 독도(獨島), 즉 석도(石島)가 일본 영토로 편

---

58) 川上健三, 앞의 책, pp.221~222; 奧原碧雲, 앞의 책, 附錄, 「竹島渡航日誌」.

59) 『高宗實錄』, 光武 9年 12月 14日.

60) 『高宗實錄』, 光武 10年 1月 17日; 「勅令」(奎章閣 소장) 16, 光武 10年 1月 17日(勅令 제5호, 外部官制改正件).

61) 『官報』(日本), 明治 38年 11月 23日 號外, 39年 2月 6·12日.

입되었다는 놀라운 통보에 접한 군수 심흥택(沈興澤)은 곧 이 사실을 강원도관찰사에게 보고하였다. 그 내용은 강원도관찰사서리 춘천군수 이명래(李明來)가 1906년(광무 10) 4월 29일자로 의정부(議政府) 참정대신(叅政大臣)에게 올린 '보고서호외(報告書號外)'에 수록되어 있다. 이 호외 보고서의 내용은 다음과 같다.62)

> 보고서호외(報告書號外)
> 울도군수(欝島郡守) 심흥택 보고서(沈興澤 報告書) 내에
> 본군(本郡) 소속 독도가 외양(外洋) 100여 리 외(外)에 있아옵더니 본월 초4일 진시량(辰時量)에 윤선(輪船) 1척이 군내 도동포(道洞浦)에 내박(來泊)하였는데, 일본 관인(官人) 일행이 관사(官舍)로 와서 스스로 이르기를, '독도가 이제 일본 영지(領地)가 된 고로 시찰차 내도(來到)하였다'고 하옵는바, 그 일행은 일본 도근현(島根縣) 은기도사(隱技[岐]島司) 동문보(東文輔) 및 사무관(事務官) 신서전[유]태랑(神西田[由]太郎), 세무감독국장(稅務監督局長) 길전평오(吉田

---

62) 議政府外事局, 「各觀察道案」 1(奎章閣 소장). 原文은 다음과 같다.

> 報告書號外
> 欝島郡守 沈興澤報告書 內開에 本郡所屬 獨島가 在於外洋 百餘里外 이살더니 本月 初四日 辰時量에 輪船一隻이 來泊于郡內道洞浦而日本官人 一行에[이] 到于官舍ㅎ야 自云 獨島가 今爲日本領地 故로 視察次 來到이다 이온바 其一行 則日本島根縣 隱技[岐]島司 東文輔 及事務官 神西田[由]太郎 稅務監督局長 吉田平吾 分署長 警部 影山巖八郎 巡査一人 會議一人 醫師・技手 各一人 其外 隨員十餘人이 先問戶摠・人口・土地・生産 多少ㅎ고 且問 人員 及經費 幾許 諸般事務을 以調査樣으로 錄去이옵기 玆에 報告ㅎ오니 照亮ㅎ시믈 伏望等 因으로 准此 報告ㅎ오니 照亮ㅎ시믈 伏望
> 光武十年 四月 二十九日
> 江原道觀察使署理 春川郡守 李明來
> 議政府 叅政大臣 閤下

> 平吾), 분서장(分署長) 경부(警部) 영산암팔랑(影山巖八郞), 순사(巡查) 1인, 회의(會議) 1인, 의사(醫師)·기수(技手) 각 1인, 그 밖에 수원(隨員) 10여 인이 먼저 호총(戶摠)·인구·토지·생산의 다소(多少)를 묻고 또 인원 및 경비가 얼마인지를 물으며 제반 사무를 조사할 양으로 녹거(錄去)이옵기 이에 보고하오니 밝게 살피심을 복망(伏望)합니다.
>
> 라고 하였기에 이에 준(准)하여 [그대로] 보고하오니 밝게 살피심을 복망(伏望)합니다.

이 호외보고서에 보이는 '본월 초4일(本月 初四日)'은 음력 3월 4일, 양력으로 치면 바로 3월 28일이 된다. '진시량(辰時量)'은 오전 7시~9시쯤이란 뜻인데, 3월 27일 오후 9시 울릉도 저동포(苧洞浦)에 가박(假泊)하였던 제2은기환(第二隱岐丸)이 도동포(道洞浦)로 이박(移泊)한 것은 다음날 해 돋을 무렵, 일행이 상륙한 것은 오전 9시였다는 『죽도급울릉도(竹島及鬱陵島)』 부록 「죽도도항일지(竹島渡航日誌)」의 기록과 일치하고 있다. '사무관 신서전태랑(事務官 神西田太郞)'은 도근현사무관(島根縣事務官) 신서유태랑(神西由太郞)의 약칭이자 유(由)를 전(田)으로 본 오기이며, '세무감독국장(稅務監督局長)'은 송강세무감독국장(松江稅務監督局長), '분서장(分署長)'은 포향경찰분서장(浦鄕警察分署長), '회의(會議)'는 현회의원(縣會議員)의 약칭이었다. 울도군아를 방문한 일본인은 수원(隨員)까지 합치면 약 20명에 달하는 셈인데, 「죽도도항일지」의 '신서유태랑(神西由太郞) 이하 십수 명'과 약간의 차이를 보이고 있을 뿐이다.[63] 심흥택(沈興澤)의 보고가 상당히 정확하게 작성된 것임을 시사하는 것이다.

이 문건(호외보고서)에 의하면 심흥택(沈興澤)의 보고 내용은 (1) 울도군(鬱島郡) 소속 독도(獨島), 즉 석도(石島)가 울릉도 외양(外洋) 100여 리에 있다는 것, (2) 음력 3월 4일(양력 3월 28일) 도근현은기

63) 奧原碧雲, 앞의 책, 附錄 「竹島渡航日誌」.

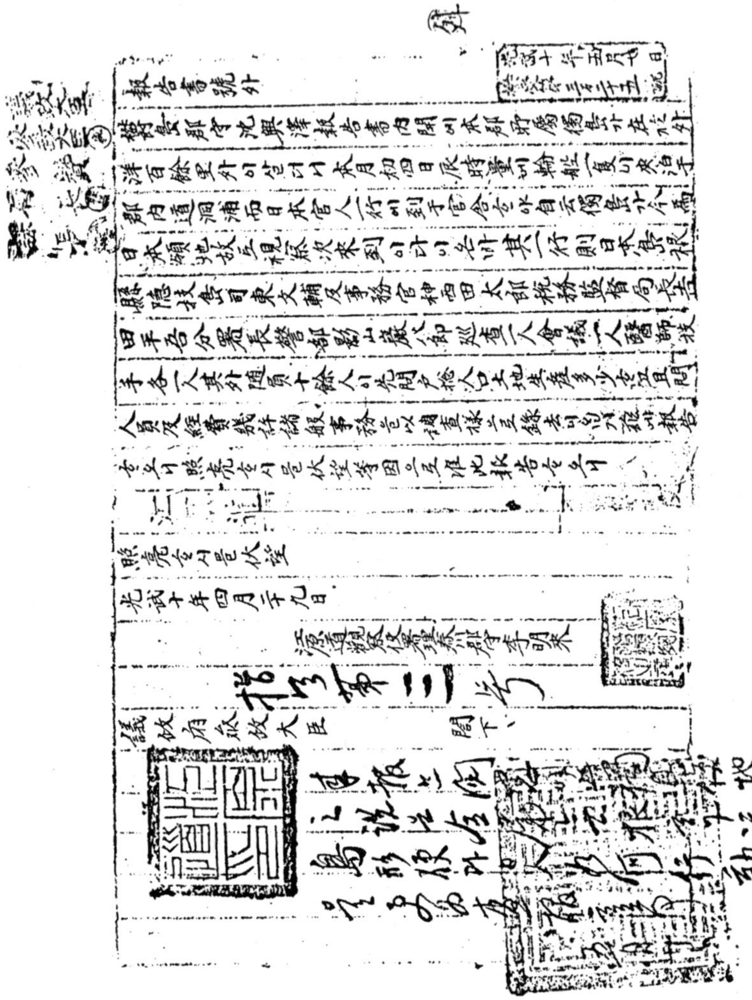

〔도판 10〕 강원도관찰사서리(江原道觀察使署理) 춘천군수(春川郡守) 이명래(李明來)의 호외보고서(號外報告書), 광무(光武) 10년(1906) 4월 29일 및 참정대신(參政大臣)의 지령 제3호, 광무(光武) 10년(1906) 5월 20일(각관찰도안<各觀察道案>) 1, 서울대학교 내 규장각 소장)

도사(島根縣隱 岐島司) 동문보(東文輔)·도근현사무관(島根縣事務官) 신서유태랑(神西由太郎) 등 일본 관리 약 20명이 군아를 방문하여 독도가 일본 영지로 되었다고 말하더라는 것, (3) 이들은 도내 호구·토지·생산량, 군아의 인원·경비·제반사무에 대하여 질문 조사하여 갔다는 것 등으로 요약할 수 있다.

이 문건에는 심군수의 보고 일자가 명기되어 있지 않다. 그런데 1947년 고(故) 신석호(申奭鎬) 교수가 울릉도청(島廳)에서 발견한 「심흥택 보고서 부본(沈興澤 報告書 副本)」에는 보고 일자가 '광무 10년 병오 음3월 5일(光武十年 丙午 陰三月 五日)'로 되어 있다.[64] 양력으로 치면 1906년 3월 29일이 된다. 그러니까 심군수는 3월 28일 일본 관리들로부터 '본군 소속(本郡 所屬) 독도(獨島)'가 '일본 영지(日本 領地)'로 되었다는 놀라운 통보를 받자 바로 다음날 이 사실을 직속 상관인 강원도관찰사에게 보고하였던 것이다. 그리

64) 申奭鎬, 「獨島 所屬에 대하여」, 『史海』 1, 1948; 「獨島의 來歷」, 『思想界』 8 : 8(1960). 申奭鎬 교수가 鬱陵島廳에서 발견한 「沈興澤 報告書 副本」의 내용은 다음과 같다.

報告書

本郡所屬 獨島 在於外洋 百餘里許이옵드니 本月 初四日 辰時量에 輪船一隻이 來泊于郡內道洞浦 而日本官人 一行이 到于官舍하여 自云 獨島가 今爲日本領地 故로 視察次로 來島이다 인바 其一行 則日本島根縣 隱岐島司 東文輔 及 事務官 神田西由太郎 稅務監督局長 吉田平吾 分署長 警部 影山岩八郎 巡査一人 會議員一人 醫師 技手 各一人 其外 隨員十餘人이 先問 戶摠 人口 土地 及 生産多少 次問 人員及經費幾許 諸般事務를 以調查樣으로 錄去이압기 玆以 報告하오니 照亮하심을 務望함

光武十年 丙午 陰三月 五日

李明來의 號外報告書와 대조할 때 글자가 조금씩 다른 것이 있으나 내용은 같다.

고 강원도관찰사서리 춘천군수 이명래(李明來)도 사안의 중대함과 긴급함을 인식한 듯, 호외보고서(4월 29일자)로 심군수의 보고 내용 그대로를 의정부 참정대신에게 보고하고 있는 것이다. 심흥택(沈興澤)의 보고일자와 이명래(李明來)의 그것에 1개월의 격차를 보이고 있는 것은 울릉도와 내륙 사이의 불편한 교통 사정 때문인 것으로 보인다.

강원도관찰사서리 춘천군수 이명래(李明來)의 호외보고서는 이 해(1906) 5월 7일자 접수 제325호로 의정부(외사국<外事局>)에 접수되었다.[65] 그리고 의정부 참정대신은 이에 대하여 5월 20일자 지령(指令) 제3호로,

> 내보(來報)는 열실(閱悉)이고 독도(獨島) 영지지설(領地之說)은 전속무근(全屬無根)ᄒᆞ니 해도(該島) 형편(形便)과 일인 여하 행동(日人如何 行動)을 갱위사보(更爲査報)홈 사(事).

라고 지령하고 있다.[66] 물론 이 지령문은 당시 의정부의 최고 책임자였던 참정대신[67]이 독도(량고도)의 일본 영토 편입을 부인한 것, 다시 말하면 독도, 즉 석도가 대한제국(大韓帝國) 영토임을 명백히 한 것이다. 당시의 참정대신은 박제순(朴齊純)이었다.[68]

---

65) 議政府外事局,「各觀察道案」1(서울대학교 내 奎章閣 소장).

66) 위와 같다. 原文은 다음과 같다.
來報ᄂᆞᆫ 閱悉이고 獨島領地之說은 全屬無根ᄒᆞ니 該島 形便과 日人如何行動을 更爲査報홈 事.

67) 의정부(議政府)의 최고 책임자는 의정대신(議政大臣)이나, 1905년(광무 9) 1월 7일 이근명(李根命)이 사임하면서 의정대신은 공석으로 있었다. 후임 의정대신(민영규<閔泳奎>)이 임명되는 것은 1906년(광무 10) 5월 28일에 가서였다(『高宗實錄』, 光武 10年 1月 7日, 5月 28日).

68) 참정대신(參政大臣)은 1905년 11월 28일 이후 박제순(朴齊純)이 재임

울도군수 심흥택(沈興澤)의 보고서와 관련하여 지적해 두고자 하는 것은 광무 10년(1906) 5월 1일자(207호) 『대한매일신보(大韓每日申報)』「잡보(雜報)」란에 보이는 다음과 같은 기사이다.

> 울도군수(鬱島郡守) 심흥택씨(沈興澤氏)가 ᄂᆡ부(部)에 보고(報告)ᄒᆞ되 일본 관원 일행(日本 官員 一行)이 내도본군(來到本郡)ᄒᆞ야 본군소재(本郡 所在) 독도(獨島)ᄂᆞᆫ 일본 속지(日本 屬地)라 자칭(自稱)ᄒᆞ고 지계활협(地界濶狹)과 호구(戶口) 결총(結摠)을 일일록거(一一錄去)라 ᄒᆞ얏ᄂᆞᆫᄃᆡ 내부(內部)에서 지령(指令)ᄒᆞ기를 유람도차(遊覽道次)에 지계(地界) 호구지록거(戶口之錄去)ᄂᆞᆫ 객혹무괴(客[容의 誤]或無怪)어니와 독도지칭운(獨島之稱云) 일본 속지(日本 屬地)ᄂᆞᆫ 필무기리(必無其理)니 금차(今此) 소보(所報)가 심섭아연(甚涉訝然)이라 ᄒᆞ얏더라.

비슷한 내용이 광무 10년(1906) 5월 9일자(2175호) 『황성신문(皇城新聞)』「잡보(雜報)」란에 보인다. 5월 7일 의정부 외사국(外事局)에 접수된 강원도관찰사서리 이명래(李明來)의 호외보고서를 취재한 것이었을 것이다. 그런데 이 『대한매일신보』 기사에 의하면, 울도군수 심흥택(沈興澤)은 1906년 3월 29일(음 3월 5일)자로 강원도관찰사에게 보낸 보고서와 거의 같은 내용의 그것을 내부(內部)에도 보냈음을 알 수 있다. 그리고 그 발송시기는, 신문에 보도된 일자가 5월 1일이고, 울릉도와 내륙 사이의 불편한 교통 사정을 감안할 때, 역시 3월 29일쯤이 아니었을까 한다. 생각건대, 심군수는 일본인 관리들로부터 독도가 일본 영토로 편입되었다는 통보를 받자 이를 즉시 직속 상관인 강원도관찰사에게 보고하는 한편,

---

하였는데, 1907년(광무 11) 5월 22일 이완용(李完用)으로 교체되었다(『高宗實錄』, 光武 9年 11月 28日, 11年 5月 22日; 『大韓帝國官員履歷書』<國史編纂委員會, 1972>, pp.751~752, 朴齊純).

그럴 경우 정부로의 보고가 늦어질 것을 우려하여 같은 내용의 보고서를 직접 내부로도 발송한 것이 아닌가 한다.

심군수는 이 내부로 보낸 보고서에서도 일본 관원들이 군아를 방문하여 '본군 소재(本郡 所在) 독도(獨島)', 즉 울도군 관할의 독도를 '일본 속지(日本 屬地)'라 자칭하고, 울도군의 지계(地界)·호구(戶口)·결총(結摠, 토지 총수<總數>)을 적어갔다고 하였다. 그리고 내부에서는 이에 대한 지령에서 유람하는 길에 지계·호구를 적어가는 것은 혹 모르지만 독도를 '일본 속지(日本 屬地)'라고 하였다는 것은 반드시 그럴 이유가 없는 만큼 보고 자체가 심히 의아하다고 지적하고 있다. 이는 내부에서도 똑같이 독도의 일본 영토 편입을 부인하고, 따라서 그것이 한국 영토임을 명백히 한 것임을 뜻하는 것이다.

의정부 참정대신(박제순<朴齊純>)은, 이미 앞에서 언급한 바와 같이, 5월 20일자 지령 제3호로 독도의 형편과 일본인들이 어떻게 행동하였는지 재조사할 것을 강원도관찰사에게 지시하였다. 아마 내부에서 심군수에게 내린 지령에도 이런 내용이 들어 있었을 것이다. 그러나 이러한 지령에 대한 강원도관찰사나 울도군수의 재보고서는 찾아볼 수 없다. 그리고 그 이유는 다음의 두 가지 경우 가운데 하나가 아닐까 한다.

그 하나는 그러한 지령이 강원도관찰사나 울도군수에게 내려가지 않았거나, 설령 내려갔다 하더라도 재보고서는 올라오지 못했을 경우이다. 그것은 일로전쟁이 발발하면서 일본은 한국에 한일의정서(韓日議定書)를 강요하여(1904년 2월) 모든 통신기관을 접수하였고, 이어 한일통신기관협정서(韓日通信機關協定書)를 체결하여(1905년 4월) 우편·전신·전화 사업을 모두 이관하였으므로,[69)]

69) 『高宗實錄』, 光武 9年 4月 1日.

일본의 불이익이 되는 이런 지령이나 보고서는 그 의사에 따라 얼마든지 차단하거나 압수할 수 있게 되어 있었기 때문이다.

다른 하나는 강원도관찰사나 울도군수로부터 재보고서가 올라오기는 하였지만, 그 뒤 자취를 감추어버린 경우이다. 일로전쟁 이후의 상황하에서는 일본이 뜻만 가졌다면, 일본의 불이익이 되는 이런 문건은, 가령 관리나 기관원을 시켜 얼마든지 가져갈 수도, 없앨 수도 있었다. 그리고 실제로 그러한 혐의를 받을 만한 사례도 있다. 가령 『비변사등록(備邊司謄錄)』 가운데 안용복(安龍福)의 공초(供招, 죄인의 진술)나 울릉도쟁계(欝陵島爭界, 죽도일건<竹島一件>)가 실려 있을 숙종 22년(1696) 1월에서 24년(1698) 12월까지의 기록이 없어진 것도[70] 그러한 예가 될 것이다.

한국 정부는 이처럼 강원도관찰사서리 이명래(李明來)나 울도군수 심흥택(沈興澤)의 보고를 통하여 일본이 독도를 병합한 사실을 알고 있었다. 그러함에도 이를 일본 측에 항의하지 않았던 것 같다. 항의를 하지 않은 것이 아니라 사실상 항의할 수가 없었을 것이다. 한국은 이미 일로전쟁 당시부터 그러하였지만, 특히 을사조약(乙巳條約, 1905. 11)이 성립되면서부터 외부(外部)가 폐지(1906. 1)되는 등 외교권을 박탈당하고 통감부가 사무를 개시하여(2월) 그 지배를 받고 있었다. 이런 상황하의 한국 정부로서는 독도 병합에 대하여 항의하고자 하여도 항의할 길이 사실상 막혀 있었던 것이다. 그것은 일본의 이익을 위하여 한국에 파견된 일본 관리를 통하여, 궁극적으로는 일본 외무성을 통하여 일본 정부에 항의하는 방도 밖에 없었기 때문이었다.

울릉도의 일본 경찰관주재소나 일본인 철수 문제도 일로전쟁 이전까지만 하더라도 한일 간의 중요한 외교현안이었다. 그런데

70) 『備邊司謄錄』 3(國史編纂委員會 影印, 1959).

전쟁이 발발하면서 한국 정부가 아무런 항의를 하지 않고 있는 것도 이와 같은 상황과 관련하여 이해되어야 할 것이다. 그리고 전 영토가 일본에 병합될 위급한 처지에 놓여 있는 한국으로서는, 이에 비하여 사소한 울릉도의 일본 경찰·일본인 철수 문제나, 독도 문제를 돌볼 겨를이 없었으리라는 것도 상기해야 할 것이다.

한국 정부는 이처럼 일본의 독도(獨島) 병합에 대하여 항의한 것 같지 않다. 그러나 그것이 일본의 독도 병합을 묵인하는 것은 아니었다. 한국 정부는 독도, 즉 우산도(于山島)를 계속해서 그 판도로 인식하고 있었다. 고종의 명에 따라 장고(掌故)를 집대성할 목적으로 편찬 간행된 『증보문헌비고(增補文獻備考)』 여지고(輿地考) 울진(蔚珍)조에

> 우산도(于山島) 울릉도(鬱[欝]陵島)…두 섬으로 하나가 우산(芋山)이다. 속(回) 지금은 울도군(鬱[欝]島郡)이 되었다(于山島 鬱[欝]陵島…二島 一卽芋山 '續' 今爲鬱[欝]島郡).

라고 하고 있는 것이 그러한 것이다.[71] "속(回) 지금은"이란 『증보문헌비고(增補文獻備考)』를 간행한 융희(隆熙) 2년(1908) 현재란 뜻으로,[72] 우산도와 울릉도는 1908년 현재 울도군(欝島郡)이 되어 있다는 것이다. 우산도(于山島, 독도), 즉 석도(石島)는 광무(光武) 4년 칙령 제41호 '울릉도(欝陵島)를 울도(欝島)로 개칭(改稱)ᄒᆞ고 도감(島監)을 군수(郡守)로 개정(改正)ᄒᆞᆫ 건(件)'의 제정 반포에 따라 울도군(欝島郡)에 소속되었다는 것은 이제 너무나 잘 알려진 사실이다.

---

71) 『增補文獻備考』 上(東國文化社, 1971) 31, 輿地考 19, 海防 1, 東海 蔚珍.
72) 『增補文獻備考』 上, 「增補文獻備考凡例」.

8

독도한국영유권론

저자는 독도한국영유권에 관한 1910년까지의 중요 자료를 정리한 『독도영유권자료선』(한림대출판부, 2004)을 펴낸 바 있다. 그 중요 자료들을 13개항으로 분류 번역하여 원문과 함께 싣고 해설을 붙인 것이다. 이 가운데서 해설은 「독도한국영유권론」이란 제(題)하에 한데 묶었다. 독도가 한국령임을 역사적으로, 체계적으로, 또 종합적으로 이해하는 데 보다 도움이 되리라 믿어서였다. 제8장에는 이 「독도한국영유권론」을 수정 보완하여 옮겨 실었다.

「독도한국영유권론」에는 특별한 경우 외에는 각주를 달지 않았다. 논거(論據)를 알고자 한다면, 『독도영유권자료선』의 관계 자료 원문・번역문과 이 책의 1~7장을 참조하기 바란다.

Ⅰ. 우산국(于山國)

울릉도(欝陵島)[1]에 언제부터 사람이 살기 시작하였으며, 이들이

1) 울릉도의 '울'은 '鬱'자로 쓴 자료도 있다(『동국문헌비고<東國文獻備考>』・

언제쯤 우산국(于山國)이라는 작은 나라를 세우게 되었는지는 확실하지 않다.[2] 그런데 이 우산국이 신라에 귀복(歸服)한 것은, 잘 알려진 바와 같이, 이찬(伊湌) 이사부(異斯夫)의 정벌이 있던 6세기 초(512, 지증왕 13)부터였다. 이후 우산국은 신라에 매년 토산물을 바쳐 왔다.

고려가 개창되자, 우산국은 이 새 왕조에도 토산물을 바쳤다. 즉 '우릉도(芋陵島)'에서는 930년(태조 13) 8월에 사자(使者) 백길(白吉)과 토두(土豆)를 보내어 '방물(方物)'을 바쳤던 것이다. 이에 고려에서는 백길(白吉)에게 정위(正位), 토두(土豆)에게 정조(正朝)의 벼슬(향직<鄕職>)을 내렸다.[3] 930년은 태조(太祖)가 고창(古昌, 안동<安東>)전투에서 후백제의 견훤(甄萱)을 크게 패배시킨 해(1월)였다.

이처럼 우산국은 6세기 초 이후 신라와 고려에 토산물을 바쳐 왔다. 이는 우산국이 6세기 초부터 내륙과 조공 관계를 맺어 왔음을 의미하는 것이다. 그리고 내륙에 조공을 하던 우산국 지배자의 지위는 신라 하대나 후삼국기의 성주(城主)와 같은 존재였던 것 같다. 『고려사(高麗史)』 세가(世家) 덕종(德宗) 원년(1032) 11월 병자(丙子)에 "우릉성주(羽陵城主)가 아들 부어잉다랑(夫於仍多郞)을 보내어 토물(土物)을 바쳤다"는 기사도 이를 뒷받침하여 주는 것이

『증보문헌비고<增補文獻備考>』). 그러나 이는 예외이고 중요자료(『삼국사기<三國史記>』·『고려사<高麗史>』·『고려사절요<高麗史節要>』·『조선왕조실록<朝鮮王朝實錄>』·『승정원일기<承政院日記>』·『신증동국여지승람<新增東國輿地勝覽>』)는 물론 조선 후기의 정부 문서 거의 전부가 '蔚'자를 쓰고 있다. 우리가 한번 되새겨 보아야 할 문제이다.

2) 지내굉(池內宏)은 울릉도(蔚陵島)의 고대 주민을 예족(濊族)으로 추정했다(池內宏, 「朝鮮高麗朝に於ける東女眞の海寇」, 『滿鮮地理歷史硏究報告』 8<1921>, pp.216~217).

3) 『高麗史』, 世家 太祖 13年 8月 丙午.

라 하겠다. 그리고 그 판도(版圖)는 『세종실록(世宗實錄)』 지리지(地理志)나 신경준(申景濬)의 『강계고(疆界考)』(1756), 그리고 『동국문헌비고(東國文獻備考)』(1770)에 의하면, 울릉도와 우산도(독도)였다.[4)]

이 우산국은 11세기 초엽(1018, 현종 9년경)에 동북여진족(東北女眞族)의 침략을 받았다. 이때 우산국이 입은 손실은 매우 컸던 것 같다. 일부 주민은 여진족에게 잡혀 갔고, 일부 주민은 내륙으로 피난하였으며, 농구(農具)를 빼앗겨 농사도 망쳤다. 고려에서는 이원구(李元龜)를 우산국에 파견하였다(1018, 현종 9). 농구를 지급하기 위해서였다. 고려가 울릉도에 파견한 최초의 관원이었다. 이어 내륙으로 피난하여 온 우산국인들을 모두 귀환시켰고(1019, 현종 10), 여진 지역에서 도망하여 온 우산국인들을 예주(禮州, 영덕<盈德>)에 편호(編戶)하는 조치(1022, 현종 13)를 취하기도 하였다.

그런데 1022년(현종 13)까지 쓰여 오던 우산국이라는 호칭은 더 이상 『고려사(高麗史)』나 『고려사절요(高麗史節要)』에 보이지 않는다. 또 1032년(덕종 원년)을 마지막으로 내륙에 사자(使者)를 보내어 토산물을 바쳤다는 기사도 찾아볼 수 없다. 이러한 사실은 우산국이 11세기 초엽 동북여진족의 침략을 받은 뒤 급격히 쇠망하여 갔음을 시사한다. 그리하여 마침내 울릉도는, 다음(Ⅱ)에서 설명하는 12세기 중엽 김유립(金柔立)의 보고에 보이는 바와 같이, 촌락의 기지만 남아 있는, 사람이 살지 않는 도서가 되어버렸다.

---

4) 『世宗實錄』 地理志 江原道 蔚珍縣; 申景濬, 『疆界考』 鬱陵島; 『東國文獻備考』 輿地考 13 關防 3, 東海 蔚珍; 『萬機要覽』 軍政篇 4, 海防, 東海.

Ⅱ. 우산·무(울)릉(于山·武〈欝〉陵) 2도설의 대두·정착·동요

조선 초기인 세종~성종대(1418~1494)에 편찬된『세종실록(世宗實錄)』 지리지(地理志, 1432, 세종 14),『고려사(高麗史)』 지리지(地理志, 1451, 문종 1),「동국여지승람(東國輿地勝覽)」(1486·성종 17 편찬, 1499·연산군 5 교정)[5] 강원도(江原道) 혹은 동계(東界) 울진현(蔚珍縣)조에는 울릉도(欝陵島)와 우산도(于山島)에 관한 지지(地誌)를 싣고 있다. 이는 조선왕조나 고려왕조의 울릉도나 독도에 대한 영유의지를 나타내는 것이어서 대단히 주목되는 것이다. 그러나 내용상 조금씩 차이를 보이고 있어 해석상의 혼란을 빚게 한다.

즉,『세종실록』 지리지에서는 우산(于山)·무릉(武陵) 두 섬이 울진현 정동(正東) 바다 가운데 있다 하고, 이어 서로 떨어짐이 멀지 않아 풍일(風日)이 청명(淸明)하면 바라볼 수 있다고 부언하고 있다. 그런데『고려사』 지리지에서는 울진현 정동 바다 가운데 울릉도가 있다 하고, 이어 혹은 우산·무릉은 두 섬으로 서로 떨어짐이 멀지 않아 풍일(風日)이 청명(淸明)하면 바라볼 수 있다고 부언하고 있다. 다시『신증동국여지승람』에서는 우산도·울릉도가 울진현 정동 바다 가운데 있다 하고, 이어 일설에는 두 섬은 본디 한 섬이라 한다고 부언하고 있다.

요컨대, 편찬 연대가 가장 앞서는『세종실록』 지리지에서는 우산(于山)·무릉(武陵) 2도의 존재를 확인하고 있는 데 반하여, 이보

5)『신증동국여지승람(新增東國輿地勝覽)』(1530, 중종 25)에서는「동국여지승람(東國輿地勝覽)」을 증보할 때 반드시 '신증(新增)'이라 표시하고 있는데, 우산도·울릉도에는 그러한 표시가 없다. 이는『신증동국여지승람』이「동국여지승람」의 우산도·울릉도 기사를 그대로 전재하였음을 의미하는 것이다.

다 편찬 연대가 약 20년 뒤지는 『고려사』 지리지에서는 울릉 1도를 내세우면서도 우산·무릉 2도설을 부언하고 있으며, 「동국여지승람」의 기사를 그대로 전재한 『신증동국여지승람』에서는 우산·무릉 2도를 내세우면서도 1도설을 부언하고 있는 것이다.

여기에서 우선 제기되는 의문은 『세종실록』 지리지에서 우산·무릉 두 섬의 존재를 인정하다가 왜 『고려사』 지리지에서는 울릉 1도를 내세우면서도 2도설을 부언하는 선으로 후퇴하고 있느냐 하는 것이다. 그러나 이 의문은 『고려사』 지리지가 고려시대 지리에 한하여 서술하고 있다는 점을 감안하면 쉽사리 해명될 수 있는 것이다. 즉, 『고려사』 지리지는 울진현 정동 바다 가운데 울릉도가 있으며, 무릉도(울릉도)와 함께 우산도가 있다는 설도 있다는 고려시대의 울릉도·우산도에 대한 지견을 반영하고 있는 것이라 하겠다.

이와 같이 보면 울릉도·우산도에 관한 세 지리지의 기사는 그런대로 큰 무리없이 연결되는 셈이다. 즉, 『고려사』 지리지에서 울릉 1도설을 내세우면서도 우산·무릉 2도설을 부언하다가 『세종실록』 지리지에서 우산·무릉 2도로 발전하였으며, 「동국여지승람」에서는 『세종실록』 지리지의 우산·무릉 2도를 계승하면서도 1도설을 부언하는 선으로 후퇴하고 있는 것이다.

그리고 울릉도·우산도에 대한 이와 같은 인식의 변화는 고려 중·후기나 조선 초기의 두 섬에 대한 지리적 지식과 깊은 관련이 있음은 더 말할 나위가 없겠다. 여기서 우리는 이 시기의 고려나 조선왕조의 울릉도 경영에 대하여 다시 한 번 살펴볼 필요를 느끼게 된다.

앞(Ⅰ)에서 언급한 바와 같이, 우산국(于山國)은 6세기 초엽 이후 내륙과 조공 관계를 맺어 왔다. 그리고 그 지배자의 지위는 신라 하대나 후삼국기의 성주(城主)와 같은 존재였던 것으로 보인다. 그런데 이 우산국은 11세기 초엽 동북여진족(東北女眞族)의 침략을 받으면서 급격히 쇠퇴하여 갔다. 그리하여 마침내 울릉도는 사람이 살지 않는 도서가 되었다.

우산국이 쇠망하여 간 반면 고려는 12세기 중엽부터 관원들을 울릉도로 파견하였다. 그 처음은 명주도감창사(溟州道監倉使) 이양실(李陽實)이 파견한(1141, 인종 19) 사람이었다. 이어 명주도감창전중내급사(溟州道監倉殿中內給事) 김유립(金柔立)이 파견되었다(1157, 의종 11). 내륙인을 이주시키기 위해서였다. 무인정권기의 집권자 최이[우](崔怡[瑀])도 같은 목적으로 관원을 파견하였었다(1243, 고종 30). 특히 명주도감창전중내급사 김유립(金柔立)의 파견 때는 울릉도의 지리가 자세히 조사되었다. 그 결과 이 섬에는 암석이 많아 이민하는 데 적합하지 않다는 판정이 내려지기도 하였다. 그러나 아마도 이 무렵부터 울릉도는 동계(東界) 울진현(蔚珍縣) 관할로 편입되었던 것 같다.

이처럼 12세기 중엽 이후 여러 차례에 걸쳐 관원들이 울릉도로 파견되고 그 지리가 자세히 조사된 결과 울릉도는 물론 독도에 대한 지견도 어느 만큼 가질 수 있게 되었던 것으로 보인다. 『고려사』 지리지 울진현조에, 비록 '혹은'이라는 단서가 붙기는 하였지만, "우산(于山)·무릉(武陵)은 본디 두 섬으로 서로 떨어짐이 멀지 않아 풍일(風日)이 청명(淸明)하면 바라볼 수 있다"고 하고 있는 것은 바로 그러한 지견을 반영하는 것이라 하겠다. 지금도 날씨가 맑을 때 울릉도에서 독도를 바라볼 수 있다.

울릉도에는 고려 말부터 내륙 연해민들의 입거가 다시 시작되었던 것 같다. 그러나 새로 개창된 조선왕조는 이들의 입거를 용납하려 하지 않았다. 이들은 역(役)을 피하여 도망간 사람들일 뿐 아니라, 울릉도에 사람들이 살게 되면 왜(倭)가 입구(入寇)하고 인하여 강원도에도 침입할 것을 우려하였던 것이다.

그리하여 15세기 초(1403, 태종 3)에 처음으로 거민(居民)에 대한 쇄환령(刷還令)이 내려짐으로써 울릉도 공도정책(空島政策)의 단서가 열렸던 것이다. 그리고 이는 안무사(按[安]撫使) 김인우(金麟雨)가 울릉도를 다녀오면서 확정을 보게 되었다(1417, 태종 17). 공도정책이 확정되면서 거민들을 쇄환하기 위하여 관원들이 자주 울릉도로 파견되었다. 김인우(金麟雨)는 안무사로 다시 두 차례(1417·태종 17년경과 1425·세종 7년경)나 더 울릉도를 다녀왔으며, 남회(南薈)·조민(曹敏) 등도 순심경차관(巡審敬差官)으로 이 섬에 파견되고 있다(1438, 세종 20).

15세기 초엽부터 공도정책을 결정하고 거민 쇄환을 위하여 관원들을 자주 울릉도에 파견한 결과, 울진현 정동 바다 가운데 우산·무릉의 두 섬이 있다는 것이 더욱 분명해지게 되었다. 가령 공도정책을 확정짓고 안무사 김인우(金麟雨)를 파견할 때 그 사명이 무릉도(武陵島)와 우산도(于山島) 거민을 출륙시키는 데 있었다든지, 세종대에 다시 김인우(金麟雨)를 파견할 때 그 직함이 우산무릉등처안무사(于山武陵等處按撫使)였다는 사실이 이를 뒷받침하여 준다.

15세기 30년대 초(1432, 세종 14)에 편찬된 『세종실록』 지리지 강원도 울진현조에서 "우산·무릉 두 섬이 현(縣)의 정동(正東) 바다 가운데 있다"하고 그 주기(注記)에서 "두 섬은 떨어짐이 멀지 않아 풍일(風日)이 청명(淸明)하면 바라볼 수 있다"고 한 것은 바로 두 섬에 대한 조선 초기의 인식을 반영하는 것이라고 하겠다. 편찬 연대가 뒤짐에도 불구하고 고려 후기의 지리적 지견을 반영하는 『고려사』 지리지에 붙어 있던 '혹은'이라는 단서가 두 섬에 대한 지리적 지견이 확대되어 감에 따라 『세종실록』 지리지에 이르러 비로소 삭제되기에 이르렀던 것이다.

울진현 정동 바다 가운데 우산·무릉의 두 섬이 있다는 인식은 세조대까지도 이어지고 있다. 전중추원부사(前中樞院副使) 유수강(柳守剛)의 상서에 보이는 바, 우산·무릉 두 섬에 읍을 설치하자는 건의(1457, 세조 3)는 그러한 인식을 바탕으로 하여 나온 것이었다고 하겠다. 그리고 그러한 인식은 연대가 그리 멀리 떨어지지 않는 성종·연산군대까지도 계속되었을 것이다.

그러나 한편 15세기 초엽 이래 울릉도에 대한 공도정책이 계속 시행되어 거민들을 쇄환하고 이들에게 '본국(本國)을 모배(謀背)한 죄(罪)'를 적용, 처벌한 결과 연해민들의 왕래는 끊어지게 되고, 그리하여 우산도나 무릉도는 점차 잊혀져 가는 섬들이 되었다. 그리고 그 대신 동해에 요도(蓼島)니 삼봉도(三峯島)니 하는 섬이 있다는, 필경에는 독도와 울릉도를 일컫는 것으로 보아야 할 신도설(新島說)이 세종·성종대에 특히 함길도(咸吉道, 영안도<永安道>) 연해민들 사이에 나돌게 되었던 것이다.

「동국여지승람」의 우산도·울릉도 기사를 그대로 옮겨 실은 『신증동국여지승람』(1531, 중종 25) 강원도 울진현조에서 "두 섬(우산도·울릉도)이 울진현 정동 바다 가운데 있다"고 하여 『세종실록』 지리지의 기록을 계승하면서도 그 주기(注記)에서 "일설에는 우산·무릉은 본디 한 섬이라고 한다"는 단서를 붙이고 있는 것도, 이와 같은 사정을 반영하는 것이라고 하겠다.

사람들의 왕래가 끊기면서 우산·무릉도는 점차 잊혀져 가고 그리하여 신도설이 나돈 것은 매우 자연스러운 현상으로 보아야 할 것이다.[6] 울릉도와 우산도가 다시 주목을 받기 시작하는 것은

6) 그러한 예는 일본에서도 찾아볼 수 있다. 막부(幕府)에서 죽도(竹島,

조선 후기로 들어서면서부터였다.

Ⅲ. 안용복의 활동(1693)과 울릉도쟁계 1(1693~1696)

울릉도에는 조선 후기로 들어서면서 늦어도 조일 양국 간에 울릉도분규—울릉도쟁계(欝陵島爭界, 죽도일건<竹島一件>)가 일기 시작하는 1693년(숙종 19) 이전부터 다시 내륙인들이 왕래하기 시작했다. 동래의 안용복(安龍福, 1658~?)과 울산의 박어둔(朴於屯, 朴於叱屯<박엇둔>, 1661~?)도 이해 3월에 울릉도에 출어(出漁)했다가 일본 백기주(伯耆州) 미자정(米子町) 대곡가(大谷家) 어부(선원<船員>)들에게 붙들려(3월 18일) 미자로 끌려갔다. 17세기 초엽 이래 막부의 도해면허(渡海免許)를 받아 고기잡이를 해오던 죽도(竹島, 울릉도) 근해 어장을 침범한 증인으로 삼겠다는 것이었다. 두 사람은 노군(櫓軍)·염한(塩干)이라는 천역(賤役)을 지고 있었는데, 안용복(安龍福)의 신분은 천민(賤民, 사노<私奴>·외거노비<外居奴婢>)이었고 오랫동안 '용복(用卜)'이라는 이름만 가지고 있었던 것 같다. 박어둔(朴於屯)의 신분은 양인(良人)이었다.

안용복(安龍福) 등이 은기 복포(隱岐 福浦)를 거쳐 미자(米子)에 도착한 것은 3월 27일, 곧 미자의 성주 황미대화(荒尾大和) 등의 조사를 받았다. 한 달 동안이나 계속된 이 조사에서 안용복(安龍福)은 울릉도와 자산도(우산도·송도)가 조선령임을 설득, 이를 인

울릉도)가 조선 영토임을 인정하여 17세기 말(1696, 숙종 22, 원록 9)에 도해금지령(渡海禁止令)을 내린 결과 죽도와 송도(松島, 독도)는 점차 잊혀져 갔고, 그 대신 19세기 중엽(막부 말, 명치 초)부터 죽도를 송도로, 송도를 량고도(リャンコ島)로 부르게 된 것이 그러한 것이다.

정하는 공문의 발급을 요청하였고, 마침내 조취번으로부터 그런 내용의 문서(서계<書契>)를 발급받았다고 한다. 그 시기는 조선인들을 본국으로 송환하라는 막부의 지시(5월 13일)에 따라 안용복(安龍福) 등이 장기(長崎)로 이송되어 가는 도중 조취 성하(城下)에 머물렀던 1주일(6월 1일~7일), 그 중에서도 안용복(安龍福)이 황미대화(荒尾大和) 등 조취번 중신 4명과 황미(荒尾)의 저택에서 만났던 6월 2일 밤이 아니었는가 한다.

안용복(安龍福) 등은 성하에 머무르는 동안 황미(荒尾)의 저택이나 정회소에서 숙식을 하는 등 융숭한 대접을 받았다. 특히 장기로 떠날 때는 호송사절이 구성되고 안용복(安龍福) 등은 교자(轎子)에 타는 환송을 받았다. 이 환대나 환송은 안용복(安龍福)이 무엇인가 조취번에 크게 공헌한 데 따른 배려나 보답으로 보아야 할 것이다. 그 무엇인가는 생각건대 울릉·자산 두 섬이 조선령임을 확실하게 설명함으로써 조취번으로 하여금 죽도도해어업이 해금에 노출되어 있다는 것을 깨닫게 해준 것이 아닌가 한다.

안용복(安龍福) 등이 장기에 도착한 것은 6월 말(30일), 7월 1일 장기 봉행소(長崎 奉行所)에 인계되었다. 다시 대마번 사자(使者)에게 인계되어(8월 14일) 대마에 도착한 것은 9월 초(3일)였다. 그런데 장기 봉행소에 인계되면서 처우가 일변하였다. 안용복(安龍福) 등에 대한 침책(侵責)이 시작되었던 것이다. 대마번에 당도해서는 조취번에서 발급받은 서계(공문)를 빼앗겼다. 안용복(安龍福) 등을 범경죄인(犯境罪人)으로 몰았던 것이다.

한편, 대마번은 막부로부터 조선 측에 그 어민의 죽도(竹島) 출어금지를 요청하라는 지시(5월 13일)도 받고 있었다. 이는 15세기 초 이래 울릉도 영유를 획책하여 온 대마도가 그 숙원을 실현할 수 있는 기회를 맞게 된 것이며, 그것은 새 영지를 취득하는 것이어서 강호(江戶)에 공을 세우는 계책이 되기도 하는 것이었다.[7] 이에 대마번은 차왜(差倭) 귤진중(橘眞重, 다전여좌위문<多田與左衛門>)을 부산으로 파견하였고, 그가 안용복(安龍福) 등을 대동하고 왜관(倭館)에 도착한 것은 11월 초, 동래부로 조선 어민의 "본국 죽도"로의 출어금지를 요청하는 도주의 서계를 전하였다. 막부가 지시한 "죽도"로의 출어금지에 "본국"(일본)이 추가된 것이다. 죽도(울릉도) 영유권 문제를 들고 나온 것이었다. 교섭에 임하는 일본 측 입장은 조선이 임란 뒤부터 울릉도를 방기(放棄)하였지만 일본은 그 동안 죽도(울릉도)를 지배하여 왔으므로 이 섬은 일본의 영토라는 데 있었던 것이다.

조선은 접위관(接慰官) 홍중하(洪重夏)를 동래부로 보내어 안용복(安龍福)을 인수하는 한편, "귀계 죽도(貴界 竹島)"로의 출어는 금지시키되 울릉도가 조선령임을 밝히는 다소 애매한 회답서계를 보내었다. 이어 시작된 귤진중(橘眞重)과의 협상에서 조선 측은 울릉도가 조선령이라는 사실이 존중된다면, 그 토지는 일본 측에 넘길 수도 있다는 제의까지 하였던 것 같다. 일본과의 마찰을 우려해서였다. 그러나 대마번은 여기에 만족하지 않았다. 다시 귤진중(橘眞重)을 부산으로 파견(1694. 윤5월), 서계를 보내어 회답서계에 들어있는 "울릉(蔚陵)" 2자의 삭제를 요청하였다. 이 요구가 받아들여진다면 회답서계에는 "귀계 죽도"만 남게 되어 울릉도가 일본령임을 승인하는 결과가 되는 것이었다.

이런 대마도주의 요구를 두고 조정에서는 점차 강경론이 세를 얻어갔다. 새 접위관 유집일(兪集一)의 안용복(安龍福)에 대한 조사나 차왜들과의 접촉을 통하여 대마번의 울릉도 일본영유권 주장

---

7) 이 책, 2장의 Ⅱ · 주 20) 참조.

이 막부의 뜻이 아니라 도주의 책략에서 나온 것임을 깨닫게 되었기 때문이었다. 그리하여 앞서의 회답서계를 회수하는 대신 개작(改作)한 서계를 왜관으로 전하였다(9월 10일). 그 안에는 죽도, 즉 울릉도는 강원도 울진현(蔚珍縣)의 속도(屬島)요, 따라서 조선어민이 범계(犯界)한 것이라고 할 수 없으며, 앞으로 일본 연해민의 왕래를 금한다는 강경한 내용을 담고 있었다.

이처럼 조선 측의 서계 개작이 있고 도주(종의륜<宗義倫>)가 사망하여 새 도주(종의방<宗義方>)가 들어서서 전 도주(종의진<宗義眞>)가 그 뒤를 보살피게 된 이후에도 대마번의 강경한 자세에는 변화가 없었다. 귤진중(橘眞重)의 개작서계에 대한 「힐문4개조(詰問四個條)」(1695. 6)가 그것을 잘 말해준다. 그러나 쟁계(爭界)를 일으킨 지 3년째이지만 조선이 양보할 기세는 보이지 않고 조취번의 안용복(安龍福)에 대한 환대도 신경이 쓰이는 문제였다. 종의진(宗義眞)은 노중 아부풍후수(阿部豊後守)에게 조선과의 교섭전말을 보고(1695. 10)하고 그 지시를 기다렸다. 번내 온건론자의 건의를 받아들인 결과였다.

노중 아부풍후수(阿部豊後守)는 죽도일건(울릉도쟁계)에 관한 대책을 검토하기 시작했다. 조취번으로는 죽도 소속에 관한 설문지가 보내졌다(12월 24일). 그리고 바로 다음날(25일) 죽도·송도(자산도·우산도)의 영유를 부인하는 조취번 강호번저(江戶藩邸)의 보고(회답)가 있었다. 이는 두 섬이 조선령이라는 안용복(安龍福)의 주장을 조취번이 수용하고 있었다는 것을 의미한다. 그리고 바로 다음날 이런 회답을 했다는 것은 조취번이 진작부터, 아마도 미자에서 안용복(安龍福)을 조사할 당시부터 이런 입장을 정리하고 있었으며, 막부와도 사전에 죽도·송도 소속에 관한 논의가 있었음을 시사한다.

그리고 안용복(安龍福)이 밝힌 울릉·자산 두 섬이 조선령이라는 사실은 조취번으로 하여금 죽도도해어업이 해금(海禁)에 노출되어 온 번(藩)이 곤경에 빠지는 위급한 처지에 놓여 있다는 것을 깨닫게 해 주었을 것이다. 이런 점에서 안용복(安龍福)은 조취번에 크게 공헌하였다고 할 수 있지 않을까 한다. 조취번이 안용복(安龍福)을 환대, 환송하고 두 섬이 조선령임을 인정하는 서계(공문)를 발급한 것, 안용복(安龍福)이 밀항했을 때, 그러니까 죽도(울릉도)도해금지령이 내린 뒤의 일이긴 하지만, 번에서 그를 환대하고 번주가 보낸 고위관원으로부터 두 섬이 조선령임을 확인받은 것도 그 배경을 여기에서 찾아야 할 것이다.

이제 조취번으로서는 해금에 노출된 죽도도해어업을 폐지해야만 했다. 그리고 그런 필요에서 마련한 것이 두 섬에 대한 영유권 부인이 아니었는가 한다. 영유권 자체를 부인함으로써 강호(노중)와 비정상적(사적)으로 연계되어 있는 죽도도해어업을 쉽사리 폐지시킬 수 있는 것이었고, 조취번의 보고(회답)는 바로 이 점을 겨냥한 것이었다고 할 수 있다. 막부는 조취번의 건의(보고)를 받아들였다. 그리하여 대곡·촌천(大谷·村川) 양가의 죽도(울릉도) 출어를 금제(禁制)하는 죽도(울릉도)도해금지령(1696. 1. 28)을 내림으로써 죽도도해어업은 금지되었고, 조취번은 해금에 노출되는 위험에서 벗어날 수 있었던 것이다.

그러나 대마번은 죽도도해금지령을 받아들임에 있어서 조취번과 입장을 달리하였다. 종의진(宗義眞)은 죽도도해금지령 각서를 받는 자리에서 이 금지령을 연말쯤 조선에 구두로 전달할 것임을 밝혔다. 거기에는 막부의 금지령에 대한 대마번의 불쾌감이 감추어져 있었으며, 구두의 약속은 증거가 될 수 없다는 번내 강경론자들의 견해도 고려된 것이었다.

Ⅳ. 죽도(울릉도)도해금지령 : 1696

울릉도쟁계(죽도일건)가 3년째로 접어들었지만, 조선 측에서 양보할 기미를 보이지 않았다. 그런데다가 안용복(安龍福)에 대한 백기주(伯耆州, 조취번<鳥取藩>)의 환대도 신경이 쓰이는 문제였다. 마침내 종의진(宗義眞)은 1695년(숙종 21, 원록 8) 10월 강호로 올라가 관백(關白) 덕천강길(德川綱吉)을 배알한 데 이어 집정(執政, 노중<老中>) 아부풍후수(阿部豊後守)를 방문, 이제까지의 교섭 전말을 보고하고 막부의 지시를 기다렸다. 번내의 온건론자 도산장우위문(陶山庄右衛門)의 건의를 받아들인 결과였다.

아부풍후수(阿部豊後守)는 울릉도쟁계(죽도일건<竹島一件>)에 관한 대책을 검토하기 시작했다. 조취번(鳥取藩)으로는 죽도(竹島)에 관련된 설문지가 보내졌다(12월 24일). 그 문항 중에는 "인번·백기주(因幡·伯耆州)에 부속된 죽도는 어느 때부터 두 나라(인번·백기주)에 부속되었는가(因州·伯州え附候竹島は, いつの頃より兩國之附屬候哉)", "죽도 외 양국에 부속된 섬이 있는가(竹島の外兩國え附屬の島有之哉)" 등이 들어 있었다.[8)]

그리고 즉시 강호 조취번저(鳥取藩邸)의 회답이 있었다(25일). 그 내용은 "죽도는 인번·백기주의 부속이 아닙니다(竹島は因幡·伯耆附屬にては無御座候)", "죽도·송도[는 물론] 그 밖에 [어떤] 두 나라의 부속섬도 없습니다(竹島·松島其外兩國之附屬の島無御座候)"라는 것이었다. 죽도와 함께 송도(松島, 우산도·자산도<于山島·子山

8) 塚本孝, 「竹島関係旧鳥取藩文書および絵図(上)」, 『レファレンス』 411(1985), pp.80~81; 이훈, 「조선 후기의 독도(獨島) 영속 시비」, 『독도와 대마도』(지성의 샘, 1996), pp.39~40; 內藤正中, 앞의 책, pp.84~86.

島>)까지 조취번(鳥取藩)의 소속이 아님을 밝히고 있는 것이다.

이 보고는 조취번이 두 섬, 즉 울릉도(죽도)와 자산도(우산도·송도)가 조선령이라는 피랍 당시 안용복(安龍福)의 주장을 수용하고 있었다는 것을 의미한다. 그리고 보고가 막부(노중 아부풍후수<阿部豊後守>)에서 질의한 바로 다음날 강호의 번저(藩邸)로부터 있었다는 것을 감안할 때 조취번은 진작부터, 아마도 미자에서 안용복(安龍福)을 조사할 당시부터 이러한 입장을 정리하고 있었으며, 막부와도 사전에 죽도·송도 소속에 관한 논의가 오고 갔음을 시사한다.

실제로 조취번은 안용복(安龍福)을 조사할 당시부터 울릉도(죽도)·자산도(우산도·송도)가 조선령이라는 그의 주장을 수용하고 있었던 것으로 보인다. 조취번이 이해(1693) 5월 22일자로 작성한 한 문서에서 '죽도에는 사람이 살고 있지 않기 때문에 백기주수(伯耆州守)가 지배하는 곳이 아니다'라고 밝히고 있는 사실이 이를 뒷받침해 준다. 문서를 작성한 시기가 안용복(安龍福)에 대한 조사가 끝난(4월 28일) 직후인데다가 조취번의 죽도영유 부인은 안용복(安龍福)의 주장과 맥락을 같이하고 있는 것이기 때문이다.

그리고 안용복(安龍福)이 밝힌 울릉·자산도가 조선령이라는 사실은, 앞에서도 잠깐 언급한 바와 같이, 조취번으로 하여금 죽도도해어업이 해금(海禁)에 노출되어 대곡·촌천(大谷·村川) 양가는 물론 번이나 번주마저 곤경에 빠지게 되는 위급한 처지에 놓여 있다는 것을 깨닫게 하여 주었을 것이다. 이런 점에서 안용복(安龍福)은 조취번에 크게 공헌하였다고 할 수 있지 않을까 한다.

이제 조취번으로서는, 해금에 노출된 죽도도해어업을 폐지하지 않으면 안 되었다. 그리고 그런 필요에서 마련한 것이 두 섬에 대한 영유권의 부인이 아니었는가 한다. 영유권 자체를 부인함으로써 강호(노중)와 비정상적(사적)으로 연계되어 있는 죽도도해어업을 쉽사리 폐지시킬 수 있는 것이었고, 조취번의 보고(회답)는 바로 이 점을 겨냥한 것이었다고 할 수 있다.

막부는 조취번의 건의(보고)를 받아들였다. 노중 아부풍후수(阿部豊後守)는 관백 덕천강길(德川綱吉)의 재가를 받아 1696년 1월 9일 종의진(宗義眞)을 수행한 대마번의 가로 평전직우위문(平田直右衛門)을 불러 놓고 죽도가 조선의 판도됨을 유시(諭示)하였다. (1) 죽도에 아직 일본인이 거주한 적이 없고, (2) 대덕군(台德君, 덕천수충<德川秀忠>) 때, 즉 1625년에 미자(米子) 마을 사람들이 그 섬에서의 고기잡이를 원했기 때문에 이를 허락했던 것이며, (3) 지리적으로도 인번(因幡)보다는 조선과 더 가깝기 때문에 조선의 지계임을 의심할 여지가 없다는 것이었다.

이처럼 아부풍후수(阿部豊後守)는 죽도가 조선의 지계임을 천명하면서 앞으로의 시책—죽도(울릉도)도해금지령(竹島<欝陵島>渡海禁止令)에 대해서도 언급하고 있다. 즉 "당초에 이 섬을 저 나라에서 취(取)한 것이 아니니 지금 다시 돌려준다고 말할 수 없다. 다만 우리나라 사람이 가서 고기잡이 하는 것을 금할 뿐이다"라고 하고 마땅히 이 뜻을 조선에 알려야 한다고 지시하였던 것이다. 이는 막부가 울릉도의 조선판도(朝鮮版圖)됨을 명백히 하고, 죽도(울릉도)도해금지령을 내릴 것을 예고한 것이었다.

그로부터 20일이 채 안되는 이해(1696, 숙종 22, 원록 9) 1월 28일, 노중 호전산성수(戶田山城守)가 노중들이 열좌(列坐)한 가운데 죽도(울릉도)도해금지령 각서를 대마번의 종의진(宗義眞)에게 수교하였다. 그리고 이날 노중 호전(戶田)은 조취번 강호유수거(鳥取藩江戶留守居) 길전평마(吉田平馬)를 불러 노중들이 연서(連署)한 죽도도해금지령 봉서(奉書, 관백<關白>의 명을 전달하는 문서)를 건네어 조취번주 송평강청(松平<池田>綱淸)에게 전하였다. 죽도(울릉도)도해금지령이 내려진 것이었다. 그리하여 17세기 초엽 이래 백기국(伯耆國) 미자정(米子町)의 대곡·촌천(大谷·村川) 양가의 죽도도해어업은 금제(禁制)되었고, 조취번은 해금에 노출되는 위험한 상태에서 벗어날 수 있었던 것이다.

대마번은 물론 조취번과 입장을 달리하였다. 종의진(宗義眞)은 죽도도해금지령을 받아들이면서, 이 금지령은 연말쯤 구두로 조선에 전달할 것임을 밝혔다. 거기에는 막부의 금지령에 대한 대마번의 불쾌감이 감추어져 있었으며, 구두의 약속은 증거가 될 수 없다는 번내 강경론자들의 견해도 고려된 것이었다. 또 종의진(宗義眞)은 금지령의 조취번 통고를 보류할 것도 호전(戶田)에게 요청하였다. 대마번이 금지령을 전달하기 전에 조선에 알려지는 것을 우려한 것이었다. 이 요청은 막부가 금지령 봉서(奉書)를 조취번에 통달함으로써 거절당한 결과가 되었고, 이 사실이 조취번의 「재부일기(在府日記)」에 기재됨으로써(원록 9년 1월 28일조) 중신들에게도 알려졌겠지만, 대마번이 조선에 통고(10월)할 때까지 비밀은 지켜졌던 것 같다.

여기서 한 가지 검토해야 할 것은 죽도(울릉도)도해금지령이 우산도(자산도·송도)에도 적용되느냐 하는 것이다. 결론부터 말한다면 적용되는 것이었다. 이 문제와 관련하여 살피건대, 우산도를 조선령이라고 밝힌 조선 측 자료는 많지만, 송도를 일본령으로 본 일본 측 기록은 거의 없다. 굳이 든다고 하면 『죽도도설(竹島圖說)』(보력년간<寶曆年間>, 1751~1763)의 '은기국(隱岐國) 송도(松島)'·'은기(隱岐)의 송도(松島)', 『장생죽도기(長生竹島記)』(1801)의 송도(松島)는 '본조(本朝, 일본) 서해(西海)의 끝'이라는 기록 정도가 아닐까 한다.

이와 거의 같은 시기에 조선에서는『동국문헌비고(東國文獻備考)』(1770)와『만기요람(萬機要覽)』(1808)이 편찬되었다. 일본의 두 문헌이 영토문제에 별 책임이 없는 민간의 저술인데다가 기록 자체가 일본령임을 천명한 것이라고 보기 어려운 데 반하여 조선의 두 문헌은 왕명에 따라 편찬되었고 우산도가 일본의 은기(隱岐)에 인접한 조선령임을, 다시 말하여 그 영유 의지를 분명히 하고 있는 것이다. 특히『만기요람(萬機要覽)』은 국왕(순조<純祖>)이 좌우(座右)에 놓고 참고하는 정무지침서(政務指針書)로 편찬된 것이었다.

또 조선 쪽에서 우산도를 일본령으로 본 기록은 찾아볼 수 없지만, 일본 쪽에서 송도(자산도·우산도)를 조선령으로 본 기록은 적지 않다. 울릉도쟁계(죽도일건) 중 조취번(鳥取藩)은 죽도와 송도를 그 부속도서가 아닌, 다시 말하여 조선령으로 막부에 보고하였고, 쟁계 이후 일본에서 제작된 중요 관·사찬(官·私撰) 지도들은 두 섬을 조선령으로 표시하거나 기록하고 있다.[9] 한편 우산도는 울릉도의 부속도서이기도 하였다. 일본 자료에 보이는 '죽도 내의 송도(竹嶋內之松嶋)', '죽도 근변의 송도(竹嶋近邊松嶋)', '죽도 근처의 소도(竹島近所之小嶋)' 등의 기록이 이를 잘 말해 준다.[10] 조선에서 이 섬을 자산도(子山島)라고 부른 것도 울릉도와 모자(母子)관계에 있는 섬이라는 뜻이다.

이처럼 우산도(송도)는 조선 조정에서 그 영유 의지를 분명히 하고 조선 측 자료는 물론 일본 측 자료에 의하여 입증되는 조선

9) 이 책, pp.127~128, 222~223 참조.

10) 堀和生,「一九〇五年 日本の竹島領土編入」,『朝鮮史研究會論文集』24(1987), p.101.

령이었으며 울릉도의 부속도서였다. 그러므로 죽도도해금지령은 울릉도는 물론 우산도에도 적용되는 것이었다. 이런 점에서 송도도해면허는 죽도도해금지령 이후에도 계속 유효하다는 견해는 재고되어야 할 것이었다. 그런데 최근의 연구 성과는 막부의 송도도해면허 자체가 존재하지 않았음을 확인해 주고 있다.[11]

Ⅴ. 안용복의 활동(1696)과 울릉도쟁계 2(1696~1699)

안용복(安龍福)이 일본에 건너가 정문(呈文, 정단<呈單>)한 것도 이해—1696년(숙종 22)의 일이었다. 그는 울릉도쟁계가 관백의 뜻이 아니라 대마번의 탐욕과 기만에 연유하는 것으로 보았다. 그리고 이를 바로잡기 위해서는 일본으로 건너가 조취번을 통하여 관백에게 소원(訴願)해야 한다고 생각하였다. 그는 이해 봄에 울산으로 가 일본으로 밀항할 이인성(李仁成)을 비롯한 10명의 동지를 모았다. 외교사절을 가장하거나 정문(呈文, 소장<訴狀>의 제출)하는데 필요한 자료·물품 — 울릉도와 자산도가 실려 있는 8매로 된 「조선팔도지도(朝鮮八道之圖)」, 자신이 입을 무관복 청첩리(靑帖裏)·흑포립(黑布笠)·가죽신, 허리에 찰 통정대부(通政大夫, 정3품 당상관) 등을 새겨 넣은 호패(號牌) 등도 울산이나 울릉도에서 준비하였을 것이다.

안용복(安龍福)의 비변사(備邊司)에서의 공술(供述)[12] 등에 의하면, 안용복(安龍福) 등 11명은 이해(1696) 3월 18일 본토(울산)를 출발하여 저녁 때 울릉도에 도착하였다. 그 뒤 5월 중순(15일경)에

11) 池內敏, 『大君外交と「武威」』(名古屋大學出版會, 2006), pp.251~259.

12) 제3장의 주 3) 참조.

이르러 울릉도에 출어한 일본 어선을 송도(松島, 자산도)로 추격하여 쫓아버렸다. 이들이 송도(우산도, 자산도)를 거쳐(5월 15일 착안, 16일 출발) 은기(隱岐)에 도착한 것은 5월 18일 아침, 20일에서 22일까지는 재번역인(在番役人)—수대(手代)들의 조사를 받았다. 예의 무관복을 입고 '통정대부'라고 새겨진 호패를 찬 안용복(安龍福)은 「조선팔도지도」를 꺼내 보이면서 일본에서 타케시마(竹島)·마쓰시마(松島)로 불리는 섬들은 조선 강원도 동래부 소속 울릉도와 자산도임을 밝혔다. 그리고 이런 사실을 소원(訴願)하기 위하여 백기(伯耆)로 건너갈 것이라고 대답하였다.

안용복(安龍福) 등이 백기주 적기(赤崎)에 도착한 것은 6월 4일, 다음날 청곡진(靑谷津)에 정박하였다. 배에는 「조울양도감세장신안동지기(朝欝兩島監税將臣安同知騎)」(전면)·「조선국안동지승주(朝鮮国安同知乘舟)」(이면)라고 쓴 깃발과 그 아래에 "배꼬리에서 일어나…"라는 농촌의 정경을 읊은 시구(詩句)를 적은 작은 깃발이 나부끼고 있었다. 안용복(安龍福) 등이 울산이나 울릉도에서 준비한 깃발에 이인성(李仁成)이 은기에 도착하여 묵서한 것이었다. '조울양도'는, 당시 이 깃발을 그린 그림에 적힌 설명에 의하면, 울릉도(죽도)와 자산도(子山島, 송도)를 가리킨다.

조취번에서 안용복(安龍福) 등을 외교사절로 인정하기 시작한 것은 가로항(加路<賀露>港)의 동선사(東善[禪]寺)를 거처로 정한 6월 12일부터였던 것 같다. 다시 6월 21일에는 거처를 성하의 정회소(町會所)로 옮기었다. 이날 조취번에서는 안용복(安龍福) 일행을 맞이하기 위하여 교자(轎子) 2채와 말 9필을 준비하였고, 숙소에는 시중을 들 역인까지 배치하였다. 극진한 접대였다. 짐작컨대 이날 안용복(安龍福) 등은 조취번 중신들과의 상견례를 가졌을 것이며, 안용복(安龍福)이 은기에서 이인성(李仁成) 등과 같이 작성한 소장(訴狀) 초안도 건네주었을 것이다. 제1차 회담을 가진 셈이었다.

안용복(安龍福) 일행은 7월 10일을 전후해서는 거처를 다시 호산지(湖山池) 청도(靑嶋)의 가옥(假屋)으로 옮겼다. 막부로부터 이객(異客)들을 그 배에만 머물도록 하라는 소식이 은연중에 들려왔고, 이어 노중(老中) 대구보가하수(大久保加賀守)가 6월 23일 조취번으로 각서를 보내어 그 배에 경비를 붙여 이객(異客)들을 감시하라는 지시가 있었기 때문이었다. 이 밖에도 이 각서에는 대마번에 요청하여 조취번으로 통사(通詞, 통역)를 보낼 것이며, 이객이 원하는 바는 장기 봉행소에서 다루는 것이 대법(大法, 원칙)이므로, 그렇게 하던가 아니면 귀국시키라는 것도 들어 있었다.

안용복(安龍福) 일행은 백기주(伯耆州) 적기(赤崎)에 착안(6월 4일)한 이후, 특히 조취 성하에 머무는 동안 조취번으로부터 융숭한 대접을 받았다. 이는 조취번이 안용복(安龍福) 등을 조선 외교사절로 보았기 때문만은 아니었던 것 같다. 아무래도 3년만에 다시 찾아온, 조취번에 해금(海禁)에 노출되는 위험을 일깨워 준, '안비장(安裨將)'을 환영해서가 아니었는가 한다. 이객들은 경비를 붙여 감시하라는 막부의 지시에도 불구하고 청도(靑嶋)에 가옥(假屋)을 지어 머무르게 한 것도 안용복(安龍福)에 대한 조취번의 배려로 보아야 할 것이다. 안용복(安龍福)이 조취번을 통하여 관백에게 소원(訴願)하기로 한 것도 이러한 기대가 있었기 때문이었을 것이다.

안용복(安龍福)의 밀항 정문사건에서 중요한 것은 소장(訴狀)의 내용과 제출한 시기 문제라고 할 수 있다. 그러나 이 무렵의 안용복(安龍福) 관계 자료는 소략(疏略)하여 그 내용과 시기를 잘 알 수가 없다. 그러므로 소장의 내용은 『숙종실록(肅宗實錄)』 등 한국측 자료를 통하여 추정할 수밖에 없다. 이 자료들에 의하면 대마도주의 불법 · 비리는 (1) 안용복(安龍福)으로부터 울릉 · 자산도가 조선령이라는 백기주의 서계(공문)를 탈취하였다, (2) 막부의 명임을 빙자하여 울릉도를 차지하려고 중간에서 농간을 부리고 있다, (3) 조선에서 일본으로 보내는 물화(物貨)를 감량, 재포장하여 전매함으로써 막대한 이익을 얻고 있다는 것이었다. 소장(訴狀)을 제출한 시기도 분명한 기록은 없지만, 이해(1696) 7월 10일 전후로 추정된다. 안용복(安龍福) 등은 7월 10일을 전후하여 정회소에서 조취번 중신, 아마도 황미대화(荒尾大和) 등과 만나 제2차 회담을 갖고 소장을 건네주었을 것이다.

한편, 7월 초순부터 대마번에 알려진 노중 대구보(大久保)의 이객이 원하는 소송은 장기 봉행소에서 하게 하라는 각서(6월 23일자)는 조선과의 외교를 전담해 온 대마번의 위상을 훼손시키는 것이었다. 대마번은 강호(江戶)로 급사(急使)를 파견하여 조선인 대책의 수정을 막부에 요청하였고, 막부는 이를 받아들였다. 그리하여 7월 24일 조선과의 외교는 대마번 외는 할 수 없으므로 조선인들을 귀국시켜야 한다고 조취번에 지시하였다.

그런데 안용복(安龍福) 등의 소장은 대마번에서 볼 때 도주는 물론 도주를 돌보고 있는 전 도주 종의진(宗義眞)이 연루되는 등, 노중의 각서 이상으로 심각한 문제였다. 대마번은 소장의 취하를 위하여 노력하였다. 대마번이 강호로 급사를 파견한 것도 막부에 조선인 대책의 수정을 교섭하는 동시에 은밀히 조취번 쪽과 접촉하여 소장을 취하시키려는 데 그 의도가 있었던 것으로 보인다.

송평(松平) 번주가 강호에서 조취로 돌아온 것은 7월 19일, 그는 안용복(安龍福)이 제출한 소장을 막부에 납입(納入)하지 않았다. 그 대신 막부의 7월 24일자 지시가 조취번으로 내려간 8월 4일 고위관원 평정금좌위문(平井金左衛門)을 청도로 보내어 안용복(安龍福)

등과 만나—안용복(安龍福)으로서는 제3차 회담을 갖고, 전날 울릉도를 침범했다가 안용복(安龍福) 등의 추격을 받았던 어민 15명을 적발 처벌하였음을 알리는 한편, 안용복(安龍福) 등에게 울릉·자산 두 섬이 조선령임을 확인해 주었던 것이다.

안용복(安龍福) 등이 귀국한 것은 8월 말, 이들 거의가 체포되어 비변사의 심문을 받았다.[13] 조정에서는 안용복(安龍福)의 공과(功過)가 논의되었다. 그 과실(죄목)로는 범월(犯越)과 정문(呈文)을 들을 수 있겠지만, 공로로는 (1) 조선이 일본(막부)과 교섭함에 있어서는 대마도가 아닌 다른 길이 있을 수 있으며, (2) 대마번이 울릉도를 가로채려고 중간에서 기만 조롱한 정황을 다 드러냈다는 것이 지적되었다. 그리고 (3) 대마도가 갑자기 일본인의 울릉도 어채(漁採)를 금한다는 통지를 해온 것도 조정에서는 안용복(安龍福)의 공으로 보고 있었다. 그의 활동은 쟁계를 종결시키는 데 기여했던 것이다. 이와 함께 (4) 조취번으로부터 울릉도와 자산도가 조선령임을 인정하는 서계(공문)를 발급받은 사실(1693. 6), 죽도도해금지령이 내린 이후의 일이긴 하지만, 조취번주 송평강청(松平綱淸)이 소장(訴狀)을 막부에 납입(納入)하지 않는 대신 고위관원을 청도로 보내어 두 섬이 조선령임을 확인한 사실(1696. 8)도 그의 공로로 돌려야 할 것이다.

이런 공로로 안용복(安龍福)에게 감사(減死) 정배(定配, 1697 · 숙종 23. 3월)하는 조처가 취해졌지만, 여기서 그의 각별한 공로 하나를 더 들어야 할 것 같다. 그것은 (5) 안용복(安龍福)이 피랍되었을 때 울릉·자산도가 조선령임을 조취번에 설득하였고, 조취번은 진작부터, 아마도 미자에서 그를 조사할 당시부터 이를 수용하고 있었다는 사실이다. 그리하여 조취번은 막부에 두 섬의 영유를 부인

13) 위와 같다.

하는 보고를 하였으며, 이 보고가 결정적 요인이 되어 막부는 대곡·촌천(大谷·村川) 양가의 죽도 출어를 금제(禁制)하는 죽도도해금지령(1696)을 내렸던 것이다. 이 금지령에는 울릉도는 물론 그 부속도서인 자산도(우산도·독도·송도)가 포함되는 것이었다. 안용복(安龍福)의 울릉·자산도 영유권 주장은 조취번을 거쳐 울릉도쟁계 해결의 기틀이 되는 막부의 죽도도해금지령으로 이어졌던 것이다.

안용복(安龍福)의 일본에서의 활동, 특히 조취번과의 접근은 대마번을 불안하게 하였다. 조선이 대마번이 아닌 다른 길, 가령 조취번을 통하여 강호(막부)와 교섭하게 되는 사태를 우려하였던 것이다. 종의진(宗義眞)은 1696년(숙종 22, 원록 9) 10월 16일 전 도주의 문상차 건너간 역관 변동지(卞同知)・송판사(宋判事)에게 당초 연말로 미루어왔던 막부의 죽도(울릉도)도해금지령을 서둘러 알리는 한편, 안용복(安龍福)의 소장 제출에 대하여 유감스러운 뜻을 표하였다.

역관 변동지(卞同知)・송판사(宋判事) 등이 귀국한 것은 1697년 1월 10일이었다. 그들은 종의진(宗義眞)의 죽도도해금지령, 안용복(安龍福)의 정문에 관한 각각의 일본문 구상서(口上書)와 대마번 6명의 가로(家老)들의 위 2건에 관한 한문 구상서를 휴대하였다. 조선 측(예조참의 이선부<李善溥>)에서는 대마번 종의진(宗義眞)이 구두로 통보한 죽도(울릉도)도해금지령에 대한 서계를 작성하여 다음해(1698) 4월에 부산 왜관으로 보냈다. 왜관 관수(館守) 당방신오랑(唐坊新五郎)이나 재판(裁判) 고세팔우위문(高勢八右衛門) 등의 요청에 따른 것이었다. 이렇게 발송이 늦어진 것은 서계의 문안을 놓고 동래부 훈도・별차와 왜관 관수 당방(唐坊)・재판 고세(高勢) 사이에서 절충이 계속되었기 때문이었다.

3월 자로 된 이 서계에서 조선 측은 막부의 결정에 사의를 표하고 울릉도와 죽도가 1도2명(一島二名)임을 강조하여 그 정당한 인식을 촉구하였다. 또 안용복(安龍福) 등은 표인(漂人)일 뿐 맹약을 어겨 다른 길을 경유하려 했다고 할 수 없으며 정문(呈文)한 일은 망작(妄作)한 죄가 있기 때문에 이미 구속 수감하였다고 하였다. 다음해(1699, 숙종 25, 원록 12) 3월에는 종의진(宗義眞)이 사자편에 회답서계를 보내어 조선 측 서계의 내용을 막부에 보고했음을 알려왔다. 울릉도쟁계(죽도일건)가 타결된 것이었다.

안용복(安龍福)이 울릉도(죽도)·자산도(송도)를 거쳐 일본(은기·조취번)으로 밀항하였다는 것은 조선후기로 들어와 유형원(柳馨遠)에 의하여 다시 제기된 우산·울릉 2도설을 실증 확인한 것이라고 하는 점에서 중요한 의미를 갖는다. 그러나 그가 시도했던 울릉도쟁계의 주역 대마도주의 고발은, 극적인 사건이기는 하지만, 죽도(울릉도) 도해금지령(1696)이 내린 이후의 일이였다.

Ⅵ. 울릉도 수토제도(鬱陵島 搜討制度) : 1694~1895

울릉도쟁계는 정부 당로자가 아닌 재야 인사에게도 관심을 불러 일으켰던 것 같다. 가령 1694년(숙종 20) 7월의 전무겸선전관(前武兼宣傳官) 성초형(成楚珩)의 상소(上疏)가 그러한 것이었다. 그는 울릉도가 국가의 요충이며 땅이 넓고 기름짐에도 불구하고 오랫동안 버려왔었다 하고, 근자에 일본이 감히 '구거지계(求居之計)'를 내고 있다고 하니 이곳에 특별히 진(鎭)을 설치하여 저들로 하여금 넘보지 못하도록 해야 한다고 주장하였다.

자연, 정부에서도 문제가 되고 있는 울릉도 비어책(備禦策)에 대하여 관심을 갖기 시작하였다. 영의정 남구만(南九萬)이 삼척첨사(三陟僉使)를 울릉도에 파견, 형세를 조사하여 민호(民戶)를 이주시키거나 진(鎭)을 설치함으로써 일본에 대비해야 한다고 건의하고 있는 것이 그것이다.

남구만(南九萬)의 건의에 따라 장한상(張漢相)이 삼척첨사로 발탁되었다. 장한상(張漢相)은 이해(1694, 숙종 20) 9월 19일 삼척을 출발하였다. 일행은 별견역관(別遣譯官, 왜어역관<倭語譯官>) 안신휘(安愼徽)를 포함하여 총 150명이었고, 기선(騎船) 2척, 급수선(汲水船) 4척이 동원되었다. 장한상(張漢相) 일행은 9월 20일부터 10월 3일까지 13일 동안 체류하면서 울릉도를 살피고, 10월 6일 삼척으로 돌아왔다. 이 장한상(張漢相)의 울릉도 심찰(審察)에 관해서는 『숙종실록』에도 기록되어 있으나, 「울릉도사적(蔚陵島事蹟)」에 보다 자세히 전하고 있다.

장한상(張漢相)은 울릉도 심찰 결과를, 산천(山川)·도리(道里)를 적어 넣은 지도(地圖)와 함께 정부에 보고하였다. 그 요지는 왜인(倭人)이 왕래한 흔적은 있으나 살고 있지는 않다는 것, 도로(道路)가 순탄치 않아 일본이 횡점(橫占)한다 하더라도 제방(除防)하기 어렵다는 것, 보(堡)를 설치하려 하여도 땅이 좁고 큰 나무들이 많아 인민(人民)을 이주시키기 어렵다는 것, 토질(土質)을 알아보려고 밀보리를 심고 왔다는 것 등이었다.

장한상(張漢相)의 보고가 있자, 정부에서는 곧 울릉도에 관한 대책을 논의하였다. 영의정 남구만(南九萬)이 '민호(民戶)를 이주시킬 수 없는 만큼 1년, 혹은 2년을 걸러서 수토(搜討)해야 한다'고 건의하였다. 수토는 물론 일본인의 왕래에 대비하기 위한 것이었다. 이 건의는 국왕에 의하여 윤허되었다(10월). 일본인의 불법 왕래를 막기 위한 정부의 울릉도 수토 방침이 일단 확정을 보게 된 것이었다. 그러나 1년을 걸러서 할 것인지, 혹은 2년을 걸러서 할 것인지는 미처 결정되지 않았다.

대마번 종의진(宗義眞)이 전도주의 문상(問喪)차 건너간 역관 변동지(卞同知)・송판사(宋判事)에게 죽도(울릉도)도해금지령을 구두로 통보한 것은 이해(1696) 10월 16일, 역관들이 귀국한 것은 다음해 1월 10일이었다. 보고에 접한 정부는 곧(4월) 울릉도 수토문제를 다시 논의하였다. 즉, 비변사(備邊司) 당상(堂上)들과 같이 입시한 영의정 유상운(柳尙運)이 울릉도 수토문제에 대하여 건의하기를, '울릉도 문제가 명백히 귀일되어 일본은 일본인의 어채를 금지하겠다고 하였고, 우리나라에서도 때때로 사람을 보내어 수토할 뜻을 서계에서 밝힌 바 있는데, 울릉도가 우리 영토이기는 하나 해외의 절도(絶島)요 무인도이기 때문에 해마다는 어렵지만 간간히 사람을 보내어 순검(巡檢)해야 한다'는 것이었다. 그리고 국왕은 이 건의를 받아들여, 간이년(間二年), 즉 2년을 걸러서 보낼 것을 지시하고 있다. 그러니까 유상운(柳尙運)의 지적처럼, 3년에 1차씩 관원(官員)을 파견・수토하는 것을 정식화(定式化)하였던 것이다.

이 회의에서는 3년에 1차씩 파견하는 것을 정식으로 한다면, '상상년(上上年)', 즉 1695년(숙종 21)에 이미 다녀왔으므로 '명년(明年, 1698, 숙종 24)'부터 파견한다는 것도 아울러 결정하고 있다. 그러나 실제로는 1695년에 수토한 기록을 찾아볼 수가 없다. 아마도 1694년에 장한상(張漢相)이 다녀온 것을 '상상년'으로 잘못 알았던 것으로 생각된다. 이렇게 보면, 정부에서는 간이년(間二年) 수토의 기준을 장한상(張漢相)의 울릉도 심찰에 두었던 것이 아닌가 한다.

그건 그렇다고 하더라도 조정에서는 '명년', 즉 1698년에도 미처 관원을 파견하지 못하였다. 관원을 파견한 것은 그 다음해인 1699년(숙종 25)이었다. 강원도관찰사가 비변사로 보고한 바에 의하면,

울릉도에 파견된 관원은 월송포만호(月松浦萬戶) 전회일(田會一)이었다. 전회일(田會一)은 수토차 이해 6월 4일 발선(發船)하여 임무를 마치고 6월 21일에 돌아오고 있다. 그는 울릉도의 지도와 함께 토산물인 황죽(篁竹)·향목(香木)·토석(土石) 등을 바쳤다.

이어 1702년(숙종 28)에는 삼척영장(三陟營將) 이준명(李浚明)이 울릉도를 수토하였다. 1702년은 월송포만호 전회일(田會一)이 다녀온 1699년부터 따져 간이년(間二年), 즉 3년차에 해당하는 해이다. 이준명(李浚明)도 전회일(田會一)과 마찬가지로 지도와 함께 향나무를 비롯한 토산물을 바치고 있다. 장한상(張漢相)도 지도를 바치고 있는데, 아마 그도 토산물을 바쳤을 것으로 생각된다. 또 장한상(張漢相)이 역관을 대동하였는데, 이준명(李浚明)도 왜어역관을 대동하고 있다. 그것은 물론 일본인에 대비한 것이었으며, 전회일(田會一)의 경우에도 왜어역관을 대동하였을 것으로 생각된다. 이렇게 보면 수토관은 왜어역관을 대동하였고, 울릉도 지도와 토산물을 바치게 되어 있었던 것으로 생각된다.

또 처음에는 수토관을 파견할 때마다 품지(稟旨)하여 임명하는 것이었는데, 그것은 곧 변장(邊將)의 윤회수토(輪回搜討)로 바뀌었다. 그리고 이해(1702)가 삼척영장의 차례이기 때문에 이준명(李浚明)이 다녀온 것이다. 이보다 3년 전에는 월송포만호인 전회일(田會一)이 다녀왔고, 제1차 수토관이라고 할 장한상(張漢相)의 직함은 삼척첨사(三陟僉使)였다. 결국 윤회수토란 울릉도와 가까운 거리에 있는 삼척영장과 월송포만호가 3년마다 교대하면서 수토하는 것을 의미하는 것이다.

수토하는 시기도, 앞의 『승정원일기』 기사에 의하면, 바람이 잔잔한 5월이 좋으리라는 것이었다. 그러나 수토제도가 확립되면서 3·4월로 바뀌어진 듯하다. 1795년(정조 19) 6월 이조판서 윤시동

(尹蓍東)의 계언(啓言)에 울릉도 수토는 '늘 3·4월 사이에 있었다'는 구절이 이를 뒷받침하여 준다. 그런데 여기에도 예외는 있었다. 18세기 말(1794, 정조 18)의 수토관(搜討官) 한창국(韓昌國)의 경우 4월(21일)에 출발은 하였으나 5월 8일에 가서야 돌아오고 있으며, 앞에서 든 전회일(田會一)의 경우에는 아예 6월 달에 다녀오고 있는 것이다. 이런 사실을 감안한다면 수토의 시기는 바람이 잔잔한 3월부터 늦더라도 6월 사이가 아니었을까 한다.

수토가 정기적으로 계속 실시됨에 따라 오랫동안 잊혀졌던 울릉도의 지리가 점차 자세히 밝혀져 갔다. 이미 삼척첨사 장한상(張漢相)의 수토 때(1694, 숙종 20)는 우산도(于山島, 독도)가 확인되기도 하였다. 자연 문헌에서도 우산도를 국토로서 주목하기 시작했다. 신경준(申景濬)의 『강계고(疆界考)』나 『동국문헌비고(東國文獻備考)』의 「여지고(輿地考)」가 그러한 것이다. 이에 관해서는 다음(Ⅷ)에서 다시 자세하게 살펴보기로 한다.

울릉도 방면의 지리가 밝혀져 감에 따라 연해민들의 왕래가, 비록 불법적인 것이기는 하였지만, 더욱 활발해졌다. 이들은 섬에 상륙하여 인삼(人蔘)·향목(香木)·황죽(篁竹) 등을, 그 연해에선 어복류(魚鰒類)를 채취하였다. 한편 일본인의 울릉도 출어도 막부의 금령(1696)에도 불구하고 적어도 18세기 초엽(숙종 말년)까지는 계속되었던 것 같다. 이 때문에 정부 관원들 사이에는 울릉도에 진(鎭)을 설치하고, 백성들을 이주시켜야 한다는 등의 비어책(備禦策)이 논의되기도 하였다.

그러나 울릉도 개척을 결정, 이민이 시작되는 것은 19세기 말엽, 검찰사(檢察使) 이규원(李奎遠)이 울릉도를 다녀 온 다음해, 즉 1883년(고종 20)부터였다. 개척은 급속도로 진전되었다. 그리하여 1895년 초에는 수토제도를 폐지하는(고종 31년 음 12월) 대신 전임도장(專任島長)을 두게 되었다(고종 32년 음 1월). 수토제도를 실시한 지 거의 200년만의 일이었다.

Ⅶ. 우산·울릉(于山·欝陵) 2도설의 재정착

그동안 울릉도(鬱陵島)에 대한 공도정책(空島政策)이 오랜 시일에 걸쳐 실시된 결과 『신증동국여지승람(新增東國輿地勝覽)』(1530, 중종 25) 강원도 울진현(蔚珍縣)조에서 보듯 우산·울릉 1도설이 대두하여 우산·울릉 2도라는 사실이 적지 아니 동요되고 있었다. 그러나 이러한 동요는 조선 후기로 들어서면서 실학자들의 저술을 통하여 바로잡혀 가고, 우산도(독도)에 대한 국토로서의 인식도 구체화되어 갔다. 18세기 중엽에 저술된 신경준(申景濬)의 『강계고(疆界考)』[14](1756, 영조 32)가 그러한 것이었다. 그러나 그 단서는, 『강계고』에 의하면, 이미 17세기 중엽에 저술되었으나 지금은 실전(失傳)하는 유형원(柳馨遠)의 「여지지(輿地志)」에서 찾을 수 있다.

신경준(申景濬)은 『강계고』「울릉도」조에서 성종 초년(1472, 성종 3)에 삼봉도(三峯島)를 찾기 위하여 박종원(朴宗元, 공식 직함은 삼봉도경차관<三峯島敬差官>)을 파견하였으나 풍랑(風浪)으로 뜻을 이루지 못한 채 돌아왔고, 동행했던 선박들이 울릉도에 상륙하여 대죽(大竹) 등을 베어 왔다는 사실을 설명하고는, '내가 살피(생각)건대'

14) 고려대학교 중앙도서관 소장의 수필본(手筆本), 3권 3책. 표지에 「강계지(疆界誌)」라 씌어져 있다. 그러나 이는 후대에 적어 넣은 것으로 보인다. 책 첫머리에 실린 서문에는 책명을 「강계고(疆界考)」로 적고 있으므로 이에 따라야 할 것이라고 한다.

를 전제하면서 예의 「여지지」의 기록, 즉

> 「여지지」에 이르기를, '일설에는 우산과 울릉은 본래 한 섬이라고 하나 여러 도지(圖志)를 상고하면 두 섬이다. 하나는 왜(倭)가 이르는 바 송도(松島)인데 모두 다 우산국(于山國)[의 땅]이다'라고 하였다.

는 주석을 달고 있다. 박종원(朴宗元)이 비록 삼봉도를 찾지 못하였지만, 「여지지」의 기록임을 들어 우산·울릉이 두 섬임을 지적한 것이었다.

「여지지」는, 이미 앞에서 지적한 바와 같이, 유형원(柳馨遠)이 저술한 지리서였다. 신경준(申景濬)은 『강계고』에서 「여지지」를 자주 인용하고 있는데, 그 첫 인용에서 '유반계형원여지지(柳磻溪馨遠輿地志)'라고 하여 그 저자가 실학의 거목 반계(磻溪) 유형원(柳馨遠)임을 밝히고 있다. 그리고 그 편찬 연대는 『증보반계수록(增補磻溪隨錄)』 연보(年譜)에 의하면 1656년(효종 7)이었다. 유형원(柳馨遠)은 '울릉도쟁계(鬱陵島爭界)' 이전인 17세기 중엽에 '여러 도지를 참고할 때, 우산·울릉은 한 섬이 아니라 두 섬으로 그 중의 하나가 왜가 이르는 바 송도이며 모두가 다 우산국의 땅', 즉 조선의 판도임을 분명히 하였던 것이다.

그 뒤 신경준(申景濬)은 『동국문헌비고(東國文獻備考)』(1770, 영조 46) 편찬에도 참여하여 「여지고(輿地考)」를 담당 편찬하였다. 그는 「여지고」에서 울릉도와 우산도를 다루면서 유형원(柳馨遠)의 「여지지」의 기사를,

> 「여지지」에 이르기를, '울릉과 우산은 다 우산국의 땅인데, 우산은 왜가 이르는 바 송도(松島)다'라고 하였다.

고 하여 『강계고』에서 전제한 '내가 살피(생각)건대'를 삭제하는 한편 두 섬 중의 '하나가 왜가 이르는 바 송도'라는 다소 애매한 내용을 '우산은 왜가 이르는 바 송도다', 즉 우산이 곧 송도임을 간결하면서도 확실하게 밝히고 있는 것이다.

유형원(柳馨遠)의 「여지지」와 비슷한 기록이 일본 문헌에도 보인다. 「여지지」보다 10여 년이 뒤지지만 같은 17세기 중엽에 저술된 재등풍선(齋藤豊仙[宣])의 『은주시청합기(隱州視聽合記[紀])』(1667, 현종 8, 관문<寬文> 7)가 그것이다. 특히 『은주시청합기』는 지금까지 알려져 있는 한 송도(松島, 우산도·독도)에 관한 일본 최고(最古)의 문헌인데, 그(송도) 소속[영유권]을 명확히 하고 있어서 우리의 주목을 끌게 한다.

그 내용은, 은기(隱岐, 은주<隱州>)에서 서북쪽으로 2일(日) 1야(夜)를 가면 송도가 있고, 또 1일정(日程)을 가면 죽도(竹島)가 있다. 이 두 섬은 무인도로 고려를 보는 것이 마치 운주(雲州, 출운국<出雲國>)에서 은기를 바라보는 것과 같다. 그러므로 일본의 서북경(西北境, 건지<乾地>)은 은주(隱州)로써 한계를 삼는다는 것이다. 지리적 위치로 보아 송도는 오늘의 우산도(독도), 죽도는 울릉도를 가리키는 것이며, 이 두 섬은 오히려 조선과 가깝기 때문에 일본의 영토는 은주, 즉 은기에 국한한다고 하고 있는 것이다.

『은주시청합기(隱州視聽合記[紀])』의 저자 재등풍선(齋藤豊仙[宣])은 출운국(出雲國)의 관원이었다. 그는 또 번주(藩主)의 명에 따라, 즉 공무(公務)로 은기도(隱岐島)를 시찰하였다. 그리고 시찰하는 과정에서 그가 직접 보고 들은 바를 기록한 것이 바로 『은주시청합기』인 것이다. 그러므로 그가 '일본의 건지(乾地)는 이 주(州, 은주<隱州>, 은기도<隱岐島>)로써 한계를 삼는다'라고 하고 있는 것은 당시의 조·일(朝日) 간의 국경을 가늠하는 데 있어 신빙성 있는 중요한 자료가 되는 것이라고 하겠다.

조선 후기로 들어와 우산·울릉(于山·欝陵) 2도설을 재정착시키는 데 초석을 놓은 것이 유형원(柳馨遠)의 「여지지(輿地志)」(1656, 효종 7)였다. 「여지지」는, 신경준(申景濬)의 『강계고(疆界考)』나 『동국문헌비고(東國文獻備考)』에 의하면, '우산과 울릉은 한 섬이 아니라 두 섬으로 모두 우산국(于山國)의 땅인데, 우산은 왜(倭)가 이르는 바 송도(松島, 우산도)'라고 밝히고 있는 것이다. 그리고 2도설은 안용복(安龍福)이 울릉도쟁계 당시 현장(울릉도와 자산도)을 살펴봄으로써(1696) 실증·확인되었다. 이에 대하여는 V절에서 언급해 두었다.

그런데 우산·울릉 2도설은 수토제도(搜討制度)가 실시된 지 반세기를 조금 더 지난 18세기 중엽에 저술된 신경준(申景濬)의 『강계고(疆界考)』(1756, 영조 32)에 이르러 보다 구체화되고 있는 것을 볼 수 있다. 즉 『강계고』 「울릉도(欝陵島)」조를 보면, '두 섬으로 하나가 바로 우산(芋山)이다. 울진현(蔚珍縣) 정동(正東) 바다 가운데 있으며, 일본(日本)의 은기주(隱岐州)와 가깝다'고 기록하고 있다. 울진현(蔚珍縣) 정동 바다 가운데 울릉도와 함께 우산도가 있으며, 일본의 은기도와 이웃하고 있음을 분명히 하고 있는 것이다. 「여지지」에 보이던 1도설이 자취를 감추어 버린 것이 주목된다.

『강계고』 「울릉도」조는 위 기사에 이어 울릉도·우산도의 위치와 연혁, 울릉도쟁계(欝陵島爭界)에 관하여 기록하고 있다. 그런데 연혁 말미에는 바로 앞에서 든 예의 「여지지」의 기사를 인용함으로써 우산과 울릉은 두 섬으로 그 중의 하나가 일본 측에서 부르는 송도(松島)로 우산국의 땅이었음을 재확인하고 있는 것이다.

『강계고』 「울릉도」조는 「안용복사(安龍福事)」조로 이어지는데, 여기서 신경준(申景濬)은 안용복(安龍福)의 일본 피랍·밀항사건에 대하여 비교적 자세하게 언급하고 있다. 특히 밀항사건을 설명하면서는, 안용복(安龍福)이 울릉도에 출어한 일본 어선을 추격, 다시 송도로 가서 "송도는 바로 우산도(芋山島)이다. 너희들은 우산(芋山)이 또한 우리 지경(地境)이란 말을 듣지 못하였는냐"라고 꾸짖었다고 지적하고 있다. 일본 측에서 부르는 송도가 우산도(于山島)이며 그것이 조선 영토임을 거듭 강조한 것이었다.

신경준(申景濬)은 18세기 말엽(1770, 영조 46)에 간행된 『동국문헌비고(東國文獻備考)』 편찬 사업에도 참여하여 「여지고(輿地考)」를 담당 편찬하였다. 그는 「여지고」 울진(蔚珍)조에서 우산도·울릉도를 다루면서 『강계고』의 「울릉도」·「안용복사」조의 기사를 거의 그대로 전재하였다. 다른 것이 있다면 본문에서 우산·울릉은 두 섬으로 하나가 우산임을 밝히고, 울릉도·우산도의 위치와 연혁, 영유권 분규, 안용복(安龍福)의 일본 피랍·밀항사건을 부록으로 묶고 있는 것, 그리고 유형원(柳馨遠)의 「여지지」의 기사를 "「여지지」에 이르기를, '울릉(欝陵)과 우산(于山)은 다 우산국(于山國)의 땅인데, 우산은 왜(倭)가 이르는 바 송도(松島)다'라고 하였다"고 보다 간결하면서도 명확하게 인용하고 있는 것이라고 할 것이다.

그러니까 『동국문헌비고』에서는 우산·울릉은 두 섬으로 하나가 우산도이며, 우산도는 일본 측이 부르는 송도, 즉 오늘의 독도로 "우산국의 땅", 즉 '우리의 땅'임을 천명하고 있는 것이다. 이 문헌은, 잘 알려진 바와 같이 왕명(영조)에 따라 편찬되었다. 그리고 그 목적은 역대의 장고(掌故)를 집대성하고 나아가 이를 '경제(정치)의 도구(經濟之具)'로 활용하는 데 있었다.

『동국문헌비고』에 이어 19세기 초엽(1808, 순조 8년경)에는 왕명에 따라 『만기요람(萬機要覽)』이 편찬되었다. 그리고 그 군정편(軍

政篇) 4, 해방(海防) 동해(東海)조에는 『동국문헌비고』 울진조의 부록 기사, 즉 울릉도·우산도의 위치와 연혁, 울릉도쟁계, 안용복(安龍福) 피랍·밀항 사건 등을 가감없이 그대로 전재하고 있다. 이는 우산도는 조선령이며 일본 측에서 부르는 송도라는 『동국문헌비고』의 견해를 『만기요람』에서도 그대로 계승 수용하고 있음을 뜻하는 것이다. 『만기요람』은 국왕이 좌우(座右)에 놓고 참고할 목적으로 편찬된 정무 지침서였다.

울릉도에 대한 지리적 지견과 관련하여 주목되는 것은 18세기 초엽, 즉 1714년(숙종 40) 7월 강원도어사(江原道御使) 조석명(趙錫命)이 영동지방(嶺東地方)의 해방(海防)을 논의하는 중에 "자세히 포인(浦人)의 말을 듣건대, '평해(平海)·울진(蔚珍)은 울릉도에서 가장 가까운 거리에 있고 뱃길이 조금도 막힘이 없으며, 울릉도 동쪽으로 도서(島嶼)가 잇달아 왜의 지경과 접한다'고 합니다"라고 한 지적이다. 울릉도 동쪽으로 도서가 잇달아 있고, 이 섬들은 일본의 지경과 접하게 된다는 것이다. 울릉도 동쪽으로 잇달아 있는 도서란 오늘의 죽도(죽서<竹嶼>)와 독도를 가리키는 것이다.

그런데 신경준(申景濬)의 『강계고』 「울릉도」조에서는, 앞에서 인용한 바와 같이, "두 섬으로 하나가 바로 우산이다. 울진현 정동 바다 가운데 있으며, 일본의 은기주(隱岐州)와 가깝다"고 지적하고 있다. 우산도는 울릉도와 함께 일본의 영토인 은기도(隱岐島)와 접경해 있다는 것이다. 수토제도의 실시로 울릉도 방면의 지리가 밝혀짐에 따라 18세기 초엽, 늦어도 『강계고』가 편찬되는 18세기 중엽쯤 되면 일본과의 국경도 보다 분명하게 가늠할 수 있게 되었던 것이다.

울릉도에 대한 지리적 지견의 확대는 지도 작성에도 영향을 주어 우산도의 위치가 명확하게 부각되고 있는 것도 주목할 만한 것이다. 종래의 지도, 가령 『신증동국여지승람(新增東國輿地勝覽)』에 실려 있는 「팔도총도(八道總圖)」나 「강원도도(江原道圖)」는 우산도를 내륙 쪽으로, 울릉도를 그 동쪽으로 하여 거의 같은 크기로 붙여서 그리고 있다. 그런데 정상기(鄭尙驥, 1678~1752)의 「동국지도(東國地圖)」에 와서는 울릉도가 내륙 쪽으로, 우산도가 그 동쪽으로 옮겨질 뿐 아니라, 거리나 크기가 정확하게 표기되고 있는 것을 볼 수 있다.

이래 조선 후기의 지도에는, 비록 그 위치가 일정하지는 않으나, 울릉도 밖으로 우산도 혹은 자산도(子山島)가 계속 표시되고 있다. 이것은 정상기(鄭尙驥)의 「동국지도」에서 영향을 받은 것이었다. 그러나 한편으로는 울릉도 밖으로 있는 섬이 우산도라는 인식이 계속되고 있음을 의미하는 것이기도 하다.

Ⅷ. 일본 태정관 우대신(太政官 右大臣) 암창구시(岩倉具視)의 지령 : 1877

일본의 경우, 죽도(울릉도)도해금지령(1696)에도 불구하고 송도(독도)를 은기주(隱岐州)의 속도(屬島)로 보거나[15] '일본 서해의 끝'으로 보는 도서(圖書)가 있고[16] 심지어 울릉도(죽도)가 조선령임을 모르는 도서조차 있었다.[17] 그러나 이는 책임이 없는 민간의 저술일 뿐이며, 대체로 『강계고(疆界考)』·『동국문헌비고(東國文獻備

15) 北园通葬, 『竹島圖說』(寶曆年間<1751~1763>).

16) 矢田高當, 『長生竹島記』(1801).

17) 松浦武四郎, 『他計甚磨雜誌』(1854).

考)』·『만기요람(萬機要覽)』 군정편(軍政篇) 등과 같은 시기에 제작된 일련의 중요 지도들은 송도를 조선령으로 보고 있었다.

일본에서 처음으로 경·위도를 도입하여 작성한, 그리하여 명치 초년에 이르기까지 일본 지도계(地圖界)에 군입했다는, 장구보적수(長久保赤水)의 「일본노정여지전도(日本路程輿地全圖)」(1773)의 개정판 「개정일본노정여지전도(改正日本路程輿地全圖)」(1779)는 일본 본토와 그 부속지를 모두 채색하고 있지만, 죽도(울릉도)와 송도(독도)는 조선 본토와 함께 채색하지 않았고 경·위도선도 긋지 않았다. 또 이 지도의 울릉도·송도 부분에는 "[두 섬에서] 고려를 보는 것이 운주(雲州)에서 은주(隱州)를 바라보는 것과 같다" 하여 『은주시청합기』와 거의 같은 내용의 기록이 보인다. 송도를 조선령으로 본 것이다.

임자평(林子平)의 『삼국통람도설(三國通覽圖說)』(1785)의 부속 지도인 「삼국접양지도(三國接壤之圖)」는 울릉도와 독도의 위치와 크기를 정확하게 그려 넣고 조선 본토와 같은 노란색으로 칠하여 일본 영토의 녹색과 구별하고 있다. 독도가 조선령임을 분명히 한 것이었다. 더욱 주목되는 것은 이 지도에 울릉도와 독도를 조선령으로 그려 넣으면서 "조선의 차지로(朝鮮ノ持之)"라는 설명까지 곁들이고 있다는 사실이다. 이는 조·일 간의 울릉도쟁계(鬱陵島爭界, 죽도일건<竹島一件>)의 결과 울릉도와 독도가 조선의 영유로 결정된 사실을 반영하는 것이었다.

19세기 초엽에는 일본 지리학사상의 위대한 업적으로 평가되는 이능충경(伊能忠敬)의 「대일본연해여지전도(大日本沿海輿地全圖)」(1821)가 편찬되었다. 이 지도에는 죽도와 송도가 빠져 있다. 이 두 섬이 일본령이 아닌, 따라서 조선령임을 시사하는 것이다. 그리고 이 지도가 장구보적수(長久保赤水)의 「일본노정여지도」와 함께 관찬(官撰)이라는 사실을 고려할 때, 막부가 17세기 말 울릉도와 독도를 조선령으로 인정한 이후 오랫동안 계속 이 사실을 존중해 왔음을 의미하는 것이기도 하다.

1868년에는 왕정복고(王政復古)가 이루어져 명치 정부가 수립되었다. 새정부 외무성에서는 1869년 12월에 조선과의 직접적인 국교 개시 문제 등을 정탐하기 위하여 외무성 출사(出仕) 좌전백모(佐田白茅)·삼산무(森山茂)·재등영(齋藤榮) 등을 대마도·부산(왜관<倭館>) 등지로 파견하였다. 이들은 다음해(1870) 귀국하여 4월에 모두 13개 항목으로 구성된 복명서(復命書)「조선국교제시말내탐서(朝鮮國交際始末內探書)」를 제출하였다.

13개의 내탐(內探) 항목은 외무성에서 좌전(佐田) 등이 현지로 떠나기 앞서 태정관(太政官)에 품의하여 그 승인을 받은 것이었다. 이와 관련하여 주목되는 것이 마지막 항목인 "죽도·송도가 조선의 부속으로 된 시말(竹島松島朝鮮附屬ニ相成候始末)"이다. 이는 외무성은 물론 태정관에서 울릉도쟁계(죽도일건) 이후 울릉도와 독도가 조선령이 된 사실을 명치 정부 초년부터 인지하고 있었다는 것을 말하여 주는 것이다.[18)]

그런데 곧 일본 정부가 독도를 조선령으로 인식한 기록이 보이기 시작한다. 강화도조약(1876)이 체결되면서 해군성 수로국(海軍省 水路局)에서는 일찍이 서양인들이 작성한 조선의 해안도(海岸圖)를 번안한「조선동해안도(朝鮮東海岸圖)」(1876 초판)를 군사용 지도로 사용해왔다. 1905년까지 판을 거듭한 이「동해안도」에는 독도가 너무 멀리 떨어져 있기 때문에 원 경위도에서 떼어내어 울릉도 아래의 안쪽으로 옮겨 한 장의 지도에 수록하고 있다. 해군

---

18)『日本外交文書』2-3, 문서번호 574; 3, 문서번호 87; 愼鏞廈, 앞의 책, pp.156~164.

성에서는 늦어도 1876년부터 독도를 조선령으로 인식하고 있었던 것이다.

이처럼 명치 정부는 그 초년부터 울릉도는 물론 독도가 조선령임을 인지하거나 인식하고 있었다. 그리고 오래지 않아 내무성의 품의(稟議)에 따라 태정관에서 두 섬이 일본의 판도 밖의 섬, 다시 말하면 조선령임을 선언하게 된다. 그 직접적인 계기가 된 것이 내무성의 지적(地籍) 편찬 사업이었다.

즉, 1876년 10월 내무성 지리요(地理寮)가 지적 편찬을 위하여 도근현(島根縣)으로 죽도에 대하여 조회하였고, 도근현 당국에서는 17세기 대곡·촌천(大谷·村川) 양가(兩家)의 죽도 어업을 조사하는 한편 죽도와 송도의 약도를 첨부하여 「일본해(동해)내 죽도 외 1도 지적 편찬에 관한 질의서(日本海<東海>內竹島外一島地籍編纂方伺)」를 내무성에 제출하였다. '죽도 외 1도'란, 다음에서 설명하는 내무성의 「지적 편찬에 관한 질의서」 별첨(別添) 문건에 "[죽도] 다음에 일도가 있는데 송도라 부른다([竹島]次ニ一島アリ松島ト呼ブ)"라고 밝히고 있는 바와 같이, 송도(독도)를 가리킨다.

내무성에서는 죽도일건(竹島一件, 울릉도쟁계)에 대하여 조사하고 도근현의 「질의서」를 검토한 끝에 두 섬이 조선령이라는 결론을 내렸다. 그러나 "판도(版圖)의 취사(取捨)는 중대한 사건"이기 때문에 1877년 3월 17일 태정관에 「일본해내 죽도 외 일도 지적 편찬에 관한 질의서」를 제출하고 그 판단을 요청하였다. 이 「질의서」에는 부속 문서 제1호, 원록(元祿) 9년(1696, 숙종 22) 1월 구정부에서 죽도를 조선령으로 인정하여 도해금지령을 내린 배경 설명, 제2호, 같은 해 10월 대마도 봉행(奉行) 평진현(平眞顯) 등이 죽도도해금지령을 조선 훈도(訓導)·별차(別差)에게 알리는 서신(구상서<口上書>), 제3호 1698년(숙종 24, 원록 11) 3월 조선 예조참의 이선부(李善溥)가 막부의 결정에 사의를 표하는 대마도 형부대보 습유(刑部大輔 拾遺) 종의진(宗義眞)에게 보내는 서신, 제4호 1699년(숙종 25, 원록 12) 3월 종의진(宗義眞)의 조선 측 서계의 내용을 막부에 보고하였다는 예조(참의 이선부<李善溥>)로 보내는 답서, 그리고 죽도를 조선령으로 인정하게 된 전말과 이 과정에서 대마도가 수행한 긍정적 역할을 조선 측(예조참의)에 알리는 종의진(宗義眞)의 구상서(口上書, 구상지각<口上之覺>) 등이 첨부되어 있었다.

질의서를 접수한 태정관 조사국의 심사에서는 내무성의 견해, 즉 원록 5년(1692) 조선인이 울릉도에 들어온 이래 조·일 양국간에 문서가 왕복한 끝에 두 섬이 일본과 관계가 없다는 사실이 인정되어,

> 질의한 죽도 외 일도 건에 대하여 본방(本邦, 일본)은 관계가 없다는 것을 주지(周知)할 것(伺之趣竹島外一嶋之義本邦關係無之義ト可相心得事)

이라는 지령안(指令按[案])이 작성되었다. 그리고 이 지령안은 우대신(右大臣) 암창구시(岩倉具視)의 승인을 받아 1877년 3월 29일자로 내무성에 지령되었고, 이는 다시 4월 9일자로 도근현에 전달되었다.

결국 일본 최고 국가기관인 태정관은 내무성에서 질의하여 온 죽도(울릉도)와 송도(독도) 영유 문제에 대하여, 두 섬이 일본과 관계가 없음을, 다시 말하면 사실상 조선령임을 공적으로 선언한 것이었다. 덕천막부(德川幕府)를 계승한 명치정부(明治政府)에서도 울릉도와 독도가 조선령임을 확인하고 있는 것이다.

Ⅸ. 울릉도도항금지령(欝陵島渡航禁止令) : 1883

일본인의 울릉도(欝陵島) 침어(侵漁) 문제는 18세기 초엽까지만 하더라도 조선 정부에서 자주 논의되었는데, 그 이후 자취를 감추고 만다. 이는 일본인의 울릉도 침어가 적어도 수토관(搜討官)에 의하여 발각되지 않을 만큼 현저하게 감소되었다는 것을 의미하는 것이다. 그런데 그것(침어)은 19세기 중엽부터 재개되었던 것 같고, 조선 수토관이 이를 확인한 것은 1881년(고종 18) 초였다.

1881년은 국왕(고종)이 대미 수교 방침을 확정짓고(1880), 이에 대처하기 위하여 외교·통상·자강정책 등을 다룰 통리기무아문(統理機務衙門)을 설치하는 등, 이른바 초기의 개화정책을 추진하던 바로 그해였다. 보고에 접한 정부에서는, 통리기무아문의 건의에 따라, 일본 외무성으로 서계(書契)를 보내어 이를 항의하게 하는 한편 부호군(副護軍) 이규원(李奎遠)을 울릉도검찰사(欝陵島檢察使)에 임명(5월 23일)하여 현지를 검찰하게 하였다. 개척 가능성의 검토를 겸한 것이었다. 일본인의 침어가 개국·개화정책을 막 추진 중인 정부로 하여금 보다 적극적인 울릉도 경영에 나서게 하였던 것이다.

이런 결정에 따라 정부에서는 예조판서 심순택(沈舜澤) 명의의 서계를 일본 외무경(外務卿) 정상형(井上馨)에게 보내어(6월) 항의하고 있다. 그 요지는 (1) 지금으로부터 189년 전인 계유(癸酉, 1693, 숙종 19)에 일본인이 [울릉]도명(島名)을 착인(錯認)한 일로 하여 여러 차례 서계가 왕래한 끝에 마침내 바로잡혀 일본은 영구히 연해민(沿海民)의 입왕(入往) 어채(漁採)를 불허할 것임을 약속했다는 것, (2) 그럼에도 불구하고 이제 일본인들이 울릉도에 들어가 벌목하고 있는 바, 그 선박들을 철수시키고 다시 그러한 잘못이 없도록 해야 한다는 것이었다.

이 서계는 곧 외무성에 도착되었다. 그러나 외무성에서는 선뜻 이에 대한 일본 정부의 입장을 밝히는 회신(回信)을 내지 못하였다. 그 까닭은 외무성에서 도명상의 혼란을 빚고 있는 송도(松島)에 대한 조사를 진행 중에 있었기 때문이었다. 그 배경을 간단히 살펴본다면－1696년 죽도도해금지령이 내리면서부터 죽도(竹島)와 송도(松島)는 일본인들로부터 점차 잊혀져 갔고, 그리하여 막부 말 명치 초년 경에는 죽도에 송도, 송도(독도)에 '량고'도(リヤンコ島)라는 새로운 이름이 붙여지기도 하였다. 그런데다가 1876년 이후 송도개척원(松島開拓願)이 수년에 걸쳐 잇달아 제출되고, 죽도도해원(竹島渡海願)도 제출되어 도명(島名)상의 혼란이 일어나고 있었다. 마침내 일본 정부는 1880년 9월 천성함(天城艦)을 현지로 보내어 조사하였다. 그 결과 송도는 조선의 울릉도이며 죽도는 그 옆에 있는 죽서(竹嶼)라는 것이 밝혀졌지만, 적어도 외무성으로서는 자체에 의한 충분한 조사 검토가 요청되었던 것이다.

북택정성(北澤正誠)의 『죽도고증(竹島考證)』 상·중·하나 이를 다시 요약 정리한 「죽도판도소속고(竹島版圖所屬考)」(1881년 8월)는 이런 외무성의 필요에 의하여 작성된 것이었다. 한·중·일의 관계 자료를 검토하고 천성함의 현지 조사 결과를 토대로 하여 작성된 이 두 조사보고서 말미에서 북택(北澤)은

> 이로 말미암아 볼진대 금일(今日)의 송도는 곧 원록(元祿) 12년 칭(稱)한 바의 죽도로서 고래(古來)로 우리 판도 밖의 땅임을 알 것이다(由此觀之ハ今日ノ松島ハ卽チ元祿十二年稱スル所ノ竹島ニシテ古來我版圖外ノ地タルヤ知ルベシ).

라는 말로 결론에 대신하고 있다. 천성함의 조사 결과를 놓고 볼 때 지금의 송도는 원록 12년(1699, 숙종 25), 즉 울릉도쟁계(鬱陵島爭界, 죽도일건) 당시 일컬었던 죽도(울릉도)로 일본 판도 밖에 있는 땅이라는 것이었다. 이 죽도에는, 전술(V)한 바와 같이, 그 부속 도서인 독도가 포함되는 것이었다.

이 북택정성(北澤正誠)의 보고서는 외무성에 의하여 아무런 이의 없이 접수(8월)되었고, 미구에 태정대신(太政大臣) 삼조실미(三條實美)에게 보고(10월)되었다. 북택(北澤)의 보고서 제출이 있자 외무성에서는 곧(8월) 조선 예조판서 앞으로 회함(回函)을 보내어 사실을 조사 선처하여 양국 우의에 장애가 되지 않도록 하겠다고 약속하였다. 그 뒤(11월) 일본 측에서는 울릉도에서 벌목하던 일본인들이 모두 철수하였다는 사실과 다른 서함을 조선 측에 보내기도 하였다.

그런 가운데 1882년 6월에는 울릉도에서 일본인들의 벌목이 계속되고 있으므로 잘못이 되풀이되지 않도록 하라는 조선 예조판서 이회정(李會正)의 공함[서계]이 있었다. 울릉도를 검찰하면서 일본인들이 벌목에 종사하고 있는 사실을 확인하고 돌아온 검찰사 이규원(李奎遠)의 건의에 따른 것이었다. 또 제물포조약(濟物浦條約) 비준차 일본에 건너갔던 수신사(修信使) 박영효(朴泳孝)도 일본인의 벌목에 대하여 강력히 항의하였다(12월).

조선 측의 항의가 잇따르자 일본 정부는 외무경 정상형(井上馨)의 건의에 따라 몇 가지 조처를 취하였다. 우선 일본공사(日本公使) 죽첨진일랑(竹添進一郎)은 1883년(고종 20, 명치 16) 1월에 예조판서 이병문(李秉文)에게 조회하여 벌목 금지를 약속하였다. 그 요지는, 이미 금령을 내렸으므로 이후 범법자가 있으면 조선 지방관이 색출, 부근의 일본 영사관(領事官)에게 인도하여 줄 것이며, 이들은 조일수호조규(朝日修好條規)·일본 법률(日本 法律)에 의거하여 처벌할 것이라는 것이었다. '이미 금령이 내렸다'는 것도 다음에 보이는 바와 같이 금령을 내린 것이 3월이므로, 사실과 다른 것이었다.

이어 참사원(參事院)에서는 2월에, 외무경의 울릉도도항금지안(欝陵島渡航禁止案, 유달문<諭達文>)을 심사하여 일본인의 울릉도 도항을 금하며, 금령을 범하여 밀무역과 도벌(盜伐)을 하는 경우에는 무역 규칙과 형법이 정하는 바에 의하여 처벌하는 것이 타당하다는 결정을 내렸다. 그리고 이런 참사원의 결정에 따라 태정대신(太政大臣) 삼조실미(三條實美)는 3월 1일 일본인의 송도(울릉도) 도항을 금하며, 위반자는 일한무역규칙 제9조와 형법에 의하여 처벌할 것임을 내무경(內務卿) 산전현의(山田顯義)와 사법경(司法卿) 대목교임(大木喬任)에게 내달(內達)하였다. 울릉도도항금지령(欝陵島渡航禁止令)이 내린 것이었다. 그러나 울릉도에서의 일본인 철수는 지연되었다. 그것이 이루어지는 것은 9월에 가서였다.

그런데 울릉도도항금지령에는 독도(량고도)에 대한 언급이 없다. 『죽도고증』이나 「죽도판도소속고」에서도 명확하지가 않다. 이는 일본 정부가 독도를 조선령으로 보고 있지 않았다는 논거가 될 수도 있다. 그러나 그것은 독도가 울릉도의 부속 도서요, 사람이 들어가 살 수 없는 바위로 된 불모의 섬이기 때문에 논의의 대상에서 제외되었을 뿐, 그것이 결코 독도가 조선령이라는 사실을 손상시키거나 부인하는 것은 아니었다. 독도는 이미 1877년 우대신 암창구시(岩倉具視)의 지령에 따라 울릉도와 함께 일본 판도에서 제외되었을 뿐 아니라 다음에서 드는 일본 외무성의 자세나 해군의 견해가 이를 뒷받침하여 준다.

외무성에서는 울릉도 현황에 관한 1881년 11월 29일자 내무성의 조회를 받은 바 있다. 그 안에는 죽도(울릉도)와 송도(독도)를 일본 판도 밖으로 선언한 태정관의 지령문도 들어 있었다. 그러나 외무성에서는, 일본인의 울릉도에서의 철수 문제가 조·일 간의 외교 현안으로 되었던 당시임에도 불구하고, 내무성의 조회에 대하여 아무런 이의도 제기하지 않았다. 외무성에서는 명치 초년부터 독도와 송도가 조선령이라는 사실을 인지하고 있었기 때문이었을 것이다. 그리고 그 뒤 독도를 편입(1905)할 때까지 죽도와 송도의 영유권을 분리해서 다룬 적이 없었다고 한다.[19] 외무성에서도 독도를 조선령으로 보고 있었던 것이다.

한편 1880년 9월 천성함(天城艦)의 조사 결과는, 앞에서 잠깐 언급한 바와 같이, 해군성 수로국(海軍省 水路局)의 『환영수로지(寰瀛水路誌)』 제2권(노한편<露韓編>, 1883)과 해군 수로부(水路部)의 1894·1899년판 『조선수로지(朝鮮水路誌)』에 반영되어 송도(松島, 울릉도)와 함께 리앙코르도 열암(リャンコールト 列岩, Liancourt Rocks, 량고도, 독도)을 싣고 있다. 이에 반하여 1892년부터 순차적으로 간행된 일본 영토만을 다룬 『일본수로지(日本水路誌)』에는 하관조약(下關條約, 1895)에 따른 새 영토 대만(臺灣)이나 팽호도(澎湖島), 쿠릴(천도<千島>) 열도의 최북단인 점수도(占守島)까지 싣고 있지만, 리앙코르도 열암은 싣지 않았다.

이러한 사실은 일본 해군이 량고도를 일본령이 아닌 것으로, 다시 말하면 조선령으로 인식하고 있었다는 것을 의미하는 것이며, 천성함도 이미 송도(울릉도)를 조사할 당시부터 량고도를 조선령으로 보고 있었다는 것을 말해준다. 그러니까 해군성 수로국에서는 「조선동해안도(朝鮮東海岸圖)」(1876 초판)에서 독도가 조선령임을 인정하였고, 해군 수로부는 천성함의 현지 조사(1880. 9)에서 이

19) 堀和生, 앞의 논문, 『朝鮮史硏究會論文集』 24, p.105.

를 확인하였으며, 『조선수로지(朝鮮水路誌)』(1894 · 1899)를 간행하면서 이를 재확인하였던 것이다.

이처럼 천성함은 이미 조사 당시부터 량고도를 조선령으로 인식하고 있었다. 그러므로 북택정성(北澤正誠)이 관계 문헌을 검토하고 특히 천성함의 조사 결과를 토대로 하여 내린 송도(울릉도)는 "우리(일본) 판도 밖의 땅"이라는 결론에는 그 부속 도서인 량고도(독도)도 포함되는 것으로 보지 않으면 안 된다. 그리고 그렇게 보는 것이 앞에서 언급한 외무성의 자세와도 부합된다.

여기서 일단 우리가 정리해 두어야 할 것은 1877년 초에 일본 내무성과 태정관이 울릉도와 독도를 일본령 외나 조선령으로 판단하였고, 이어 1883년 초의 울릉도도항금지령을 전후하여서는 외무성에서 이에 동조하였으며, 해군에서도 두 섬을 조선령으로 인식하고 있었다는 사실이다. 그러니까 영토 문제와 관련된 일본의 중앙 관서와 일본 최고의 국가 기관인 태정관까지 독도를 일본령 외로, 다시 말하면 조선령으로 판단하거나 인식하고 있었던 것이다.

X. 광무(光武) 4년 칙령(勅令) 제41호 : 1900

조선 정부가 부호군(副護軍) 이규원(李奎遠)을 울릉도검찰사(鬱陵島檢察使)에 임명한 것은 1881년(고종 18) 여름, 울릉도(鬱陵島)로 파견한 것은 1882년(고종 19) 여름이었다. 그리고 그의 조사 보고에 따라 울릉도 개척 방침을 확정짓고, 1883년(고종 20) 여름부터 민호(民戶)를 이주시키기 시작했다. 개척은 급속도로 이루어져 갔다. 그리하여 1895년 초에는 약 2세기 간에 걸쳐 실시해 오던 수토제도(搜討制度)를 폐지하는(고종 31년 12월) 대신 전임도장제(專任島長制)를 실시하게 되었다(고종 32년 1월). 이 도장제는 곧(8월) 도감제(島監制)로 바뀌었다.

수토제도의 폐지와 이에 이은 도감제의 실시는 조선 정부의 울릉도 경영상 획기적 의미를 갖는 것이었다. 그러나 도감은 지방관제(地方官制)에 편입된 것이 아니었다. 울릉도가 지방관제에 편입되는 것은 광무(光武) 2년(1898) 칙령 제12호를 반포(5월)하면서부터였다. 그러나 도감은 아직 도민(島民) 중에서 골라 임명하는 자치적 성격을 띠는 것이었다. 중앙으로부터 지방관이 파견되는 것은 내부시찰관(內部視察官) 우용정(禹用鼎)이 울릉도를 다녀온(1900, 광무 4) 뒤의 일이다.

19세기 중엽부터 울릉도에 잠입하여 목재를 도벌 밀반출하던 일본인들이, 조선 정부의 항의에 따라, 철수한 것은 1880년대 초(1883, 고종 20)였다. 이래 천수환사건(天壽丸事件, 1883년 말)·만리환사건(萬里丸事件, 1885, 고종 22) 등 일본인들의 목재 밀반출이 더러 있었고, 1888년(고종 25) 이후 일본 어선이 울릉도 연안에 출몰하면서 도민들에게 작폐한 일도 있었으나, 잠입과 도벌은 일단 사라졌다. 그런데 1891년(고종 28)부터 일본인들의 잠입이 다시 시작되었고, 그 수는 점점 불어나 1896년(건양 원년) 이후에는 늘 200명 내외의 선을 유지하였다. 이들 대부분은 목재 특히 규목(槻木, 느티나무) 도벌에 종사하였고, 도벌한 규목은 일본으로 밀반출되었다.

일본인들의 울릉도에서의 도벌과 밀반출은 광무년간(1897~)으로 접어들면서 더욱 심해졌다. 뿐만 아니라 이 일본인들은 점차 상품까지 밀매하기 시작했으며, 그런 과정에서 도민들에게 작폐하는 일도 잦아졌다. 이에 정부에서는 그 실태를 조사하기 위하여 부산해관세무사 서리(釜山海關稅務司 署理) 라뽀떼(Laporte, E., 羅保得)를 파견하였고(1899, 광무 3), 1900년(광무 4) 5월에는 일본 측과 공동 조사하기 위하여 울릉도 시찰위원(鬱陵島 視察委員, 내부시찰관) 우용정(禹用鼎)을 파견하였다.

현지 조사를 마치고 귀경한(6월) 시찰위원 우용정(禹用鼎)은 곧 정부가 앞으로 취할 대책 등을 담은 보고서를 작성하여 내부대신 이건하(李乾夏)에게 제출하였다. 그 요지는 일본인의 내류(來留)가 조약 외의 일이므로 이들을 조속히 철수시킴으로써 도민과 산림을 보호하여야 하며, 울릉도는 외국인의 왕래가 잦으므로 그 관제, 즉 자치적 성격을 띠는 도감(島監)제도도 개편하지 않으면 안 된다는 것이었다.

우용정(禹用鼎)의 건의에 따라 외부(外部)에서는 일본 측과 울릉도 재류 일본인들의 철수를 교섭하는 한편, 내부(內部)는 1900년 10월 22일자로 의정부에 설군청의서(設郡請議書)를 제출하였다. 설군(設郡)하는 이유로 든 것은 울릉도가 내륙 산군(山郡)에 비하여 호수·토지·농산 등에서 큰 차이가 없으며, 외국인들이 왕래하고 있어 도감(島監)이란 호칭으로는 행정(行政)을 하는 데 장애가 된다는 것이었다. 청의서가 제출되자 의정부는 곧 칙령안(勅令案), 즉 광무(光武) 4년 칙령 제41호 '울릉도(鬱陵島)를 울도(鬱島)로 개칭(改稱)ᄒᆞ고 도감(島監)을 군수(郡守)로 개정(改正)ᄒᆞᆫ 건(件)'을 의결하였고, 10월 25일 황제의 재가를 받아 10월 27일자 『관보(官報)』에 게재함으로써 반포되었다.

이 칙령 제41호 중에서 우선 주목되는 것은 제1조의 규정이다. 종래 울릉도 도감(鬱陵島 島監)은 판임관(判任官) 대우였고, 그것도 본토인(울릉도민)으로 임명하는 자치적 성격을 띠는 것이었다. 그런데 이제 이 제1조의 규정에 따라 울릉도에 중앙으로부터 주임

관인 군수(郡守)가 파견됨으로써 명실상부하게 지방 관제에 편입되었고, 관장으로서의 체통도 세울 수 있게 되었기 때문이다.

그러나 더욱 주목되는 것은 제2조에 울도군(鬱島郡)의 관할 구역으로 울릉전도(鬱陵全島)·죽도(竹島)와 함께 석도(石島)를 규정하고 있다는 사실이다. 죽도는 오늘의 죽도, 울릉 '전도'는 울릉도와 이에 부속된 작은 섬·바위들을 통칭한 것이며, 따라서 석도는 오늘의 독도(獨島)를 가리키는 것이었다. 석도를 훈독(訓讀)하면 '돌섬' 혹은 '독섬'이 되는데, 지금도 울릉도민들은 독도를 '돌섬' 혹은 '독섬'으로 부르고 있다. 1906년(광무 10)의 울도군수 심흥택(沈興澤) 보고서에 보이는 '독도'는 바로 '독섬'을 차자 표기(借字 表記)한 것이었다.

석도, 즉 '돌섬' 혹은 '독섬'은 서울에서의 호칭이 아니었다. 현지 사정에 어두운 반면 지리에 관한 문헌과 손쉽게 접할 수 있었던 서울에서는 울릉도 개척이 상당히 진척된 19세기 말, 20세기 초까지도 독도를 '우산도(于山島)'라고 부르고 있었다. 그런 만큼 석도의 연원은, 일찍이(1947) 방종현(方鍾鉉) 교수가 지적한 바와 같이, 전남의 방언에서 찾아야 할 것이다. 검찰사 이규원(李奎遠)이 울릉도를 검찰할 때(1882, 고종 19), 내륙인 약 140명을 확인하였는데, 그 중 전라 남도연해민이 115명(82%)이나 되었다. 그리고 뱃사람들인 이들 전라 남도연해민들의 울릉도 왕래는 개척이 진척됨에 따라 더욱 잦아졌다. 문헌에 접할 수도, 잘 읽을 수도 없었던 이들은 울릉도를 왕래하다 목격하였거나 당도하였던 바위로 된 독도를 그들의 방언에 따라 '독섬'으로 불렀을 것이다. 전라남도 지방에서 '돌(tol)'을 '독(tok)'이라고 하는 것은 이미 잘 알려진 사실이다.

전라 남도연해민이 부르던 이 '독섬'이라는 도명(島名)은 울릉도에 입거하기 시작한 도민들에게 계속 영향을 주었을 것이다. 울릉도민들의 출신도는 잘 알 수가 없지만, 지리적 관계를 고려할 때, 첫 입거 당시와 같이, 강원도가 가장 많고, 다음이 경상도였을 것이다. 그리고 돌에 대한 강원도와 경상도의 방언은 '돌'이었고, 경상도 일부 지방에서는 '돌'과 '독'을 혼용하였다. 그러므로 울릉도민들은 첫 입거 당시부터 '독섬'을 혹은 '돌섬'이라 부르기도 하였을 것이다. 즉 전라 남도연해민들이 부르던 '독섬'은 입거인들의 방언에 따라 잠식되어 '독섬' 혹은 '돌섬'이라는 두 어형(語形)이 공존하게 되었던 것이다. 그리고 시찰위원 우용정(禹用鼎) 등은 도세(島勢) 조사에 즈음하여 이 두 어형을 '석도(石島)'로 한역(漢譯)한 것이라 하겠다.

칙령 제41호 '울릉도(鬱陵島)를 울도(鬱島)로 개칭(改稱)ᄒᆞ고 도감(島監)을 군수(郡守)로 개정(改正)ᄒᆞᆫ 건(件)'은, 앞에서도 지적한 바와 같이, 광무 4년(1900) 10월 27일자 『관보』에 게재되었다. 그런데 당시의 공문식(公文式)에 의하면, "범(凡) 법률(法律) 칙령(勅令)은 관보(官報)로써 반포(頒布)할 것"을 규정하고 있어, 10월 27일은 칙령 제41호의 반포일이 된다. 그리고 이 칙령 부칙 제6조에 "본령(本令)은 반포일(頒布日)로부터 시행(施行)ᄒᆞᆯ 사(事)"를 규정하고 있으므로, 칙령 제41호는 1900년 10월 27일부터 효력을 발생하게 된 것이다. 이는 석도, 즉 독도가 대한제국(大韓帝國)의 영토임을 칙령으로 재확인한 것을 의미하는 것이다.

울릉도가 군(郡)으로 승격됨에 따라 정부는 이해(1900) 11월에 군수(郡守)를 임명하였다. 중앙으로부터 처음으로 지방관이 파견되었던 것이다. 이 첫 군수는 오랫동안 도감으로 일하였던 배계주(裵季周)였다. 그리고 1903년(광무 7)에 이르러서는 도동(道洞)에 군아(郡衙)를 신축하여 태하동(台霞洞)에서 이전하게 되고 행정을 담당하는 관속(官屬), 치안을 담당하는 이교(吏校)의 배치를 받아 군용(郡容)을 갖추게 되었다. 심흥택(沈興澤)이 군수로 도임(1903. 4) 한 이후의 일이었다.

XI. 일본의 '량고'도(島) 영토 편입(領土編入): 1905

한국 정부가 1900년 10월에, 광무(光武) 4년 칙령 제41호 '울릉도(鬱陵島)를 울도(鬱島)로 개칭(改稱)ᄒᆞ고 도감(島監)을 군수(郡守)로 개정(改正)ᄒᆞᆫ 건(件)'을 반포하여 '석도(石島, 우산도)', 즉 독도를 그 영토로 재확인한 지 4년여가 지난 뒤의 일이었다. 일본은 일로전쟁(日露戰爭) 중, 특히 '일본해 해전(日本海 海戰)'을 얼마 앞둔 1905년(광무 9, 명치 38) 2월 22일에 도근현고시(島根縣告示) 제40호로 '량고도(リヤンコ島, 독도)'를 그 영토로 편입하였다.

본래 도근현(島根縣) 출신 어업인 중정양삼랑(中井養三郎)이 일본 정부에 '량고도 영토 편입 및 대하원(リヤンコ島領土編入竝ニ貸下願)'을 제출한 것은 1904년 9월로, 일본이 한일협정서(제1차 한일협약)의 체결을 강요하여(8월) 한국의 재정·외교권을 사실상 박탈한 직후였다. 그리고 출원이 있은 지 3개월 뒤인 1905년(광무 9) 1월 10일 내무성에서 '무인도 소속에 관한 건(無人島所屬ニ關スル件)', 즉 량고도를 일본 영토로 편입, 죽도로 명명하여 도근현 소속 은기도사(隱岐島司)의 소관으로 할 것을 내각에 청의(請議)하였고, 이 청의는 1월 28일 각의(閣議)에서 승인되었다. 그리하여 내무성에서는 2월 15일자 훈령 제87호로 각의의 결정을 관내에 고시하도록 도근현지사에게 지령하였고, 이에 따라 도근현고시 제40호가 나오게 된 것이었다.

이 량고도 병합 과정에서 가장 주목해야 할 것은 각의의 결정문이다. 그 요지는 은기도 서북 85리(浬)에 있는 무인도(량고도)는 다른 나라에서 점령한 형적이 없고, 1903년 이래 중정양삼랑(中井養三郎)이 이 섬에 이주하여 어업에 종사한 것이 명백하므로 국제법상 점령한 사실이 있는 것으로 인정하며, 따라서 이 섬을 일본 영토로 편입, 죽도(竹島, 다케시마)로 명명하여 도근현 소속 은기도사의 소관으로 한다는 것이었다.

이 각의의 결정은 정당한 것이 아니었다. 한국은 량고도, 즉 독도(우산도)를 일찍부터 울릉도에 부속된 도서(島嶼), 다시 말하면 그 판도로 인식하여 왔다. 그리고 1900년(명치 33) 10월에 제정, 반포한 광무(光武) 4년 칙령 제41호 '울릉도(鬱陵島)를 울도(鬱島)로 개칭(改稱)ᄒᆞ고 도감(島監)을 군수(郡守)로 개정(改正)ᄒᆞᆫ 건(件)'에서는 울도군의 관할 구역으로 석도(石島, 독섬·돌섬, 독도)를 규정함으로써(제2조) 독도가 한국 영토임을 재확인하고 있는 것이다. 그러므로 일본 각의에서 다른 나라의 영토를 병합하기로 결정한 것은 근본부터 잘못된 것이었다고 할 수밖에 없다.

또 각의의 결정문에는 중정(中井)이 1903년(광무 7, 명치 36) 이후 량고도에 이주한 것을 인정한다고 하고 있으나, 한국 영토인 울릉도에 불법적으로 주거(住居)를 갖고 이곳을 근거로 하여 1903년과 1904년 두 번에 걸쳐, 그것도 어기(漁期)에 잠시 출어한 사실을 이주로 인정한 것은 너무나 군색하고 무리한 입론이라고 하지 않을 수 없는 것이다.

이 각의의 결정과 관련하여 지적해 두고자 하는 것은 일찍부터 일본은 독도를 그 판도로 인식한 적이 거의 없었다고 하는 사실이다. 서양의 호칭인 '량고도(リヤンコ島)'에 '죽도(竹島)'라는 새 이름을 붙여 영토로 편입시켰다는 사실 자체가 1905년 2월 이전까

지 판도로서의 인식이 없었다는 점을 의미하는 것이지만, 오히려 일본은 량고도(송도, 우산도, 독도)를 판도 밖의 땅, 다시 말하면 사실상 조선령으로 인식하고 있었다. 이 점은 독도에 관한 일본 최고(最古)의 문헌이라고 하는 재등풍선(齋藤豊仙[宣])의 『은주시청합기(隱州視聽合記[紀])』(1667) 이래 그러하였다.

특히 17세기 말 조·일 간의 울릉도 영유권 분규-울릉도쟁계(欝陵島爭界, 죽도일건)에서 막부는 죽도(울릉도)가 조선령임을 인정하여 죽도도해금지령(竹島渡海禁止令, 1696, 원록 9)을 내렸는데, 이 죽도에는 그 부속 도서인 송도(독도)가 포함되는 것이었다. 그리고 그 뒤 막부는 송도가 조선령이라는 사실을 계속 존중해 왔다. 또 덕천막부(德川幕府)를 이어 받은 명치정부(明治政府)도 그 초년부터 울릉도는 물론 독도가 조선령임을 인지하거나 인식하고 있었다.

그런데 1877년 초에 이르러서는 지적 편찬(地籍 編纂) 문제를 계기로 일본 내무성과 태정관이 울릉도와 함께 독도를 일본령 외, 사실상 조선령으로 판단 선포하였고, 이어 1883년 초의 울릉도도항금지령을 전후해서는 외무성이 이에 동조하였으며, 해군에서도 조선령으로 인식하였다. 내무성과 외무성, 그리고 해군성은 영토문제와 직접 관계가 있는 중앙 관서이며, 태정관은 일본 최고의 국가 기관이었다.

'량고도(독도) 영토 편입 및 대하원'을 제출한 중정양삼랑(中井養三郞)도 량고도를 한국령으로 믿고 있었다. 그리하여 그는 한국정부로부터 이 섬을 임대할 것을 결심하고 1904년 어기(漁期)가 끝나자 동경(東京)으로 가 농상무성 수산국장에게 이를 교섭하였던 것이다.

이미 앞(X)에서 지적한 바와 같이 17세기 말 막부의 죽도도해금지령이 내리면서 죽도(울릉도)와 송도(독도)는 일본인들에게서 점차 잊혀져 간 대신 19세기 중엽(막부 말, 명치 초)부터 울릉도를 송도, 독도를 량고도로 부르기 시작했는데, 일본 정부는 그 스스로가 사실상 조선령으로 판단 선포했던 이 량고도에 죽도라는 새 이름을 붙여 영토로 편입시킨 것이었다. 그것은 다음에서 언급하는 바와 같이, 러시아와의 '일본해 해전'을 앞두고 독도를 전략 기지로 활용하기 위해서였다.

량고도 영토 편입에 관한 고시도 충분한 절차를 밟은 것이 아니었다. 일본 정부가 량고도 영토 편입을 『관보(官報)』에 게재함으로써 정부 차원에서 공시(公示)하는 조처를 취하지 않았기 때문이다. 그러니까 도근현고시는 량고도 영토 편입을 "현청(縣廳)의 문전(門前)에 게부(揭付)"하거나 한두 개의 지방 신문에 게재하는 은밀한 방식을 취한 것으로, 각의의 결정[량고도 영토 편입]을 관내에 고시하라는 내무성 훈령(87호)을 충실히 이행한 것이라고 할 수는 있지만 충분한 절차를 밟은 고시였다고 하기는 어렵다. 하물며 "일본 정부(日本 政府)가 국제적(國際的)으로 영토 편입(領土 編入)을 공시(公示)"한 것이라는 견해는 수긍하기 어렵다.

일본 정부가 이처럼 량고도의 병합을 비밀스럽게 다룬 것은 한국의 반발이 예상되는데다가 대(對) 러시아전의 지원을 받고 있는 열강을 자극하지 않을까 염려한 때문인 것으로 보여지기도 한다. 그러나 더 궁극적인 이유는 일본의 국운을 걸었다고 하는 러시아 함대와의 '일본해 해전'(1905. 5)을 앞두고 량고도를 전략 기지로 활용하기 위해서였다. 그것은 일본함대 사령관 동향평팔랑(東鄕平八郞)의 일련의 움직임과 영토 편입 과정이 일정(日程)에서 많이 일치하고 있는데다가, 외무성 고위 관리가 그러한(전략기지화) 발언을 하고 있기 때문이다.

그리고 실제로 일본 해군은 독도를 병합하기 직전인 1904년 11월에 독도와 울릉도를 해저 전선으로 연결하는 망루(望樓)의 건설 여부를 조사하기 시작했다. 그 결과 타당성이 인정되었지만 마침 겨울철이어서 착공을 하지 못한 채 '일본해 해전'을 맞았다. 그 뒤 1905년 6월에 이 계획을 확정짓고 7월에 착공하여 포츠머드조약(9월)이 성립되기 전에 독도 망루(獨島 望樓, 배원<配員> 4명)・울릉도 [신]망루(欝陵島 [新]望樓, 배원 9명)가 8월부터 활동을 개시하였다.

그런데 일본은 독도를 그 영토로 편입하지 않더라도 한국에 강요한 한일의정서(1904. 2) 규정(제4조)에 의하여 이 섬을 수용하여 전략기지로 활용할 수 있었다. 일본의 주장대로 이 섬이 무주지일 경우 더욱 거리끼는 바가 없는 것이었다. 그럼에도 불구하고 일본이 이 섬의 병합을 강행한 것은 국운(國運)을 걸었다고 하는 러시아함대와의 '일본해 해전'(5월)에서의 패배에도 대비하여 사전에 이 섬을 일본령으로 확보해야 한다는 판단 때문이 아니었는가 한다.

XII. 울도군수(欝島郡守) 심흥택보고서(沈興澤報告書) : 1906

일본은 일로전쟁(日露戰爭)이 끝난 다음해인 1906년(광무 10, 명치 39) 3월 26일, 도근현사무관(島根縣事務官, 제3부장) 신서유태랑(神西由太郎)을 책임자로 하는 관민(官民) 45명으로 구성된 대규모의 조사대를 죽도(竹島, 량고도, 독도)에 파견하였다. 그 중에는 은기도사(隱岐島司) 동문보(東文輔), 영토 편입 및 대하 출원인 중정양삼랑(中井養三郎), 이 조사대의 보고서 『죽도급울릉도(竹島及鬱陵

島)』의 작성자(저자) 오원복시(奧原福市, 벽운<碧雲>) 등도 들어 있었다. 이들은 3월 27일 독도에 도착하여 서도·동도(西島·東島)를 차례로 조사하였다.

이어 조사대는 3월 28일 울릉도에 상륙하였고, 신서유태랑(神西由太郎) 등은 울도군아(欝島郡衙)로 군수 심흥택(沈興澤)을 방문하였다. 이들은 심군수에게 독도가 일본 영토로 편입되었다는 것을 알렸다. 『죽도급울릉도』 부록 「죽도도항일지(竹島渡航日誌)」에는 이에 대한 언급이 없지만, 울도군수 심흥택(沈興澤)의 보고서나 강원도관찰사서리 춘천군수 이명래(李明來)의 보고서에 의하여 이 사실을 확인할 수 있다. 비록 일개 군수에게 한 것이기는 하지만, 일본은 비로소 량고도의 영토 편입을 한국 측에 알려온 것이었다. 도근현고시(島根縣告示)가 있은 지 1년 2개월여가 지나서였다. 1876년 일본 정부가 소립원도(小笠原島)를 편입할 때 이 섬과 관계가 깊은 영·미(英·美)와 몇 차례나 절충하고 다시 구미(歐美) 12개국에 편입을 통고한 것과는 사뭇 대조적이었다.[20)]

일본은, 이미 앞(XIII)에서 언급한 바와 같이, 량고도의 편입을 비밀히 다루어 왔다. 이 점은 1905년 8월 도근현지사 송영무길(松永武吉) 등이 '죽도(량고도, 독도)'를 시찰할 때도 그러하였다. 송영(松永) 등은 처음에 은기기선회사(隱岐汽船會社)의 선박 제2은기환(第二隱岐丸)을 이용할 예정이었는데, 돌연 이를 바꾸어 해군 어용선(海軍 御用船) 경도환(京都丸)을 이용하였었다. 그런데 신서(神西)가 이끄는 이 조사대는 관민으로 구성되었을 뿐 아니라 제2은기환을 이용하는 등, 그 활동이 공개적이었고, 또 당당하게 군아(郡衙)로 심군수를 방문하여 영토 편입을 알리고 있는 것이다.

---

20) 堀和生, 앞의 논문, 『朝鮮史硏究會論文集』 24, p.118.

신서(神西)가 이끄는 조사대가 독도・울릉도에 파견되었을 때는 이미 일로전쟁(日露戰爭)을 마무리 짓는 포츠머드조약이 성립되어(1905. 9), 한국에서의 일본의 특수 권익이 열강에 의하여 양해되어 있었다. 그리고 그 결과 일본은 한국에 외교권의 접수와 통감(統監)의 파견을 주 내용으로 하는 제2차 한일협약(을사조약<乙巳條約>)을 강요하였다(11월). 그리하여 외국 주재 공사들에게 소환령이 내리고(12월), 외부(外部)는 폐지되어 그 사무가 의정부(議政府)에 설치된 외사국(外事局)으로 넘어가는 등(1906. 1) 외교권을 명실공히 박탈당하였으며, 통감부(統監府)와 통감 휘하의 이사청(理事廳)이 사무를 개시함으로써(2월), 한국은 일본 통감 지배하에 들어간 뒤였다. 그러므로 량고도 편입을 한국에 알리거나 대외적으로 공표한다 하더라도 거리끼는 바가 없었다. 영토 편입을 더 이상 비밀에 부칠 이유가 없어졌던 것이다.

울도군(欝島郡) 소속 독도(獨島)가 일본 영토로 편입되었다는 놀라운 통보에 접한 군수 심흥택(沈興澤)은 곧 이 사실을 강원도관찰사에게 보고하였다. 그 내용은 고(故) 신석호(申奭鎬) 교수가 1947년 8월 울릉도청(島廳)에서 발견한, 그러나 지금은 실전(失傳)하는 심군수가 강원도관찰사에게 올리는 1906년 음 3월 5일자 「보고서부본(報告書副本)」과 강원도관찰사서리 춘천군수 이명래(李明來)가 1906년(광무 10) 4월 29일자로 의정부참정대신에게 올린 「보고서호외(報告書號外)」에 수록되어 있다.

이 두 보고서에 보이는 '본월 초4일(本月 初四日)'은 음력 3월 4일, 양력으로 치면 바로 3월 28일이 된다. '진시량(辰時量)'은 오전 7시~9시쯤이란 뜻인데, 3월 27일 오후 9시 울릉도 저동포(苧洞浦)에 가박(假泊)했던 제2은기환이 도동포(道洞浦)로 이박(移泊)한 것은 다음날 해 돋을 무렵, 일행이 상륙한 것은 오전 9시였다는 『죽도급울릉도』 부록 「죽도도항일지」의 기록과 일치하고 있다. '사무관(事務官) 신전서유태랑(神田西由太郎)' 혹은 '신서전태랑(神西田太郎)'은 도근현사무관(島根縣事務官) 신서유태랑(神西由太郎)의 약칭이자 오기이며, '세무감독국장(稅務監督局長)'은 송강세무감독국장(松江稅務監督局長), '분서장(分署長)'은 포향경찰분서장(浦鄕警察分署長), '회의(會議)'는 현회의원(縣會議員)의 약칭이었다. 울도군아(鬱島郡衙)를 방문한 일본인은 수원(隨員)까지 합치면 약 20명에 달하는 셈인데, 「죽도도항일지」의 '신서유태랑 이하(神西由太郎 以下) 십수명(十數名)'과 다소 차이를 보이고 있을 뿐이다. 심흥택(沈興澤)의 보고서가 대체로 상당히 정확하게 작성된 것임을 시사하는 것이다.

이 「보고서부본」이나 「보고서호외」에 의하면 심흥택(沈興澤)의 보고 내용은 (1) '본군[울도군] 소속 독도'가 울릉도 외양(外洋) 100여 리에 있다는 것, (2) 음력 3월 4일(양력 3월 28일) 도근현 은기도사 동문보(東文輔)·도근현사무관 신서유태랑(神西由太郎) 등 일본 관리 약 20명이 군아를 방문하여 독도가 일본영지로 되었다고 말하더라는 것, (3) 이들은 도내 호구·토지·생산량, 군아의 인원·경비·제반 사무에 대해 조사하여 갔다는 것으로 요약할 수 있다.

울도군 소속 '독도'란, 이미 앞(XI)에서 언급한 바와 같이, 광무 4년(1900) 칙령 제41호에 보이는 '석도(石島)'를 가리킨다. '석도'를 훈독(訓讀)하면 '독섬' 혹은 '돌섬'이 되는데, 이는 조선 후기 이래 울릉도를 왕래하던 전라 남도연해민들이나 울릉도민들의 독도에 대한 호칭이었다. 이 두 어형(語形)을 한역(漢譯)한 것이 '석도'이고, '독섬'을 차자 표기(借字 表記)한 것이 '독도'다. '독'을 차자 표기할 때 '獨'자를 쓰는데 전남 무안(務安)의 '독섬'을 '독도(獨島)'로,

제주(濟州)의 '독개'를 '독포(獨浦)'로 표기한 것이 그러한 예다. 일본 군함 신고(新高)의 「행동일지(行動日誌)」(1904년 9월 25일자)에도 한인(韓人, 울릉도민)들이 리앙고루도암(リアンコルド岩, 량고도)을 '독도(獨島)'로 쓴[書]다고 전하고 있다.

그런데, 「보고서호외」에는 심군수의 보고일자가 명기되어 있지 않지만, 「보고서부본」에는 보고 일자가 '광무 10년 병오 음 3월 5일(光武十年丙午陰三月五日)'로 되어 있다. 양력으로 치면 1906년 3월 29일이 된다. 그러니까 심군수는 3월 28일 일본 관리들로부터 '본도소속 독도(本島所屬 獨島)'가 '일본영지(日本領地)'로 되었다는 놀라운 통보를 받자 바로 다음날 이 사실을 직속 상관인 강원도관찰사에게 보고하였던 것이다. 그리고 강원도관찰사서리 춘천군수 이명래(李明來)도 사안의 중대함과 긴급함을 인식한 듯, 호외보고서(4월 29일자)로 심군수의 보고 내용 그대로를 의정부참정대신에게 보고하고 있는 것이다. 심흥택의 보고 일자와 이명래의 그것에 1개월의 격차를 보이고 있는 것은 울릉도와 내륙 사이의 불편한 교통사정 때문인 것으로 보인다.

강원도관찰사서리 춘천군수 이명래(李明來)의 호외보고서는 이 해(1906) 5월 7일자 접수 제325호로 의정부[외사국(外事局)]에 접수되었다. 그리고 의정부참정대신은 이에 대하여 5월 20일자 지령 제3호로, "독도(獨島) [일본]영지(領地, 영토)[가 되었다는] 설(說)은 전혀 무근(無根)하니, 해도(該島)의 형편과 일본인이 여하히 행동하였는지를 다시 조사 보고할 것"을 지령하고 있다. 물론 이 지령문은 당시 의정부의 최고 책임자였던 참정대신[21]이 독도(량고도)

21) 의정부의 최고 책임자는 의정대신(議政大臣)이나, 1905년(광무 9) 1월 7일 이근명(李根命)이 사임하면서 의정대신은 공석으로 있었다. 후임 의정대신(민영규<閔泳奎>)이 임명되는 것은 1906년 5월 28일에 가서였다(『高宗實錄』, 光武 10年 1月 7日, 5月 28日).

의 일본 영토 편입을 부인한 것, 다시 말하면 독도, 즉 석도가 대한제국(大韓帝國) 영토임을 명백히 한 것이다. 당시의 참정대신은 박제순(朴齊純)이었다.[22)]

울도군수 심흥택(沈興澤)의 보고서와 관련하여 지적해 두고자 하는 것은 광무 10년(1906) 5월 1일자 『대한매일신보(大韓每日申報)』 「잡보(雜報)」란에 의하면, 울도군수 심흥택(沈興澤)은 강원도 관찰사에게 보낸 보고서와 거의 같은 내용의 그것을 내부(內部)에도 보냈음을 알 수 있다. 그리고 그 발송 시기는, 신문에 보도된 일자가 5월 1일이고, 울릉도와 내륙 사이의 불편한 교통 사정을 감안할 때, 역시 3월 29일쯤이 아니었을까 한다. 생각건대, 심군수는 일본인 관리들로부터 독도가 일본 영토로 편입되었다는 통보를 받자 이를 즉시 직속 상관인 강원도관찰사에게 보고하는 한편, 그럴 경우 정부로의 보고가 늦어질 것을 우려하여 같은 내용의 보고서를 직접 내부로도 발송한 것이 아닌가 한다.

심군수는 이 내부로 보낸 보고서에서도 일본 관원들이 군아를 방문하여 '본군 소재 독도(本郡 所在 獨島)', 즉 울도군 관할의 독도를 '일본 속지(日本 屬地)'라 자칭하고, 울도군의 지계(地界)·호구(戶口)·결총(結摠, 토지 수)을 적어갔다고 하였다. 그리고 내부에서는 이에 대한 지령에서 유람하는 길에 지계·호구를 적어가는 것은 혹 모르지만 독도를 '일본 속지'라 하였다는 것은 반드시 그럴 이유가 없는 만큼 보고 자체가 심히 의아하다고 지적하고 있다. 이는 내부에서도 똑같이 독도의 일본 영토 편입을 부인하고, 따라서 그것이 한국 영토임을 명백히 한 것임을 뜻하는

---

22) 참정대신(參政大臣)은 1905년 11월 28일 이후 박제순(朴齊純)이 재임하였는데, 1907년(광무 11) 5월 22일 이완용(李完用)으로 교체되었다(『高宗實錄』 光武 9年 11月 28日, 11年 5月 22日; 『大韓帝國官員履歷書』, 國史編纂委員會, 1972, pp.751~752, 朴齊純).

것이다.

의정부참정대신(박제순<朴齊純>)은, 이미 앞에서 언급한 바와 같이, 5월 20일자 지령 제3호로 독도의 형편과 일본인들이 어떻게 행동하였는지 재조사할 것을 강원도관찰사에게 지시하였다. 아마 내부에서 심군수에게 내린 지령에도 이런 내용이 들어 있었을 것이다. 그러나 이러한 지령에 대한 강원도관찰사나 울도군수의 재보고서는 찾아볼 수 없다. 그리고 그 이유는 다음의 두 가지 경우 가운데 하나가 아닐까 한다.

그 하나는 그러한 지령이 강원도관찰사나 울도군수에게 내려가지 않았거나, 설령 내려갔다 하더라도 재보고서는 올라오지 못했을 경우이다. 그것은 일로전쟁이 발발하면서 일본은 한국에 한일의정서(韓日議定書)를 강요하여(1904. 2) 모든 통신 기관을 접수하였고, 이어 한일통신기관협정서(韓日通信機關協定書)를 체결하여(1905. 4) 우편·전신·전화 사업을 모두 이관하였으므로, 일본의 불이익이 되는 이런 지령이나 보고서는 그 의사에 따라 얼마든지 차단하거나 압수할 수 있게 되어 있었기 때문이다.

다른 하나는 강원도관찰사나 울도군수로부터 재보고서가 올라오기는 하였지만, 그 뒤 자취를 감추어버린 경우이다. 일로전쟁 이후의 상황하에서는 일본이 뜻만 가졌다면, 일본의 불이익이 되는 이런 문서는, 가령 관리나 기관원을 시켜 얼마든지 가져갈 수도, 없앨 수도 있었다. 그리고 실제로 그러한 혐의를 받을 만한 사례도 있다. 가령 『비변사등록(備邊司謄錄)』 가운데 안용복(安龍福)의 공초나 울릉도쟁계(欝陵島爭界, 죽도일건)가 실려 있을 숙종 22년(1696) 1월에서 24년(1698) 12월까지의 기록이 없어진 것도 예가 될 것이다.

XIII. 울도군(鬱島郡) 우산도(于山島)

한국 정부는 이처럼 강원도관찰사서리 이명래(李明來)나 울도군수 심흥택(沈興澤)의 보고를 통하여 일본이 독도를 병합한 사실을 알고 있었다. 그러함에도 이를 일본 측에 항의하지 않았던 것 같다. 항의를 하지 않은 것이 아니라 사실상 항의할 수가 없었을 것이다. 한국은 이미 일로전쟁(日露戰爭) 당시부터 그러하였지만, 특히 을사조약(乙巳條約)이 성립되면서부터(1905. 11) 외부(外部)가 폐지(1906. 1)되는 등 외교권을 박탈당하고 통감부가 사무를 개시하여(2월) 그 지배를 받고 있었다. 이런 상황하의 한국 정부로서는 독도 병합에 대하여 항의하고자 하여도 항의할 길이 사실상 막혀 있었던 것이다. 그것은 일본의 이익을 위하여 한국에 파견된 일본 관리를 통하여, 궁극적으로는 일본 외무성을 통하여 일본 정부에 항의하는 방도 밖에 없었기 때문이었다.

울릉도의 일본 경찰관주재소나 일본인 철수 문제도 일로전쟁 이전까지만 하더라도 한・일 간의 중요한 외교 현안이었다. 그런데 전쟁이 발발하면서 한국 정부가 아무런 항의를 하지 않고 있는 것도 이와 같은 상황과 관련하여 이해되어야 할 것이다. 그리고 전 영토가 일본에 병합될 위급한 처지에 놓여 있는 한국으로서는, 이에 비하여 사소한 울릉도의 일본 경찰・일본인 철수 문제나, 독도 문제를 돌볼 겨를이 없었으리라는 것도 상기해야 할 것이다.

한국 정부는 이처럼 일본의 독도(獨島) 병합에 대하여 항의한 것 같지 않다. 그러나 그것이 일본의 독도 병합을 묵인하는 것은 아니었다. 한국 정부는 독도, 즉 우산도(于山島)를 계속해서 그 판도로 인식하고 있었다. 고종의 명에 따라 장고(掌故)를 집대성할 목적으로 편찬 간행된 『증보문헌비고(增補文獻備考)』 여지고(輿地考) 19, 해방(海防) 1, 동해(東海) 울진(蔚珍)조에,

> "우산도(于山島) 울릉도(鬱[欝]陵島)…두 섬으로 하나가 우산(芋山)이다. 속(today) 지금은 울도군(鬱[欝]島郡)이 되었다"

고 하고 있는 것이 그러한 것이다. "속(today) 지금은"이란 『증보문헌비고』를 간행한 융희(隆熙) 2년(1908) 현재란 뜻으로,[23] 우산도와 울릉도는 1908년 현재 울도군(欝島郡)으로 되어 있다는 것이다. 우산도(독도), 즉 석도(石島)는 광무(光武) 4년 칙령 제41호 '울릉도(欝陵島)를 울도(欝島)로 개칭(改稱)ᄒᆞ고 도감(島監)을 군수(郡守)로 개정(改正)ᄒᆞᆫ 건(件)'의 제정 반포에 따라 울도군에 소속되었다는 것은 이제 너무나 잘 알려진 사실이다.

23) 『增補文獻備考』 上, 「增補文獻備考凡例」.

□ 부 록

Ⅰ. 연　표(512~1910)

512년 (지증왕 13)
6월. 신라 이찬(伊湌) 이사부(異斯夫), 우산국을 정벌함. 이후 우산국은 신라에 매년 토산물을 바침.

930년 (태조 13)
8월 15일. '우릉도(芋陵島)'에서 사자(使者) 백길(白吉)과 토두(土豆)를 고려에 보내어 '방물(方物)'을 바침. 백길을 정위(正位), 토두(土豆)를 정조(正朝)에 배(拜)함.

1018년 (현종 9)
이해. 우산국, 동북여진족의 침략을 받음. 이원구(李元龜)를 우산국에 보내어 농기(農器)를 전함.

1019년 (현종 10)
7월 24일. 동북여진족의 침략을 받아 내륙으로 피난하여 온 우산국인들을 모두 돌려보냄.

1022년 (현종 13)
7월 9일. 여진 지역에 잡혀 갔다가 도망하여 온 우산국인들을 예주(禮州[영덕<盈德>])에 편호(編戶)시킴.

1032년 (덕종 1)
11월 8일. 우릉성주(羽陵城主), 아들 부어잉다랑(夫於仍多郎)을 보내어 토물(土物)을 바침. 이후 울릉도에서 사자를 보내어 토산물을 바쳤다는 기사가 보이지 않음. 우산국은 11세기 초엽 동북여진족(東北女眞族)의 침략을 받은 뒤 급격히 쇠망하여 갔으며, 그리하여 마침내 울릉도는, 촌락 기지만 있는, 거의 사람이 살지 않는 도서가 되어버렸던 것으로 추정됨.

1141년 (인종 19)
7월 3일. 명주도감창사(溟州道監倉使) 이양실(李陽實)이 파견한 사람이 울릉도에서 돌아와 과일·나뭇잎 등을 바침. 이 무렵(12세기 중엽)부터 울릉도는 울릉도(蔚陵島)·우릉도(羽陵島·芋陵島)·무릉도(武陵島) 등으로 불리워졌는데, 이 가운데서도 자주 쓰인 것이 울릉도(蔚陵島)임.

1157년 (의종 11) 5월 12일. 내륙인을 이주시킬 목적으로 울릉도에 파견되었던 명주도감창전중내급사(溟州道監倉殿中內給事) 김유립(金柔立)이 돌아와 이날, (1) 섬 가운데 큰 산이 있는데 그 산정에서 동쪽 해안까지가 1만여 보(步), 서쪽 해안까지가 1만 3천여 보, 남쪽 해안까지가 1만 5천여 보, 북쪽 해안까지가 3천여 보에 달한다는 것, (2) 7군데의 촌락 기지와 석불·철종·석탑 등이 있다는 것, (3) 시호·고본·석남초(柴胡·藁本·石南草) 등이 자란다는 것, (4) 암석이 많아 사람이 살기에 적합하지 않다는 것 등을 보고함. 이 무렵부터 울릉도는 동계(東界) 울진현(蔚珍縣) 관할로 편입된 것으로 추정됨.

1243년 (고종 30) 이해. 집권자 최이[우](崔怡[瑀]), 동군민(東郡民)[동부(東部) 지방의 군민(郡民)?]을 울릉도에 이주시켰으나 익사자가 많이 생김에 따라 곧 철수시킴.

1273년 (원종 14) 이해. 울릉도에 진기한 나무가 많은 것으로 알려지고, 몽고 지배기로 들어서면서 원(元)의 목재(木材) 요청이 있자, 울릉도 목재의 벌채가 계획됨.

1346년 (충목왕 2) 3월 30일. 동계(東界) 우릉도인(芋陵島人)이 내조(來朝)함.

1371년경 (공민왕 20) 이해. 영흥군 환(永興君 環), 무릉도(武陵島)로 유배됨.

1379년 (우왕 5) 7월. 왜(倭), 무릉도(武陵島)에 침입함.

14세기 말 (공민왕대) 울릉도가 무릉도(武陵島)로 불리워짐. 이 호칭은 조선 태조·태종대(太祖·太宗代)에도 그대로 사용되었는데, 태종대(太宗代)에는 무릉도(茂陵島)라고도 하였으며, 세종(世宗)~성종대(成宗代)에는 무릉도(茂陵島)로 쓰여진 경우가 더 많았던 편이고, 때로는 우산도로 불리워지기도 함.

1403년 (태종 3) 8월 11일. 무릉도 거민을 출륙(出陸)시키는 조처를 취함. 이 무렵 왜(倭)가 강릉(江陵) 임내(任內)·우계(羽溪)와 장기(長鬐) 등지에 침입하고 있었으므로 이에 대비하기 위한 것이었음. 이는 조선 초기 울릉도 공도정책(空島政策)의 단서가 됨.

1407년 (태종 7) 3월 16일. 대마도 수호(守護) 종정무(宗貞茂), 사람을 보내어 도내의 여러 부락을 이끌고 무릉도에 옮겨 살기를 청함.

1412년 (태종 12) 4월 15일. 강원도 고성군(高城郡) 어라진(於羅津)에 내박한 유산국도인(流山國島人) 백가물(白加勿) 등 12명을 통주(通州, 통천<通川>)·고성(高城)·간성(杆城) 등지에 분치(分置)케 함.

1416년 (태종 16) 9월 2일. 전강원도관찰사(前江原道觀察使) 호조참판(戶曹叅判) 박습(朴習)의 계언(啓言)에 "옛날 방지용(方之用)이란 자가 15호를 이끌고 [무릉도(武陵島)에] 입거하였는데, 혹 때로는 가왜(假倭)로 입구(入寇)하였다"고 함.

같은 날. 호조참판 박습(朴習)의 계언에 따라 무릉도를 잘 아는 전만호(前萬戶) 김인우(金麟雨)를 무릉등처안무사(武陵等處安撫使)에, 이 섬을 다녀온 바 있는 삼척인(三陟人) 이만(李萬)을 반인(伴人)에 임명하여 울릉도에 파견하기로 함. 거민을 쇄환(刷還)하기 위한 것임.

1417년 (태종17) 2월 5일. 무릉등처안무사 김인우(金麟雨)가 우산도(于山島)에서 돌아옴. 대죽(大竹)·수우피(水牛皮)·생저(生苧)·면자(綿子)·검박목(檢樸木) 등의 토산물을 바치고, 거민 3명도 데려 옴. 도내(島內)에 15호 남녀 86명이 살고 있다는 것을 보고함.

2월 8일. 김인우(金麟雨)가 돌아오자 국왕은 즉시 우의정(右議政) 한상경(韓尙敬)과 6조(曹)·대간(臺諫)으로 하여금 우산·무릉도(于山·武陵島) 거민의 쇄환(刷還) 편부(便否)를 의논케 함. 다수의 의견은 거민들에게 5곡과 농구를 지급, 안업(安業)케 하되 주수(主帥)를 파견하여 무휼하고, 또 토공(土貢)을 바치게 하는 것이 옳다고 함. 국왕, 공조판서(工曹判書) 황희(黃喜)의 건의를 받아들여 거민의 쇄환을 결정하고 김인우(金麟雨)를 다시 안무사에 임명, 파견키로 함으로써 공도정책을 확정지음.

1419년 (세종 1) 연초 무릉도 거민의 쇄환을 일단 마무리 지은 것으로 추정됨.

4월 19일. "무릉(武陵)에서 출래한 남녀 17명이 경기(京畿) 평구역리(平丘驛里)에 이르러 양식이 떨어졌다"고 함.

1425년 (세종 7) 8월 8일. 김을지(金乙之) 등 28명이 무릉도(武陵島)로 도망갔고, 김을지(金乙之) 등 7명은 평해군(平海郡) 구미포(仇彌浦)에 잠입했다가 체포됨. 정부에서는 잔여 거민을 쇄환하기 위하여 김인우(金麟雨)를 우산·무릉등처안무사(于山·武陵等處安撫使)에 임명·파견함. 수군 46명이 탄 배 1척이 풍랑을 만나 실종됨.

10월 20일. 우산·무릉등처안무사 김인우(金麟雨) 복명함. 무릉도의 남녀 20명을 수포(搜捕)하여 옴. 정부 관원들 가운데에는 이들이 역(役)을 피한 허물을 들어 처벌할 것을 주장함. 그 범행이 사면령이 내리기 이전임을 들어 형벌을 과하지 않고 다만 충청도의 심원(深遠)한 산군(山郡)에 배치하여 다시 도망가지 못하도록 함.

12월 28일. 우산·무릉등처안무사 김인우(金麟雨)를 수행했다가 실종된 46명 중 장을부(張乙夫) 등 10명이 일본에서 돌아옴.

1430년 (세종 12) 1월 26일. 함길도관찰사에게 요도(蓼島)를 다녀왔다는 김남련(金南連)을 서울로 올려 보내되, 늙거나 병들었으면 이 섬의 사정을 물어서 보고하게 함.

4월 4일. 상호군(上護軍) 홍사석(洪師錫)을 강원도에 보내어 요도를 심방(尋訪)케 함.

4월 6일. 전농군(典農軍) 신인손(辛引孫)을 강원도에 보내어 요도를 심방(尋訪)케 함.

1432년 (세종 14) 1월 19일. 「신찬팔도지리지(新撰八道地理志)」(『세종실록』 지리지) 찬진(撰進)됨. 강원도(江原道) 울진현(蔚珍縣)조에 "우산·무릉(于山·武陵) 두 섬이 현(縣)의 정동(正東) 바다 가운데 있다 두 섬은 서로 떨어짐이 멀지 않아 풍일(風日)이 청명(淸明)하면 바라볼 수 있다."라는 요지의 울릉도·독도에 관한 지지(地誌)를 실음.

1436년 (세종 18) 윤6월 20일. 강원도관찰사 유계문(柳季聞)이 장계를 올려 무릉도(武陵島) 우산(于山)은 땅이 기름지고 산물이 많을 뿐 아니라, 동서남북이 각각 50여 리나 되고 선박을 정박시킬 곳도 있으므로 모민(募民), 이주시키되 만호(萬戶)나 수령(守令) 등을 배치해야 한다고 건의함.

1437년 (세종 19) 2월 8일. 유계문(柳季聞)이 재차 장계를 올려 무릉도(武陵島)에 왜(倭)가 침입할 우려가 있음을 지적하고 현(縣)을 설치하여 이민할 것을 요청함. 국왕도 왜의 무릉도 점거를 우려하였으나 현을 설치하고 이민하는 데에는 어려움이 있음을 지적하면서 매년 관원을 보내어 도내(島內)를 탐사하고 토산물을 채집하며, 혹은 마장(馬場)을 설치하여 왜(倭)의 점거를 막는 것이 바람직하다는 뜻을 피력함. 그리고 만약 사람을 파견할 경우 그 시기, 장비, 선박 수 등을 조사 보고할 것을 지시함.

1438년 (세종 20) 4월 21일. 도닉(逃匿)한 인구(人口)의 수색 검문을 겸하여, 전호군(前護軍) 남회(南薈), 전부사직(前副司直) 조민(曹敏)을 순심경차관(巡審敬差官)에 임명하여 무릉도(武陵島)로 파견함.

7월 15일. 4월에 무릉도에 파견되었던 경차관 남회(南薈)·조민(曹敏) 등이 돌아와 복명함. 이들은 남녀 66명을 수포(搜捕)하여 왔고, 또 사철(沙鐵)·석종유(石鍾乳)·생포(生鮑)·대죽(大竹) 등의 토산물을 바침.

7월 26일. 강원도관찰사에게 양양(襄陽)의 동쪽 바다에 있다는 요도(蓼島)의 탐문을 지시함.

11월 25일. 경차관 남회(南薈) 등에게 수포(搜捕)되어 온 무릉도 입거인들이 '본국(本國)을 모배(謀背)한 죄(罪)'로 관헌(官憲)의 국문(鞫問)을 받음. 수모죄인(首謀罪人) 김안(金安)을 교형(絞刑)에 처하고, 그 밖에 도죄인(從罪人)들을 모두 종성(鍾城)으로 이주시키는 결정을 내림.

1439년 (세종 21) 2월 7일. 무릉도 입거인 김범(金凡)·귀생(貴生) 등을 교형(絞刑)에 처하게 함.

1441년 (세종 23) 7월 14일. 함길도관찰사·도절제사에게 새 땅[요도(蓼島)]의 탐문을 지시함.

1445년 (세종 27) 6월 12일. 강원도관찰사에게 요도(蓼島)의 탐문을 지시함.

8월 17일. 강원도관찰사에게 요도 발견자에 대한 포상 조건을 알리고 이를 관내에 널리 효유케 함.

1451년 (문종 1) 8월 25일. 『고려사(高麗史)』 찬진(撰進)됨. 지리지(地理志) 동계(東界) 울진현(蔚珍縣)조에 "울릉도(鬱陵島)가 있다 현(縣)의 정동(正東) 바다 가운데 있다. 신라 때 우산국(于山國)이라 일컬었다. 혹은 무릉(武陵) 혹은 우릉(羽陵)이라고도 한다. …혹은 '우산(于山)과 무릉(武陵)은 본디 두 섬으로 서로 떨어짐이 멀지 않아 풍일(風日)이 청명(淸明)할 때 바라볼 수 있다'고 한다."라는 요지의 울릉도·독도에 관한 지지(地誌)를 실음.

1457년 (세조 3) 4월 16일. 전중추원부사(前中樞院副使) 유수강(柳守剛)이 상서하여 우산·무릉(于山·武陵) 두 섬에 읍을 설치할 것 등을 건의함. 이날 병조의 요청에 따라 윤허하지 않음. 다만 두 섬의 입거인을 쇄환하지 말도록 지시함.

12월 11일. 영안도관찰사(永安道觀察使) 이계손(李繼孫)에게 삼봉도(三峯島)로 도망쳐 간 자들을 탐문 보고할 것을 지시함.

1470년 (성종 1) 5월. 함경도인 김한경(金漢京)이 동료 1명과 같이 삼봉도(三峯島)에 표박(漂泊)하여 거민들과 만났다고 함.

1471년 (성종 2) 8월 17일. 강원도관찰사 성순조(成順祖)에게 무릉도(茂陵島)로 잠입(潛入)한 자들을 수포(搜捕)하기 위한 준비를 지시함.

1472년 (성종 3) 2월 3일. 병조에서 삼봉도수멱절목(三峯島搜覓節目)을 마련하여 보고함.

3월 6일. 인정전(仁政殿)에 나아가 과거에 응시하는 선비들에게 책문(策問, 시무<時務>를 시험 봄)함. 삼봉도(三峯島)가 그 문제로 출제됨.

4월 1일. 삼봉도경차관(三峯島敬差官) 박종원(朴宗元)이 사폐(辭陛)함. 삼봉도의 위치를 잘 아는 함길도인 김한경(金漢京)과 왜·여진통사(倭·女眞通事) 각 1인이 수행함.

6월 12일. 강원도관찰사 이극돈(李克墩), 경차관 박종원(朴宗元) 등의 삼봉도 탐험 결과를 보고함. 경차관 일행이 울진포(蔚珍浦)를 떠나 삼봉도로 출발하였으나, 도중에 폭풍을 만나 박종원(朴宗元)이 탄 선박은 무릉도 앞 15리쯤까지 갔다가 간성(杆城) 청간진(淸簡津)으로 돌아왔으며, 사직(司直) 곽영강(郭永江) 등이 탄 3척은 무릉도에 도착하여 3일 동안 머무르면서 도내를 수색하였으나 사람은 보이지 않고 옛 집터만 있을 뿐이었으므로 다만 대나무 수 개를 베어 싣고 강릉(江陵) 우계현(羽溪縣) 오이진(梧耳津)으로 돌아왔다고 함.

8월 12일. 병조에서 삼봉도수멱절목을 의론하여 보고함.

1473년 (성종 4) 1월 9일. 영안도관찰사(永安道觀察使) 정난종(鄭蘭宗)에게 무릉도(茂陵島)·요도(蓼島)의 탐문을 지시함.

1475년 (성종 6) 5월. 경차관(敬差官) 박종원(朴宗元)을 수행했던 김한경(金漢京)이 영안도민(永安道民) 5~6명과 같이 경원(慶源) 말응대진(末應大津)을 떠나 다시 삼봉도(三峯島) 탐사를 시도함. 떠난 지 3일 만에 멀리 삼봉도가 바라보이는 곳까지 당도하였으나 상륙하지 못한 채 되돌아 옴. 그 까닭은 혹은 바람 때문이라고도 하고, 혹은 섬에 7~8명의 사람이 있어 대적할 수 없었기 때문이었다고도 함.

1476년 (성종 7) 9월. 영안도관찰사(永安道觀察使)의 주선으로 김한경(金漢京)이 영흥인(永興人) 김자주(金自周) 등 11명과 같이 삼봉도(三峯島)를 탐사함. 종성(鍾城) 옹구미(瓮仇未)를 떠나 부령(富寧)·회령(會寧)·경원(慶源) 앞바다를 거쳐 10일 만에 삼봉도에서 7~8리 떨어진 곳까지 당도하였으나, 섬에는 바닷물이 관통하여 흘렀고 섬과 바다 사이에는 30개의 사람 모습과 같은 것들[아마도 가지어(可支魚)인 듯]이 줄 서 있었으므로, 이들은 두려워 상륙하지 못하고 다만 섬의 모습을 그려 가지고 돌아옴.

10월 27일. 병조(兵曹)의 계청(啓請)에 따라 명년(1477) 4월에 관원을 파견하여 삼봉도를 찾자는 결정을 내림. 그러나 관원들 사이에 삼봉도를 포기해야 한다는 주장도 있고 하여, 국왕의 적극적 의지에도 불구하고, 실행하지 못함.

1479년 (성종 10) 5월 12일. 병조(兵曹), 영안도관찰사(永安道觀察使)의 계본(啓本)에 따라 관원을 삼봉도(三峯島)로 파견하여 거민을 쇄환할 것을 청함. 대신들, 거민이 있는지 알아 본 뒤에 다시 의논할 것을 건의함.

8월 30일. 국왕, 영안도경차관(永安道敬差官) 신중거(辛仲琚)를 참석시킨 가운데, 대신·부원군·승지들과 삼봉도 정토 문제를 논의하여 다음해 2~3월에 관원을 파견하여 초무(招撫)하되, 영안도관찰사·절도사로 하여금 전함을 준비케 하기로 결정함. 이 자리에서는 삼봉도 옆에 작은 섬이 있고, 그곳에 2호가 살고 있다는 보고도 있었음.

같은 날. 영안도관찰사 이덕량(李德良), 남도절도사(南道節度使) 이흠석(李欽石), 북도절도사(北道節度使) 신주(辛鑄) 등에게 삼봉도 토벌을 준비시킴.

9월 5일. 조위(曹偉)를 영안도경차관에 임명함. 그는 삼봉도 정토에 사용할 전함의 건조를 감독하고 거민을 쇄환하는 사명을 띠고 있었음.

9월 12일. 삼봉도 투접(投接) 인민에게 내리는 유서(諭書)를 작성함.

10월 말. 경차관 조위(曹偉), 영안도에서 삼봉도에 보낼 김한경(金漢京) 등 32명을 모집, 3척의 선박에 분승(分乘), 부령(富寧) 남면(南面) 해변에서 삼봉도로 출발시킴. 각 선박의 패두(牌頭)는 문식(文識)이 있거나 직함(職啣)을 가지고 있는 엄근(嚴謹)·김자주(金自周)·김려강(金麗[呂]江) 등으로 국왕의 유서(諭書)도 휴대함.

12월. 김한경(金漢京) 등 역풍으로 삼봉도행을 포기함. 김한경(金漢京)과 3패두(牌頭), 서울로 잡혀가 병조의 국문을 받음.

1480년 (성종 11) 2월. 김한경(金漢京) 등의 삼봉도(三峯島) 파견이 좌절되자 정부에서는 다시 삼봉도초무사(三峯島招撫使)의 파견을 계획하였고, 이어 심안인(沈安仁)을 초무사(招撫使)에, 성건(成健)을 부사(副使)에 임명함.

3월 17일. 삼봉도초무사 심안인(沈安仁)이 사폐함.

5월 30일. 삼봉도초무사 심안인(沈安仁) 일행, 영안도(永安道)로 가 이미 석방된 김한경(金漢京) 등과 합류, 9척의 선박을 동원하여 삼봉도로 출발할 예정이었으나, 심안인(沈安仁)이 떠난지 얼마 안 되어, 흙비가 내려 풍수가 고르지 못하다는 이유로 이날 소환령이 내림으로써 초무사의 삼봉도행이 중단됨.

1481년 (성종 12) 1월 9일. 초무사(招撫使)의 삼봉도행(三峯島行)이 중단되자 정부에서는 영안도관찰사(永安道觀察使) 이극돈(李克墩)의 헌의(獻議)에 따라 다시 삼봉도 수득책(搜得策)을 결정함. 영안도 자원인 30여 명으로 하여금 국왕의 유서를 휴대, 입송케 하되 섬의 소재를 확실히 알게 되면 사절을 보내어 거민을 초무하며, 초무에 응하지 않을 때는 군사를 보내어 토벌한다는 것이었음. 그러나 이 수득책도 실현되었던 것 같지 않음.

1486년 (성종 17) 12월. 「동국여지승람(東國輿地勝覽)」(수교<讎校>) 찬진(撰進)됨.

1530년 (중종 25) 8월. 『신증동국여지승람(新增東國輿地勝覽)』 찬진(撰進)됨. 강원도(江原道) 울진현(蔚珍縣)조에 "우산도(于山島) · 울릉도(鬱陵島)혹은 무릉(武陵) 혹은 우릉(羽陵)이라고도 한다. 두 섬이 현(縣)의 정동(正東) 바다 가운데 있다.…일설에는 우산(于山) · 울릉(鬱陵)은 본디 한 섬이라고 한다."라는 요지의 울릉도 · 독도에 관한 지지(地誌)를 실음.

1592년 (선조 25) 4월 14일. 일본군 부산포 상륙, 임진왜란 일어남.

1598년 (선조 31) 11월. 일본군 철수함. 왜란 끝남.

1614년 (광해군 6) 7월 이보다 앞서 대마도, 서계를 보내어 의[기]죽도(礒[磯]竹島)의 일본 영유를 주장함. 이 달에 조선 측(동래부사 윤수겸<尹守謙>), 대마도로 서계를 보내어 의[기]죽도가 조선령 울릉도임을 설명하고 이 섬을 왕래하는 선박은 해적선으로 논할 것임을 경고함.

9월 2일. 대마도, 다시 서계(書契)를 보내어 도민의 의[기]죽도 이주를 청함. 이날 신동래부사 박경업(朴慶業), 대마도로 서계를 보내어 거듭 의[기]죽도가 조선령 울릉도임을 설명하고 이 섬을 왕래하는 선박은 해적선으로 논할 것임을 경고함.

1625년(?) (인조 3) 5월 16일. 일본(日本) 막부, 백기국(伯耆國) 태수(太守)에게 미자정(米子町) 대곡 · 촌천(大谷 · 村川) 양가(兩家)의 죽도(竹島, 울릉도) 도해(渡海)를 면허함.

1656년 (효종 7) 이해. 유형원(柳馨遠), 「여지지(輿地志)」를 저술함. 신경준(申景濬)의 『강계고(疆界考)』나 『증보문헌비고(增補文獻備考)』 「여지고(輿地考)」에 의하면 「여지지」는 우산(于山)과 울릉(鬱陵)은 "여러 도지(圖志)를 참고할 때 두 섬"이며 "모두 우산국의 땅인데 우산은 왜(倭)가 이르는 바 송도(松島)"라고 밝혔다고 함.

1667년 (현종 8) 이해. 일본(日本) 출운국(出雲國, 운주<雲州>)의 번사(藩士, 관원) 재등풍선(齋藤豊仙[宣]), 『은주시청합기(隱州視聽合記[紀])』를 저술함. 이 문헌에 오늘의 울릉도와 독도를 가리키는 '죽도(竹島)'와 '송도(松島)'라는 명칭이 보임. 이는 일본이 17세기 중엽부터 독도를 송도로 불렀음을 의미하는 것이지만, 이 문헌은 동시에 일본(운주<雲州>)의 판도를 은기(隱岐)에 국한시킴으로써 송도(독도)를 그 영역 밖으로 돌리고 있어 적어도 송도가 일본의 판도가 아니라는 것을 명백히 함.

1693년 (숙종 19) 3월. 동래의 노군(櫓軍) 안용복(安龍福)과 울산의 염한(塩干) 박어둔(朴於屯), 울릉도에 출어(出漁)했다가 일본(日本) 백기국(伯耆國) 미자정(米子町) 대곡가(大谷家)의 어부들에게 잡히어 일본으로 끌려감.

3월 20일. 안용복(安龍福) 등, 은기(隱岐) 복포(福浦)에 도착함. 역인(役人)들의 조사를 받음. 안용복(安龍福), 울릉도가 조선의 지계임을 들어 그 구금 납치의 부당성을 주장함.

3월 27일. 안용복(安龍福) 등, 3월 23일 복포를 떠나 이날 미자에 도착함. 미자의 성주 황미대화(荒尾大和) 등의 조사를 받음. 4월 하순(28일)까지 계속된 이 조사에서 안용복(安龍福), 울릉도와 자산도가 조선령임을 인정하는 공문(서계)의 발급을 요청함.

5월 13일. 막부, 안용복(安龍福) 등을 장기 봉행소로 이송할 것을 조취번에, 장기 봉행소로부터 안용복(安龍福) 등을 인수 귀국시키되 조선 어민의 죽도(欝陵島)로의 출어금지를 조선 측에 요청할 것을 대마번에 지시함.

5월 22일. 조취번, 막부 어감정두(御勘定頭) 송평미농수(松平美濃守)에게 보내는 한 문서에서 죽도 영유를 부인함.

5월 26일. 조취번, 막부로부터 조선인들을 장기(長崎)로 호송하라는 지시를 받음.

6월 1일. 안용복(安龍福) 등, 막부의 지시에 따라 5월 29일 미자를 떠나 이날 조취 성하에 도착, 황미대화(荒尾大和)의 저택(별장)에서 묵음.

6월 2일. 안용복(安龍福) 등, 거처를 정회소(町會所)로 옮김.

6월 2일 밤. 안용복(安龍福), 황미대화(荒尾大和) 등 조취번 중신 4명과 황미(荒尾)의 저택에서 만남. 이때 예의 서계(공문)을 발급받은 것으로 추정됨.

6월 7일. 안용복(安龍福) 등, 성하를 떠남. 호송사절이 따르고 안용복(安龍福) 등은 교자(轎子)에 타는 환송을 받음.

6월 30일. 조선인들에 관한 막부 지시, 대마번에 도착함.

이날. 안용복(安龍福) 등 장기에 도착함.

7월 1일. 안용복(安龍福) 등, 장기 봉행소에 인계됨. 이날부터 안용복(安龍福) 등에 대한 일본 측의 침책(侵責)이 시작됨.

8월 14일. 안용복(安龍福) 등, 대마번에서 온 사자(使者)에게 인계됨.

9월 3일. 안용복(安龍福) 등 대마에 도착함. 대마번, 이날부터 10월 22일까지 사이에 안용복(安龍福)에게서 예의 서계(공문)을 탈취함.

10월 22일. 대마도주 종의륜(宗義倫) 차왜(差倭) 귤진중(橘眞重, 다전여좌위문<多田與左衛門>)을 부산으로 파견, 서계를 보내어 조선 어민의 "본국 죽도(本國 竹島)"로의 출어금지를 요청케 함. 이날 귤진중(橘眞重), 안용복(安龍福) 등을 대동하고 대마를 떠남.

11월 2일. 사자 귤진중(橘眞重) 부산에 도착, 왜관(倭館)에 듦.

12월 7일. 접위관(接慰官) 홍중하(洪重夏) 동래부에 도착함.

12월 10일. 안용복(安龍福)·박어둔(朴於屯) 조선 측 접위관에 인계됨.

12월. 이달에 조선 측(예조참판 권해<權瑎>), 죽도로의 출어는 금하되 울릉도가 조선령임을 시사하는 요지의 서계를 왜관에 전함.

1694년 (숙종 20)

1월. 접위관 유집일(兪集一) 동래부에 도착함.

윤5월. 대마도, 다시 차왜(差倭) 귤진중(橘眞重)을 보내어 회답 서계에 들어있는 '울릉(蔚陵)' 2자의 삭제를 요청함.

7월 16일. 전무겸선전관(前武兼宣傳官) 성초형(成楚珩)이 상소하여 울릉도에 특별히 진(鎭)을 설치하여 왜(倭)로 하여금 넘보지 못하도록 할 것을 건의함.

8월. 접위관 유집일(兪集一), 다시 동래부로 파견됨.

8월 25일. 일본 측으로부터 회답서계를 회수함.

9월 10일. 조선 측, 죽도(竹島), 즉 울릉도(欝陵島)는 강원도 울진현의 속도(屬島)요, 따라서 조선 어민이 범계(犯界)한 것이라고 할 수 없으며, 앞으로 일본 연해민의 울릉도 왕래를 금한다는 요지의 개작(改作)한 서계(書契)를 왜관으로 보냄.

9월 19일. 앞서 영의정 남구만(南九萬), 삼척첨사를 울릉도에 파견, 형세를 조사하여 민호(民戶)를 이주시키거나 진(鎭)을 설치함으로써 왜에 대비할 것을 건의하였고, 이에 따라 장한상(張漢相)을 삼척첨사로 발탁한 바 있음. 이날 장한상(張漢相), 울릉도를 향하여 삼척(三陟)을 출발함. 일행은 별견역관(別遣譯官, 왜어역관<倭語譯官>) 안신휘(安愼徽)를 포함하여 총 150명, 기선(騎船) 2척, 급수선(汲水船) 4척이 동원됨.

9월. 대마도주 종의륜(宗義倫) 사망함. 그의 어린 동생 종의방(宗義方)이 새 도주로 들어서고 그의 부(父) 종의진(宗義眞)이 뒤를 돌봄.

10월 6일. 삼척첨사 장한상(張漢相), 9월 20일부터 10월 3일까지 13일 동안을 체류하면서 울릉도를 심찰(審察)하고 이날 삼척으로 돌아옴. 장한상(張漢相), 울릉도 심찰 결과, 즉 (1) 왜인이 왕래한 흔적이 있다는 것, (2) 민호를 이주시킬 수 없고 따라서 보(堡)도 설치할 수 없다는 것, (3) 울릉도 동남쪽 3백여 리에 한 섬(독도)이 있다는 것 등을 지도와 함께 정부에 보고함. 이 장한상(張漢相)의 울릉도 심찰은 울릉도 수토제도(搜討制度)의 기원이 됨.

같은 달. 조정에서, 영의정 남구만(南九萬)의 건의에 따라, 울릉도를 1년, 혹은 2년을 걸러서 수토(搜討)하기로 결정함.

1695년 (숙종 21) 6월 10일. 차왜(差倭) 귤진중(橘眞重), 동래부사(東萊府使)에게 글을 보내어 조선 측의 개작한 서계 중 사실과 다르다고 하는 4개조를 들고 조정의 해명을 요구함.

10월. 대마도의 새 도주(島主, 종의방<宗義方>)의 부(父) 종의진(宗義眞), 죽도(竹島, 울릉도) 소속에 관한 조선 측과의 교섭 전말을 막부에 보고하고 그 지시를 기다림.

12월 24일. 일본 막부(노중 아부풍후수<阿部豊後守>), 죽도 소속에 관한 설문지를 조취번으로 보냄.

12월 25일. 강호 조취번저(鳥取藩邸), 죽도의 조취번(인번·백기주<因幡·伯耆州>) 소속을 부인함.

1696년
(숙종 22)

1월 9일. 일본 막부(幕府)의 노중 아부풍후수(阿部豊後守), 대마번의 가로 평전직우위문(平田直右衛門)에게 '죽도(竹島, 울릉도)'가 일본과 멀리 떨어져 있으나 조선과는 가깝다 하니 이는 조선의 지계(地界)임이 분명하므로 일본인의 출어를 금할 것이며 마땅히 이 뜻을 조선에 알려야 한다고 지시함.

1월 28일. 일본 막부, 죽도(울릉도)도해금지령 각서를 대마번의 종의진(宗義眞)에게 수교함. 죽도도해금지령(竹島渡海禁止令) 봉서(奉書)를 강호(江戶) 번저(藩邸)에 체재 중인 조취번주(鳥取藩主) 송평백기수(松平伯耆守)에게 통달함. 이는 백기국 태수(伯耆國 太守)에게 내준 미자정(米子町) 대곡·촌천(大谷·村川) 양가(兩家)의 죽도도항면허(竹島渡航免許)의 취소를 의미하는 것임.

봄. 안용복(安龍福), 대마도주의 불법 비리를 관백(關白)에게 소원(訴願)하기 위하여 일본 밀행을 결심하고 울산으로 가 10명의 동지를 모으고 울릉도와 자산도가 그려져 있는 「조선팔도지도(朝鮮八道之圖)」, 자신이 입을 무관복 청첩리(靑帖裏)·흑포립(黑布笠)·가죽신·통정대부(通政大夫, 정3품 당상관<堂上官>의 품계)의 호패(號牌) 등을 준비함. 뱃머리에 두 개의 깃발을 단 깃대도 세움.

3월 18일. 안용복(安龍福) 등, 아침에 울산을 출발, 저녁 때 울릉도에 도착함.

5월 중순. 안용복(安龍福) 등, 울릉도에 출어(出漁)한 일본 어선을 추격하여 쫓아버리고 5월 15일 자산도(송도·우산도)에 정박함.

5월 18일. 안용복(安龍福) 등, 5월 16일 자산도를 출발, 이날 은기도에 안착하여 5월 20~22일까지 역인(役人)들의 조사를 받음. 안용복(安龍福), 「조선팔도지도」를 보이면서 타케시마(죽도<竹島>)와 마쓰시마(송도<松島>)는 조선 강원도 소속의 울릉도와 자산도임을 밝힘.

6월 4일. 안용복(安龍福) 등, 백기주(伯耆州) 적기(赤崎)에 도착, 다음날(5일) 청곡나루(靑谷津)에 정박함. 배에는 「조울양도감세장신안동지기(朝欝兩島監税將臣安同知騎)」(전면), 「조선국안동지승주(朝鮮旺安同知乘舟)」(이면)라고 쓴 깃발, 농촌 정경과 고향을 읊은 시구를 적은 작은 깃발을 달고 있었음. 이인성(李仁成)이 은기(隱岐)에서 써 넣은 것으로 추정됨.

6월 12일. 안용복(安龍福) 등, 조취번에서 거처로 정해준 가로항(加路<賀露>港)의 동선사(東善[禪]寺)에 듦. 외교사절로 인정받기 시작한 것임.

6월 21일. 안용복(安龍福) 등, 거처를 조취 성하(鳥取 城下)로 옮김. 이날 조취번에서는 교자(轎子) 2채와 말 9필을 동원함. 이날 안용복(安龍福) 등, 조취번 중신들과 상견례를 갖고(제1차회담) 은기에서 이인성(李仁成) 등과 작성한 소장(訴狀) 초안도 제시했을 것으로 추정됨.

6월 23일. 노중(老中) 대구보가하수(大久保加賀守), 각서(覺書)를 조취번으로 내려 보내어 이객(異客, 안용복<安龍福> 등)들은 배에서만 머무를 것, 이객이 원하는 소송은 장기 봉행소(長崎奉行所)에서만 취급하는 것이 원칙이며 그렇지 않으면 귀국시킬 것, 대마번에 연락하여 조취로 통사(通詞, 통역)를 보낼 것임을 지시 내지 고지함.

7월 7일. 막부로부터 조선인이 조취번에 와 있으므로 그곳으로 통사를 파견하라는 지시가 대마번으로 내려옴.

7월 7일 이후. 대마번, 강호(江戶)로 급사(急使)를 파견하여 막부에 조선인 대책의 수정을 요청함. 이 급사는 조취번에 안용복(安龍福) 소장의 취하를 요청하라는 밀명도 띠고 있었을 것으로 추정됨.

7월 10일 전후. 안용복(安龍福) 등, 조취번의 중신들과 정회소에서 만나(제2차회담) 대마도주의 불법 비리를 적은 소장을 미자의 성주 황미대화(荒尾大和)에게 건네주었을 것으로 추정됨.

7월 10일 전후. 안용복(安龍福) 등, 호산지(湖山池)의 작은 섬 청도(靑嶋)에 새로 지은 가옥(假屋)으로 거처를 옮김.

7월 19일. 조취번주 송평강청(松平綱淸), 조취로 돌아옴. 번주 송평(松平), 안용복(安龍福) 등의 소장을 막부에 납입(納入)하지 않음.

7월 24일. 막부, 조선과의 외교는 대마번 외는 할 수 없으므로 조선인들을 귀국시켜야 한다고 조취번에 지시함.

8월 1일. 조취번, 막부의 죽도(울릉도)도해금지령을 미자의 대곡(大谷)·촌천(村川) 양가에 알림.

8월 4일. 송평(松平) 번주가 파견한 고위관원 평정금좌위문(平井金左衛門), 안용복(安龍福) 등을 청도에서 만나(제3차회담) 전날 울릉도로 범계(犯界)했다가 안용복(安龍福) 등의 추격을 받았던 어민 15명을 적발 처벌했음을 알리고, 울릉·자산도에 침범하는 자들이 있거나 대마도주가 횡침(橫侵)하는 경우 국서를 보내오면 엄히 처벌할 것임을 다짐함으로써 두 섬이 조선령임을 확인함.

8월 6일. 안용복(安龍福) 일행, 청도를 떠나 귀국길에 오름.

8월 말. 안용복(安龍福) 일행, 귀국함. 거의가 체포되어 비변사에서 심문을 받음.

10월 13일. 안용복(安龍福) 일행 중 안용복(安龍福)·이인성(李仁成) 외는 모두 방석(放釋)케 함.

10월 16일. 종의진(宗義眞), 전 도주의 문상차 대마도에 건너간 역관 변동지(卞同知)·송판사(宋判事)에게, 일본인의 죽도(울릉도) 어채(漁採)를 금한다는 막부의 결정을 구두로 알리고 안용복(安龍福)의 정문(呈文, 소장제출)에 유감스러운 뜻을 표하는 한편, 대마도 봉행(奉行) 평현진(平顯眞) 등이 작성한 죽도도해금지령과 정문에 관한 구상서(口上書, 구술서)를 전함.

1697년 (숙종 23) 1월 10일. 변동지(卞同知)·송판사(宋判事) 대마도에서 동래부로 돌아옴.

1월 22일. 호송을 명목으로 역관들과 동행한 재판(裁判) 고세팔우위문(高勢八右衛門), 종의진(宗義眞)의 죽도(울릉도)도해금지령(竹島<鬱陵島>渡海禁止令) 구두통보에 대한 회답서계의 발급을 조선 측에 요청함. 이후 동래부 훈도(訓導)·별차(別差)와 재판 고세(高勢)·왜관 관수(館守) 당방신오랑(唐坊新五郎) 사이에 서계 문안(文案)을 놓고 1년여에 걸쳐 절충이 계속됨.

3월 27일. 조정, 울릉도쟁계를 매듭짓는 데 기여한 공로를 참작하여 안용복(安龍福)을 감사(減死) 정배(定配)케 함. 이인성(李仁成)에게도 정배하는 조처가 취해진 것으로 추정됨.

8월. 부산 왜관의 일본인들 관 밖으로 나와 대마번으로 보내는 서계의 개정 등을 요구하는 시위를 벌임.

1698년 (숙종 24)
3월 4일. 작년 8월 왜관 일본인들의 관외 시위의 주모자로 지목된 재판(裁判) 고세팔우위문(高勢八右衛門)이 대마도로 돌아감.

4월. 대마번의 종의진(宗義眞)에게 보내는 서계 문안이 타결됨. 이 서계에서 조선 측(예조참의 이선부<李善溥>), 서계를 종의진(宗義眞)에게 보내어 막부의 결정에 사의를 표하고 울릉도와 죽도가 1도2명(一島二名)임을 강조하여 그 정당한 인식을 촉구함.

1699년 (숙종 25)
3월. 대마도, 부산으로 사자 아비류총병위(阿比留惣兵衛)를 보내어 조선 측(예조참의 이선부) 서계의 내용을 막부에 보고했음을 알려옴.

6월 21일. 월송포만호(越松浦萬戶) 전회일(田會一), 울릉도를 수토하고(6월 4일 출발) 돌아옴. 전회일(田會一), 울릉도의 지도와 토산물을 바침.

1702년 (숙종 28)
5월 28일. 삼척영장(三陟營將) 이준명(李浚明), 울릉도를 수토하고 돌아옴. 이준명(李浚明), 울릉도의 지도와 토산물을 바침.

1705년 (숙종 31)
6월 13일. 울릉도를 수토하고 돌아오는 도중 익사한 평해군관(平海軍官) 황인건(黃仁建) 등 16명에게 휼전(恤典, 국가에서 내리는 은전<恩典>)을 거행케 함.

1708년 (숙종 34)
2월 27일. 부사직(副司直) 김만채(金萬埰), 상소하여 울릉도에 진(鎭)을 설치할 것을 청함.

1710년 (숙종 36)
10월 3일. 사직(司直) 이광적(李光迪), 상소하여 왜선이 자주 울릉도에 들어가 어물(魚物)을 채취하고 있으므로 서둘러 대책을 강구할 것 등을 청함.

1717년 (숙종 43)
3월 17일. 흉년으로 울릉도 수토를 정지케 함.

1718년 (숙종 44)
2월 30일. 흉년으로 울릉도 수토를 정지케 함.

1726년 (영조 2)
10월 20일. 강원도 유생 이승수(李昇粹), 상소하여 울릉도에 변장(邊將) 1원(員)을 두고 민간을 모집하여 경작하게 할 것 등을 청함.

1734년
(영조 10)
1월 13일. 훈련원판관(訓鍊院判官) 윤필은(尹弼殷), 상소하여 울릉도 등지에서 농사를 짓도록 허락하여 관방(關防)을 공고히 할 것을 청함.

1735년
(영조 11)
1월 13일. 강원도관찰사 조최수(趙最壽), 흉년으로 울릉도 수토의 정지를 청함. 윤허(允許)하지 않음.

1756년
(영조 32)
이해. 신경준(申景濬), 『강계고(疆界考)』를 저술함. 신경준(申景濬), 『강계고』「울릉도(鬱陵島)」·「안용복사(安龍福事)」조에서 울진현 정동 바다 가운데 울릉도와 함께 우산도가 있음을 분명히 하고 두 섬의 위치와 연혁, 「여지지(輿地志)」의 기사, 울릉도 영유권 분규, 안용복(安龍福)의 제1·2차 도일 사건에 관하여 자세히 언급함. 『강계고』에서 신경준(申景濬)은 울릉·우산도는 우산국(于山國)의 땅, 즉 조선의 영토임을 강조함.

1769년
(영조 45)
10월 14일. 영의정 홍봉한(洪鳳漢)의 주청에 따라 울릉도에 관한 문적(文蹟)을 널리 채택, 책자를 만들어 사대·교린의 문자로 삼게 함.

10월 16일. 제조(提調) 원인손(元仁孫)에게 명하여 삼척영장을 지낸 사리를 잘 아는 자와 더불어 울릉도의 봉만(峰巒)·형승(形勝)·물산(物産)을 그려 오게 함.

11월 29일. 울릉도 감찰을 소홀히 하여 그 인삼을 유출시킨 지방관 삼척부사 서노수(徐魯修)를 처벌케 함.

12월 9일. 강원도관찰사 홍명한(洪名漢), 울릉도 인삼 밀채와 연루된 혐의로 탄핵을 받아 물러남.

1770년
(영조 46)
1월 4일. 강원도관찰사 서명선(徐命善)을 인견하고 울릉도에서의 채삼(採蔘)을 금지케 함.

8월 5일. 『동국문헌비고(東國文獻備考)』 찬진(撰進)됨. 신경준(申景濬)이 동서(同書)의 「여지고(輿地考)」를 담당 편찬함. 신경준(申景濬), 울진(蔚珍)조에서 우산도·울릉도를 다루면서 『강계고(疆界考)』의 「울릉도(鬱陵島)」·「안용복사(安龍福事)」조의 기사를 거의 그대로 전재함. 다만 우산·울릉이 두 섬임을 본문에서 밝히고, 그 위치와 연혁, 울릉도 영유권 분규, 안용복(安龍福) 도일 사건을 부록으로 묶고 있는 것, 「여지지(輿地志)」

의 기사를 "울릉(鬱陵)과 우산(于山)은 다 우산국(于山國)의 땅인데, 우산(于山)은 왜(倭)가 이르는 바 송도(松島)다"라고 간결 명확하게 인용하고 있는 것이 다를 뿐임.

1770년 (영조 46) 1월 4일. 강원도관찰사 서명선(徐命善)을 인견하고 울릉도에서의 채삼(採蔘)을 금지케 함.

8월 5일. 『동국문헌비고(東國文獻備考)』 찬진(撰進)됨. 신경준(申景濬)이 동서(同書)의 「여지고(輿地考)」를 담당 편찬함. 신경준(申景濬), 울진(蔚珍)조에서 우산도·울릉도를 다루면서 『강계고(疆界考)』의 「울릉도(鬱陵島)」·「안용복사(安龍福事)」조의 기사를 거의 그대로 전재함. 다만 우산·울릉이 두 섬임을 본문에서 밝히고, 그 위치와 연혁, 울릉도 영유권 분규, 안용복(安龍福) 도일 사건을 부록으로 묶고 있는 것, 「여지지(輿地志)」의 기사를 "울릉(鬱陵)과 우산(于山)은 다 우산국(于山國)의 땅인데, 우산(于山)은 왜(倭)가 이르는 바 송도(松島)다"라고 간결 명확하게 인용하고 있는 것이 다를 뿐임.

1779년 (정조 3) 이해. 장구보적수(長久保赤水)의 「개정일본노정여지전도(改正日本路程輿地全圖)」 제작됨. 죽도(울릉도)와 송도(독도)를 조선 본토와 함께 채색하지 않고 경·위도를 표시하지 않음으로써, 채색을 하고 경위도를 표시한 일본 영토와 구별하고 있는 것이 주목됨.

1785년경 (정조 9) 임자평(林子平)의 「삼국접양지도(三國接壤之圖)」 제작됨. 울릉도와 독도를 조선 영토로 채색하고 "조선의 차지로"라는 설명까지 곁들인 것이 주목됨.

1787년 (정조 11) 5월 27일(양). 프랑스 해군 대령 라 뻬루즈(La Pe'rouse, Jean Francois Galaup de)가 이끄는 부솔(Boussol)호, 울릉도(鬱陵島)를 발견함.

5월 28일(양). 라 뻬루즈, 새로 발견한 섬(울릉도)을 다줄레(Isle Dagelet)로 명명함.

7월 25일. 울산의 해척(海尺, 고기잡이를 전업<專業>으로 하는 사람) 등 14명에게 울릉도에서의 채복(採鰒) 공문을 내어 준 경상좌도 병마절도사 강오성(姜五成), 울산부사 심공예(沈公藝)를 우선 파직한 뒤 구속하게 함.

1794년 (정조 18) 5월 8일. 월송포만호(越松浦萬戶) 한창국(韓昌國), 울릉도를 수토하고(4월21일 출발) 돌아옴. 한창국(韓昌國), 울릉도의 지도와 토산물·가지어피(可支魚皮)를 바침.

1795년 (정조 19) 6월 4일. 이조판서 윤시동(尹蓍東)의 주청에 따라 울릉도 인삼의 채취시기를 명년 봄에서 금년 6~7월로 앞당겨 정함.

1800년대 중엽(막부 말, 명치 초). 17세기 말(1696, 숙종 22, 원록 9) 일본 막부(日本 幕府)의 도해금지령(渡海禁止令)에 따라 잠잠해졌던 일본인의 울릉도(欝陵島) 침어(侵漁)가 재개됨.

1808년경 (순조 8) 『만기요람(萬機要覽)』 찬진(撰進)됨. 동서(同書) 「군정편(軍政編)」 4 해방(海防) 동해(東海)조에 『동국문헌비고(東國文獻備考)』 울진(蔚珍)조의 부록 기사, 즉 울릉도·우산도의 위치와 연혁, 울릉도 영유권 분규, 안용복 도일 사건 등을 가감없이 전재함.

1821년 (순조 21) 이능충경(伊能忠敬)의 「대일본연해여지전도(大日本沿海輿地全圖)」 제작됨. 죽도(울릉도)와 송도(독도)가 빠져 있는 것이 주목됨.

1836년 (헌종 2) 일본, 울릉도에 밀항한 팔우위문(八右衛門)을 처형함.

1849년 (헌종 15) 프랑스 포경선(捕鯨船) 리앙쿠르(Liancourt)호, 독도를 발견함. '리앙쿠르 암초(Rochers Liancourt)'로 명명함.

1867년 (고종 4) 이해. 승해주(勝海舟)의 「대일본연해략도(大日本沿海略圖)」 제작됨. 울릉도를 송도, 독도를 리앙고루도 로구(リアンコールトロツク)로 표기함.

1870년 (고종 7) 4월. 부산에 파견되었던 일본 외무성 출사(出仕) 좌전백모(佐田白茅)·삼산무(森山茂)·재등영(齋藤榮), 외무성에 「조선국교제시말내탐서(朝鮮國交際始末內探書)」를 제출함. 그 제13항을 '죽도(竹島, 울릉도)·송도(松島, 독도)가 조선(朝鮮)에 부속(附屬)하게 된 시말(始末)'이라고 한 것이 주목됨.

이해에 교본옥란(橋本玉蘭)의 「대일본사신전도(大日本四神全圖)」 제작됨. 울릉도를 송도, 독도를 리앙고루도 로구(リアンコールトロック)로 표기함.

2월 2일. 조일수호조규(朝日修好條規, 강화도조약<江華島條約>)

1876년 (고종 13) 성립.

7월 6일. 조일수호조규부록·무역장정 성립.

이해. 일본 해군성 수로국, 「조선동해안도(朝鮮東海岸圖)」를 제작함. 독도를 원 경위도에서 떼어내어 울릉도 아래의 안쪽으로 옮겨 실음으로써 그것이 조선령임을 인정함.

1877년 (고종 14) 3월 17일(양). 일본 내무성, 「일본해(동해)내 죽도(竹島, 울릉도) 외 일도(송도<松島>, 독도) 지적(地籍) 편찬에 관한 질의서」를 태정관(太政官)에 제출하고 그 소속에 대한 판단을 요청함.

3월 29일(양). 일본 태정관 우대신(太政官 右大臣) 암창구시(岩倉具視), 지적 편찬상 문제가 된 죽도(竹島, 울릉도)와 송도(松島, 독도)가 일본령이 아님을 내무성(內務省)에 지령함.

1880년 (고종 18) 9월(양). 일본, 군함 천성(天城)을 보내어 도명상(島名上)의 혼란을 빚고 있는 '송도(松島)'에 대하여 조사함. 그 결과 '송도'는 울릉도, '죽도(竹島)'는 그 옆에 있는 죽서(竹嶼)임이 밝혀짐.

1881년 (고종 18) 5월. 강원도관찰사(江原道觀察使) 임한수(林翰洙), 장계하여 울릉도 수토관이 이 섬에서 벌목 중인 일본인 7명을 적발하였음을 보고하여 옴.

같은 달. 통리기무아문(統理機務衙門)의 계청에 따라 예조판서 심순택(沈舜澤) 명의의 서계(書契)를 일본 외무성으로 보내어 울릉도에서 벌목 중인 일본인과 그 선박의 철수를 요청함.

5월 23일. 부호군(副護軍) 이규원(李奎遠)을 울릉도검찰사(鬱陵島檢察使)에 임명함. 통리기무아문의 계청에 따라 울릉도 방수(防守)·이민(移民) 문제를 조사하기 위한 것임.

8월 20일(양). 일본 외무성 관원 북택정성(北澤正誠), 한국·일본·중국의 문헌과 천성함(天城艦)의 현지 조사 결과를 검토하여 『죽도고증(竹島考證)』(상·중·하)을 작성, 지금의 송도는 원록(元祿) 12년(숙종 25, 1699)에 일컬었던 죽도(竹島, 울릉도)로 일본 판도 밖에 있는 땅임을 밝혔는데, 이 날, 북택정성(北澤正誠), 『죽도고증(竹島考證)』을 다시 요약한 보고서 「죽도판도소속고(竹島版圖所屬考)」를 외무성에 제출함.

8월 27일이후 일본 외무성대리 상야경범(上野景範), 예조판서 심순택(沈舜澤)에게 8월 20일자 회답서계(回答書契)를 보내어 울릉도에서의 일본인의 벌목은 일찍이 듣지 못했던 일이므로 사실을 조사 조처하여 양국 우의에 장애가 되지 않도록 할 것을 약속함.

12월 15일. 이 날짜로 주조선일본공사관 사무서리(事務署理) 부전절(副田節), 울릉도에서 벌목한 사실은 있으나 현재 일본인은 모두 철수했다는 요지의 서함을 통리기무아문사(統理機務衙門事) 이재면(李載冕) 앞으로 보내옴.

1882년 (고종 19)

4월 7일. 울릉도검찰사 이규원(李奎遠), 사폐함.

4월 10일. 울릉도검찰사 이규원(李奎遠), 등정(登程)함.

4월 29일. 울릉도 검찰사 이규원(李奎遠) 일행, 강원도 평해군(平海郡) 구산포(邱山浦)를 출발, 울릉도로 향함. 총인원 102명, 선박 3척이 동원됨.

4월 30일. 울릉도검찰사 이규원(李奎遠) 일행, 울릉도 서쪽 소황토구미(小黃土邱尾)에 도착함.

5월 12일. 울릉도검찰사 이규원(李奎遠) 일행, 5월 11일 울릉도를 출발, 이날 평해군(平海郡) 구산포(邱山浦)로 돌아옴.

6월 5일. 울릉도검찰사 이규원(李奎遠) 5월 27일 귀경, 서계(書啓)·별단(別單) 등을 올리고 이날 복명함. 이규원(李奎遠), 서계·별단과 복명을 통해 (1) 울릉도에 약 140명의 내륙인이 있다는 것, (2) 일본인 78명이 무단 벌목하고 있으며 일본인이 세운 '대일본국송도규곡(大日本國松島槻谷)'이라는 표목(標木)이 있다는 것, (3) 충분한 경식처(耕食處)와 풍부한 해륙산물이 있다는 것 등을 보고하고, (4) 울릉도를 개척할 것, (5) 일본 정부에 항의할 것 등을 건의함.

6월 16일. 이날 예조판서 이회정(李會正) 명의로 된 서계를 일본 외무성으로 보내어 일본인들이 울릉도에서 무단 벌목하고 있으므로 설법(設法) 엄방(嚴防)하여 잘못이 되풀이 되지 않도록 할 것을 청함.

8월 20일. 영의정 홍순목(洪淳穆)이 상주한 울릉도 개척 방침, 즉 (1) 우선 모민(募民) 개간(開墾)하되 5년부터 세를 걷는다, (2) 영남·호남의 조선(漕船)을 울릉도에서 건조할 수 있도록 허락한다, (3) 검찰사에게 문의하여 도장(島長)을 임명 파견한다, (4) 진(鎭)의 설치는 뒤로 미루되 도장으로 하여금 이에 관한 대책을 미리부터 강구하도록 강원도관찰사에게 지시한다는 것 등을 확정함.

8월 말경. 울릉도 도장(島長)에 전석규(全錫奎)를 임명함.

9월 22일. 일본에 체류 중인 수신사(修信使) 박영효(朴泳孝), 일본 외무경(外務卿) 정상형(井上馨)에게 일본인의 울릉도에서의 무단 벌목에 대하여 항의함.

10월경. 울릉도 개척 사업을 주관할 지방관(地方官)으로 평해군수(平海郡守)를 위촉함.

1883년 (고종 20)

1월 9일. 주조선일본공사 죽첨진일랑(竹添進一郎), 예조판서 이병문(李秉文)에게 조복(照覆)하여 일본인의 울릉도에서의 벌목 금지를 약속함.

3월 1일. 일본 태정대신(太政大臣) 삼조실미(三條實美), 일본인의 송도(松島, 울릉도) 도항을 금하며, 위반자는 일한무역규칙 제9조와 형법에 의하여 처벌할 것임을 내무경(內務卿)・사법경(司法卿)에게 내달(內達)함.

3월 16일. 참의교섭통상사무(叅議交涉通商事務) 김옥균(金玉均)을 동남제도개척사겸포경등사(東南諸島開拓使兼捕鯨等事)에 임명함.

4월경. 울릉도에 내륙인 약 30명이 입거(入居)함. 이어 제2차로 약 20명이 입거함. 총 입거인 수는 7월 현재 16호 54명에 달함.

10월 14일(양). 울릉도 잔류 일본인 255명이 내무성에서 보낸 선박 월후환(越後丸) 편으로 철수함.

12월 초. 동남제도개척사 수원 탁정식(卓挺埴), 일본 선박 천수환(天壽丸)의 울릉도 목재의 밀반출(천수환사건<天壽丸事件>)을 확인함.

이 해에 일본 해군성 수로국(水路局), 『환영수로지(寰瀛水路誌)』 제2권(노한편<露韓編>)을 간행함. 송도(松島, 울릉도)와 함께 리앙고루도 열암(독도)을 포함하고 있는 것이 주목됨.

1884년 (고종 21)

1월 11일. 울릉도장 전석규(全錫奎), 천수환 사건에 연루되어 파면됨.

같은 날. 독판교섭통상사무(督辦交涉通商事務) 민영목(閔泳穆), 일본서리공사 도촌구(嶋村久)에게 공함(公函)을 보내어 천수환 사건을 항의함.

3월 15일. 울릉도 관수(管守)의 직명을 울릉도첨사(欝陵島僉使)로 정하고 삼척영장(三陟營將)이 겸하게 함.

6월 22일. 조일통상장정(朝日通商章程) 성립됨. 이 장정 41호는 일본인의 전라・경상・강원・함경 4도 해빈(海濱)에서의 어업을 허가하고 있음.

같은 날. 일본인어채범죄조규(日本人漁採犯罪條規) 성립됨.

6월 30일. 울릉도첨사를 평해군수가 겸하게 함.

7월 이후. 울릉도 수토를 평해군수와 월송포만호가 담당 실시하게 함.

12월 17일. 해방총관(海防總管) 이규원(李奎遠)을 동남개척사(東南開拓使)에 임명함.

이해부터 울릉도에 이・교배(吏・校輩)가 배치된 것으로 추정됨.

1885년 (고종 22) 4월 6일. 갑신정변 뒷처리 문제를 마무리 짓기 위하여 일본에 건너간 전권부대신 묄렌돌프(Möllendorff, Paul George von), 일본 선박 만리환(萬里丸)의 울릉도 목재 '도탈(盜奪)'(만리환사건 <萬里丸事件>)을 외무성에 항의하고 압류를 요청함.

1886년 (고종 23) 6월 12일. 일본 정부가 울릉도 목재를 밀반출한 촌상덕팔(村上德八)에게 벌금을 부과하고 이 벌금과 목재 공매 대금을 보내 옴. 이로써 천수환사건이 매듭지어짐.

1887년 (고종 24) 5월 21일. 일본대리공사 고평소오랑(高平小五郎), 독판교섭통상사무(督辦交涉通商事務) 김윤식(金允植)에게 조회하여 만리환의 목재 공매 대금의 교부를 약속함. 이로써 만리환사건이 매듭지어짐.

1888년 (고종 25) 2월 6일. 울릉도첨사를 도장으로 바꾸어 평해군 소속 월송포수군만호(越松浦水軍萬戶)가 겸하게 함. 종래의 도장은 가도장(假島長), 혹은 도수(島首)로 호칭함.

2월 26일 이후. 겸임도장 월송포수군만호가 울릉도 수토를 전담 실시함.

가을. 일본 어민들이 울릉도 연안에 출몰하기 시작함.

이해에 처자를 거느린 일본인(백수길병위<白水吉兵衞>)이 울릉도 입적을 원함.

1889년 (고종 26) 여름. 일본 어선단(24척)이 울릉도에 들어와 곡물을 절취하고 관고(官庫)·민가(民家)를 부수는 등 크게 소요를 일으킴.

9월 19일. 독판교섭통상사무 민종묵(閔種默), 일본공사관으로 조회하여 일본 어민들의 울릉도에서의 불법 행위를 항의하고 그 처벌과 배상을 요구함.

10월 20일. 조일통어장정(朝日通漁章程) 성립됨. 이 장정 22조는 어업준단(漁業准單, 어업허가증)을 가진 일본 어선은 전라·경상·강원·함경 4도 해빈에서의 어업을 허가하고 있음.

같은 날. 일본대리공사 근등진서(近藤眞鋤), 독판교섭통상사무 민종묵(閔種默)에게 조복하여 일본 어민들의 울릉도에서의 불법 행위를 부산·원산영사에게 조사·처리하도록 지시하였음을 알려옴.

연말~1890년초. 영의정 심순택(沈舜澤)의 건의에 따라 서재(鼠災)를 크게 입은 울릉도에 삼척·울진·평해 3읍의 환곡(還穀) 중 3백 석을 지급케 함.

1890년 (고종 27) 윤2월 18일. 국왕, 강원도관찰사 이원일(李源逸)을 소견하고 울릉도 검찰을 각별히 당부함.

4월. 울릉도민, 태하동(台霞洞)에 「영의정심공순택휼진영세불망비(領議政沈公舜澤恤賑永世不忘碑)」를 세움.

1891년 (고종 28) 일본인의 울릉도 잠입이 다시 시작됨.

1892년 (고종 29) 선전관(宣傳官) 윤시병(尹始炳)을 검찰관(檢察官)에 임명하여 울릉도에 파견함.

이해부터 일본 해군, 순차적으로 『일본수로지(日本水路誌)』를 간행함. 독도를 수록하지 않고 있는 것이 주목됨.

1893년 (고종 30) 이해에 평해군수 조종성(趙鍾成)을 수토관(搜討官)에 임명하여 울릉도에 파견함.

1894년 (고종 31) 1월 7일. 울릉도 이·교배(吏·校輩) 배치의 폐지를 평해군·울릉도에 지령함.

6월 23일. 일본 해군, 서해 풍도(豊島) 해상의 청국 군함 제원·광을(濟遠·廣乙)을 공격함. 청일전쟁 시작됨.

12월 27일. 울릉도 수토제도를 폐지함.

이해에 평해군수 조종성(趙鍾成)을 사검관(査檢官)에 임명, 울릉도에 파견함.

이해에 일본 해군, 『조선수로지(朝鮮水路誌)』를 간행함. 울릉도·독도를 수록함.

1895년 (고종 32) 1월 29일. 울릉도 전임도장을 두기로 함.

3월 23일. 청일전쟁을 매듭짓는 마관(馬關, 하관<下關>)조약 성립됨.

8월 16일. 울릉도 도장(島長)을 도감(島監)으로 바꿈.

9월 20일. 울릉도 도감(島監)에 배계주(裵季周)를 임명함.

1896년 (건양 원년) 9월경. 울릉도에서 작성한 바에 의하면 도내 호구(戶口)가 227호 1,134명(남 662, 여 472), 농지가 4,774.9두락임.

9월 9일. 울릉도 및 압록강·두만강 유역 삼림 벌채권을 러시아인 부린너(Brynner, Y. I.,)에게 특허함.

이해부터 울릉도에 잠입한 일본인 수는 2백 명 내외의 선을 유지하였고 그 대부분이 벌목에 종사함.

1898년 (광무 2) 5월 26일. 칙령(勅令) 제12호로 지방 관제(地方 官制, 1896, 건양원년 칙령 제36호)를 개정, 울릉도에 도감(島監)을 두고 판임관으로 대우하도록 함.

연말. 울릉도도감 배계주(裵季周), 밀반출된 목재를 찾고자 일본으로 건너가 은기(隱岐)·동경(東京) 등지에서 재판함.

1899년 (광무 3) 연초. 울릉도도감 배계주(裵季周), 밀반출된 목재를 찾고자 일본으로 건너가 송강(松江)에서 재판함.

6월 하순. 일본인들의 무단 벌목[범작(犯斫)]·밀반출[투운(偸運)]을 조사하기 위하여 부산해관세무사서리 라뽀떼(Laporte, E., 羅保得) 등을 울릉도에 파견함.

7월. 부산해관세무사서리 라뽀떼 등 울릉도에서 돌아와, (1) 울릉도에는 2백여 명의 일본인들이 촌락을 형성하고 있다는 것, (2) 이들은 목재를 밀반출하고 상품을 밀매하고 있으며, (3) 거래하는 중 그 뜻을 거스르면 난포한 행동을 한다는 요지의 보고서를 제출함.

8월 초. 주일러시아공사, 일본 정부에 일본인의 울릉도에서의 벌목 금지를 요청함.

8월 3일. 주한러시아공사, 한국 정부에 일본인의 울릉도에서의 벌목을 항의하여 옴.

8월 15일. 주한러시아공사, 한국 정부에 일본인의 울릉도에서의 벌목을 항의하여 옴.

8월 21일. 주한일본공사 임권조(林權助), 외부대신 박제순(朴齊純)에게 조회하여 러시아의 울릉도 삼림 채벌권을 존중하되 일본 정부의 권리를 유보할 것임을 성명함.

9월 16일. 외부대신 박제순(朴齊純), 일본공사에게 조회하여 울릉도 재류 일본인의 철수를 요구함.

10월 2일. 일본공사 임권조(林權助), 외부대신 박제순(朴齊純)에게 조복하여 울릉도 재류 일본인의 철수를 약속함.

10월 11일. 주한러시아공사, 한국 정부에 일본인의 울릉도에서의 벌목을 항의하여 옴.

10월 25일. 일본공사 임권조(林權助), 외부대신 박제순(朴齊純)에게 조회하여 울릉도 재류 일본인의 철수가 그 주거권(住居權)과 관계가 없음을 밝힘.

12월 15일. 내부시찰관(內部視察官) 우용정(禹用鼎)을 울릉도 시찰위원(視察委員)에 임명함.

이해. 일본 해군, 『조선수로지(朝鮮水路誌)』를 간행함. 울릉도·독도를 수록함.

이해. 러시아 군함이 몇 차례 울릉도에 기항함.

1900년 (광무 4)

3월 16일. 이해 초에 울릉도 도감 배계주(裵季周), 울릉도에서의 일본인들의 작폐(作弊)에 대하여 보고하여 옴. 이날 외부대신 박제순(朴齊純), 일본공사 임권조(林權助)에게 조회하여 일본인의 작폐를 항의하고 그 조속한 철수를 요청함.

3월 23일. 일본공사 임권조(林權助), 외부대신 박제순(朴齊純)에게 조회하여 울릉도 재류 일본인의 비행을 공동 조사할 것을 요청하고 일본인의 왕래 거류는 도감의 묵인에 의한 것임을 주장함.

5월 4일. 외부대신 박제순(朴齊純), 일본공사 임권조(林權助)에게 조회하여 공동 조사안을 수락함.

5월 31일. 이날 울릉도시찰위원 우용정(禹用鼎)·부산주재 일본영사관보 적총정보(赤塚正補) 등 한일 공동 조사단이 울릉도에 도착, 6월 5일까지 체류하면서 일본인들의 비행 등을 조사함. 한편 이때의 우용정(禹用鼎)의 조사에 의하면 도내 재류 일본인 수는 144명, 새로 들어온 자가 70이며, 한국인 호구는 400여 호, 남녀 합계 1700여 명, 전토 7,700여 두락임.

6월 초순. 울릉도에 출장 체류 중인 울릉도 시찰위원 우용정(禹用鼎), 도민들의 내륙 왕래용 선박 개운환(開運丸)의 구입 비용을 마련하여 줌.

6월 7일. 울릉도에서의 일본인들의 목재[규목(槻木)] 작벌(斫伐)이 재개됨.

6월 15일. 울릉도시찰위원 우용정(禹用鼎), 귀경함. 곧, (1) 울릉도 재류 일본인들을 조속히 철수시킴으로써 도민과 삼림을 보호해야 하며, (2) 울릉도 관제도 개편해야 한다는 요지의 보고서를 제출함.

6월 27일. 내부대신 이건하(李乾夏)·외부대신 박제순(朴齊純), 외부에서 일본공사 임권조(林權助)와 회합하고 울릉도 재류 일본인의 철수를 요청함.

9월 5일. 일본공사 임권조(林權助), 외부대신 박제순(朴齊純)에게 조회하여 한국 측의 울릉도 재류 일본인의 철수요청을 거부함.

10월 22일. 내부, '울릉도(鬱陵島)를 울도(鬱島)로 개칭(改稱)ᄒᆞ고 도감(島監)을 군수(郡守)로 개정(改正)에 관(關)ᄒᆞᆫ 청의서(請議

書)'를 의정부에 제출함.

10월 27일. 광무(光武) 4년 칙령(勅令) 제41호 '울릉도(鬱陵島)를 울도(鬱島)로 개칭(改稱)ᄒᆞ고 도감(島監)을 군수(郡守)로 개정(改正)ᄒᆞᆫ 건(件)'을 제정 반포함. 이 칙령 제2조에 울도군(鬱島郡)의 관할 구역으로 울릉전도(鬱陵全島)·죽도(竹島)와 함께 석도(石島, 독도)를 규정하고 있는 것이 주목됨.

11월 26일. 울도군(鬱島郡) 초대 군수에 배계주(裵季周)를 임명함.

1901년 (광무 5)

연초. 설군(設郡)을 준비하기 위하여 내부관원 최성린(崔聖麟)을 울릉도에 파견함. 이 무렵에 향교(鄕校)도 설립됨.

8월. 부산해관(釜山海關)의 사미수(士彌須), 동방판(同幇辦) 김성원(金聲遠), 동래감리서주사(東萊監理署主事) 정보섭(丁寶燮) 등을, 울릉도에서의 일본인들의 실태를 조사하기 위하여 이 섬에 파견함.

8월 20일. 부산해관의 사미수(士彌須), 울릉도에서의 일본인의 실태에 관하여 (1) 도내(島內)에 상주하는 일본인 수는 약 550명이며, 이 밖에도 매년 채어·벌목(採魚·伐木)차 내도(來島)하는 수가 300~400명에 이른다, (2) 도내 일본인의 2대 파벌인 '하다모도당(黨)'과 '와기다당(黨)'이 울릉도를 남북으로 분계(分界), 삼림(森林)을 스스로 영유(領有)하여 '인장(認狀)'없이 벌목하고 있는데다가 도민들의 벌목을 금하고 위반자로부터 벌금을 징수하고 있다, (3) 도내 일본 선박 수는 판재(板材)를 싣고 출범 중인 5척을 포함하여 21척이며, 부산일본영사관(釜山日本領事館)의 준단(准單, 허가증)을 가진 어선 7척과 잠수부정(潛水夫艇) 13척이 있다는 요지의 보고서를 제출함.

9월 14일. 울도군, 전도가 일본인으로 가득차고 그들에 의하여 삼림이 황폐하여졌고, 토지마저 그 수중으로 들어가고야 말 것임을 보고함.

1902년 (광무 6)

1월. 영일동맹 성립. 일본, 한국에 대한 특수권익을 영국으로부터 승인받음.

3월. 울릉도에 일본 경찰관 주재소가 신설됨.

10월 11일. 외부대신서리 최영하(崔榮夏), 일본공사 임권조(林權助)에게 '급행'으로 조회하여 울릉도 일본 경찰관 주재소의 폐지와 재류 일본인의 철수를 요청함.

10월 29일. 일본공사 임권조(林權助), 외부대신 임시서리 조병식(趙秉式)에게 조복하여 한국 측의 울릉도 일본 경찰관 주재소 폐지, 재류 일본인 철수 요구를 거부함.

1903년 (광무 7) 1월 26일. 심흥택(沈興澤)을 울도군수(鬱島郡守)에 임명함.

4월 20일. 울도군수 심흥택(沈興澤) 도임(到任)함.

5월. 일본 어업인 중정양삼랑(中井養三郞), 울릉도에서 독도로 출어(出漁)함.

8월 20일. 외부대신 이도재(李道宰), 일본공사 임권조(林權助)에게 조회하여 울릉도 일본 경찰관 주재소의 폐지와 재류 일본인의 철수를 거듭 요청함.

8월 24일. 일본공사 임권조(林權助), 외부대신 이도재(李道宰)에게 조복하여 한국 측의 울릉도 일본 경찰관 주재소 폐지, 재류 일본인의 철수 요구를 거부함.

이해에 울도군(鬱島郡) 군아(郡衙)를 도동(道洞)으로 옮김. 관속(官屬)・이교(吏校)도 배치됨.

1904년 (광무 8) 2월 8일. 일본군 여순(旅順)을 기습 공격함. 일로전쟁 시작됨.

2월 23일. 한일의정서(韓日議定書) 성립됨. 일본의 한국에 대한 정치・군사・외교적 간섭이 합리화 됨.

4월. 한일통신기관협정서(韓日通信機關協定書) 성립됨. 우편・전신・전화사업이 일본으로 이관됨.

5월 18일. 일본의 강요에 따라 러시아와 체결한 조약・협정을 폐기하고 러시아인이나 회사에게 양여한 두만강・압록강・울릉도(豆滿江・鴨綠江・鬱陵島) 삼림 벌식권(森林 伐植權) 등의 폐기(廢棄)를 내용으로 하는 '칙선서(勅宣書)' 반포.

6월 1일. 울릉도에 일본 우편수취소(郵便受取所) 설치됨.

7월 5일. 일본 해군, 울릉도 망루(望樓) 건설을 결정함.

일본 어업인 중정양삼랑(中井養三郞), 해려(海驢, 가지어<可支

魚>) 어기(4·5월~7·8월)에 울릉도에서 독도로 출어함.

8월 22일. 일본의 강요로 일본인 재정고문관 1명, 일본이 추천하는 외교고문관 1명을 초빙하는 것을 내용으로 하는 제1차 한일협약(第1次 韓日協約, 외국인 용빙협정<外國人 傭聘協定>) 성립됨.

9월 2일. 울릉도(송도) 동망루·서망루(東望樓·西望樓) 활동을 개시함.

9월 25일. 일본 해군, 지난 9월 8일 해군 정박지 죽변만(竹邊灣)과 울릉도 망루를 연결하는 해저 전선 부설에 착공, 이날 완성함.

같은 날. 일본 군함 신고(新高)의 『일지(日誌)』에 독도를 울릉도 한인들은 '독도(獨島)'라 쓰(書)고, 일본 어부들은 량고도(リヤンコ島)라 부른다고 기록됨.

9월 29일. 일본 도근현(島根縣) 주길군(周吉郡) 서향정(西鄕町)의 어업인 중정양삼랑(中井養三郞), '량고도(독도) 영토 편입 및 대하원(リヤンコ島<獨島>領土編入並ニ貸下願)'을 내무·외무·농상무대신(內務·外務·農商務大臣) 앞으로 제출함.

1905년 (광무 9) 1월 10일. 일본 내무성(內務省), 내각에 '무인도(無人島) 소속(所屬)에 관(關)한 건(件)', 즉 량고도를 일본 영토로 편입, 죽도(竹島)로 명명하여 도근현(島根縣) 소속 은기도사(隱岐島司)의 소관으로 할 것을 청의(請議)함.

1월 21일. 일본 함대 사령관 동향평팔랑(東鄕平八郞), 일본 전함대의 대한해협 집결령을 내림.

1월 28일. 일본 각의(閣議), 내무성에서 청의한 '무인도(無人島) 소속(所屬)에 관(關)한 건(件)'을 승인함. 그 결정문[「내각결정문(內閣決定文)」] 요지는 (1) 은기도(隱岐島) 서북 85리에 있는 무인도(량고도·독도)는 다른 나라에서 점령하였다고 인정할 만한 형적이 없고, 1903년 이래 중정양삼랑(中井養三郞)이 이 섬에 이주하여 어업에 종사한 것이 명백하므로 국제법상 점령한 사실이 있는 것으로 인정한다, (2) 따라서 이 섬을 죽도(竹島)로 명명, 일본 영토로 편입하여 도근현 소속 은기도사(隱岐島

司)의 소관으로 한다는 것임.

2월 15일. 일본 내무성, 도근현지사에게 훈령 제87호로 각의의 결정을 관내에 고시할 것을 지령함.

2월 20일. 일본 함대 사령관 동향평팔랑(東鄉平八郎), 한국 진해(鎭海)에서 러시아에 대한 임전 태세 완료를 성명함.

2월 22일. 일본 도근현지사 송영무길(松永武吉), 도근현고시(島根縣告示) 제40호로 량고도(독도)의 영토 편입을 고시함.

5월 27일. 일본 함대, 대마도(對馬島) 동북해 해전(東北海 海戰)에서 러시아 함대를 대파함.

5월 28일. 독도 근해에서 러시아 네보가토프(Nebogatov) 제독이, 울릉도 근해에서 로제스트벤스키(Rozhdestvensky) 제독이 일본 함대에 투항함.

8월. 일본 도근현지사(島根縣知事) 송영무길(松永武吉) 등, 독도를 시찰함.

9월 5일. 일로전쟁을 매듭짓는 포오쓰마스 강화조약 성립됨.

11월 17일. 을사조약(乙巳條約, 제2차 한일협약<韓日協約>) 늑결(勒結)됨. 한국의 외교권을 일본이 접수하고 통감(統監)을 파견하는 것을 주요내용으로 함.

1906년 (광무 10)

1월 17일. 외부(外部) 폐지되고 그 사무는 의정부에 설치된 외사국(外事局)으로 넘어감.

2월 1일. 통감부(統監府)·이사청(理事廳) 사무를 개시함.

3월 27일. 도근현사무관(島根縣事務官) 신서유태랑(神西由太郎)을 책임자로 하는 일본 관민 45명으로 구성된 독도 조사대, 독도를 조사함.

3월 28일. 신서유태랑(神西由太郎) 등 일본 조사대, 울릉도에 상륙 울도군아(鬱島郡衙)로 군수 심흥택(沈興澤)을 방문하여 독도가 일본 영토로 편입되었음을 알려옴.

3월 29일. 울도군수 심흥택(沈興澤), 강원도관찰사서리 춘천군수 이명래(李明來)에게 3월 4일(양 3월 28일) 일본 관인(官人) 일행이 군아를 방문하여 '본군 소속 독도(獨島)'가 '일본영지(日本領地)'로 편입되었음을 알려왔다는 사실을 보고함. 아마도 이

날짜로 같은 내용을 내부(內部)에도 보고함.

4월 29일. 강원도관찰사서리 춘천군수 이명래(李明來), 의정부참정대신(議政府參政大臣)에게 호외보고서(號外報告書)로 울도군수 심흥택(沈興澤)의 보고를 보고함.

5월 1일. 『대한매일신보(大韓每日申報)』(207호) 「잡보(雜報)」란에 '일본 관원 일행이 군청을 방문하여 독도가 일본 속지(屬地)임을 말하더라'는 울도군수 심흥택(沈興澤)의 보고와 이를 부인하는 내부의 지령을 보도함.

5월 7일. 강원도관찰사서리 춘천군수 이명래(李明來)의 '보고서호외(報告書號外)', 의정부 외사국(外事局)에 접수됨.

5월 9일. 『황성신문(皇城新聞)』(2175호) 「잡보」란에 5월 1일자 『대한매일신보』 「잡보」란의 기사와 같은 내용을 보도함.

5월 20일. 의정부 참정대신, 강원도관찰사에게 지령 제3호로 독도의 일본 '영지지설(領地之說)'을 부인하고 독도의 형편과 일본인들이 어떻게 행동하였는지 다시 조사 보고할 것을 지령함.

9월 24일. 울도군(欝島郡)이 강원도에서 경상남도로 이속됨.

1908년 (융희 2) 이해에 『증보문헌비고(增補文獻備考)』 찬진됨. 우산도(芋山島, 독도)가 울도군(欝島郡) 소속으로 기록됨.

Ⅱ. 참고 문헌

1. 자　료

「各觀察道案」1. 奎章閣 所藏.

「各部請議書存案」17. 奎章閣 所藏.

「疆界考」(申景濬). 高麗大學校 中央圖書館 所藏.

「江原監營關牒」. 奎章閣 所藏.

「江原道關草」. 奎章閣 所藏.

「啓下書契冊」. 奎章閣 所藏.

『高麗史』.

『高麗史節要』.

『高宗實錄』.

『官報』(朝鮮・大韓帝國).

『官報』(大韓民國).

『官報』(日本).

『官報』(朝鮮總督府).

「光緖9年4月日欝陵島開拓時船格糧米雜物容入假量成冊」. 奎章閣 所藏.

「光緖9年7月日江原道欝陵島新入民戶人口姓名年歲及田土起墾數爻成冊」. 奎章閣 所藏.

『光海君日記』. 太白山・鼎足山本.

『交涉局日記』(『舊韓國外交關係附屬文書』). 高麗大學校附設 亞細亞問題硏究所, 1974.
「內閣決定文」. 日本內閣文庫 所藏.
「內務省請議書」. 日本內閣文庫 所藏.
「內部來去案」. 奎章閣 所藏.
「內衙門日記」. 奎章閣 所藏.
『大典會通』. 朝鮮總督府中樞院, 1939.
『大韓帝國官員履歷書』. 國史編纂委員會, 1972.
『大韓每日申報』.
『독립신문』.
『東國文獻備考』. 國立中央圖書館 所藏.
「東萊報牒」. 奎章閣 所藏.
『同文彙考』 4. 國史編纂委員會, 1978.
『萬機要覽』 財用篇·軍政篇. 朝鮮總督府 中樞院, 1937.
『邊例集要』 下. 國史編纂委員會, 1970.
『備邊司謄錄』 3. 國史編纂委員會, 1959.
『三國史記』.
『三國遺事』.
『善隣始末』 附錄「竹島始末」. 日本內閣文庫 所藏.
「善隣通交事考」.
『成宗實錄』.
『世宗實錄』.
『修信使記錄』. 國史編纂委員會, 1958.
『肅宗實錄』.
『承政院日記』.
『新增東國輿地勝覽』. 東國文化社, 1958.
『俄案』 1·2(『舊韓國外交文書』). 高麗大學校附設 亞細亞問題硏究所, 1969.
『御用人日記』.
『旅菴全書』(申景濬) I. 景仁文化社, 1976.
「領議政沈公舜澤恤賑永世不忘碑」.
『英祖實錄』.
『外衙門日記』(『舊韓國外交關係附屬文書』). 高麗大學校附設 亞細亞問題硏究所, 1974.

「欝島記」(禹用鼎). 高麗大學校附設 亞細亞問題研究所 所藏.
「欝陵島檢察日記·啓本草」(李奎遠).
「蔚陵島事蹟」(張漢相).
「欝陵島郵便所沿革簿」. 欝陵郡郵便局 所藏.
『尹致昊日記』1. 國史編纂委員會, 1973.
『隱州視聽合記[紀]』(齋藤豊仙[宣]). 日本內閣文庫 所藏.
『因府年表』
『因伯記要』
『日本古地圖大成』(中村拓). 講談社, 1966.
『日本外交文書』.
『日案』1~6(『舊韓國外交文書』). 高麗大學校附設 亞細亞問題研究所, 1967.
「在府日記」(鳥取藩).
『正祖實錄』.
『朝鮮通交大紀』.
『鳥取藩史』6.
『竹島考』上·下(岡島正義). 鳥取縣立博物館 所藏, 1828.
「駐韓日本公使館記錄」. 國史編纂委員會 所藏.
「竹島考證」(北澤正誠) 上·中·下. 日本內閣文庫 所藏, 1881.
『竹島及鬱陵島』(『奥原碧雲). 日本 松江 : 報光社, 1907.
『增補文獻備考』. 東國文化社, 1957.
『增補磻溪隨錄』(柳馨遠). 景仁文化社, 1974.
『芝峰類說』(李睟光) 2. 景仁文化社, 1970.
『哲宗實錄』.
「村上家文書」
「勅令」. 奎章閣 所藏.
『太宗實錄』.
『通文館志』. 朝鮮史編修會, 1944.
『統署日記』2(『舊韓國外交關係附屬文書』). 高麗大學校附設 亞細亞問題研究所, 1973.
『通航一覽』.
『海關案』2(『舊韓國外交關係附屬文書』). 高麗大學校附設 亞細亞問題研究所, 1972.
「行政諸官廳往復雜書類」. 竹島漁獵合資會社, 1905.

「鄕藥集成方」. 高麗大學校 中央圖書館 晩松文庫 所藏.
「鄕藥採取月令」. 서울大學校 中央圖書館 所藏.
『現行法令集覽』 上(日本內閣記錄課). 東京 : 有斐閣書房, 1907.
『皇城新聞』.

2. 저 서

金柄烈・內藤正中. 『한일전문가가 본 독도』. 다다미디어, 2006.
內藤正中. 『竹島(鬱陵島)をめぐる日朝關係史』. 東京 : 多賀出版, 2000.
————(權五曄・權靜 譯). 『獨島와 竹島』. 제앤씨, 2005.
大西俊輝(權五曄・權靜 譯). 『獨島』. 제앤씨, 2004.
大熊良一. 『竹島史稿』. 東京 : 原書房, 1968.
方鍾鉉. 『一簑國語學論集』. 民衆書館, 1963.
山邊健太郞. 『日韓倂合小史』. 東京 : 岩波書店, 1976.
小倉進平. 『朝鮮語方言の研究』 上. 東京 : 岩波書店, 1944.
송병기. 『울릉도와 독도』. 단국대학교 출판부, 1999.
———. 『독도영유권자료선』. 한림대학교 아시아문화연구소, 2004.
———. 『고쳐쓴 울릉도와 독도』. 단국대학교 출판부, 2005.
愼鏞廈. 『獨島의 民族領土史研究』. 지식산업사, 1996.
———. 『獨島領有權 資料의 探究』 4. 독도연구보전협회, 2001.
李光麟. 『開化黨研究』. 一潮閣, 1973.
李漢基. 『韓國의 領土』. 서울대출판부, 1969.
林英正. 『獨島 영유권의 日本側 주장을 반박한 일본인 논문집』. 경인문화사, 2003.
趙璣濬. 『韓國資本主義成立史論』. 大旺社, 1977.
中幷猛之進. 『欝陵島植物調査書』. 朝鮮總督府, 1919.
池內敏. 『大君外交と「武威」』. 名古屋 : 名古屋大學出版會, 2006.
川上健三. 『竹島の歷史地理學的研究』. 東京 : 古今書院, 1966.
韓國近代史資料研究協議會. 『獨島研究』. 1985.

韓國史學會.『鬱陵島・獨島學術調査研究』. 1978.

3. 논 문

姜萬吉,「日本側 文獻을 통해서 본 獨島」,『獨島研究』. 韓國近代史資料研究協議會, 1985

堀和生.「一九〇五年日本の竹島領土編入」,『朝鮮史研究會論文集』24. 1987.

權五曄.「안용복의 일본에서의 독도・울릉도 수호활동」,『누가 독도를 침탈하려 하는가?—독도영유권의 역사적・국제법적 해부—』(독도학회 학술회의 발표문). 2006.

內藤正中.「隱岐の安龍福」,『北東アジア文化研究』22. 2006.

方鍾鉉.「獨島의 하루」,『京城大學豫科新聞』13호. 1947.

宋炳基.「高宗朝의 鬱陵島・獨島 經營」,『獨島研究』. 韓國近代史資料研究協議會, 1985.

———.「朝鮮後期・高宗朝의 鬱陵島 搜討와 開拓」,『崔永禧先生華甲紀念韓國史學論叢』. 탐구당, 1987.

———.「朝鮮初期 地理志의 于山・鬱陵(武陵)島記事 檢討」,『龍巖車文燮博士華甲紀念論叢 朝鮮時代史研究』. 신서원, 1989.

———.「日本의 '량고'島(獨島)領土編入과 鬱島郡守 沈興澤 報告書」,『尹炳奭教授華甲紀念韓國近代史論叢』. 지식산업사, 1990.

———.「鬱陵島의 地方官制 編入과 石島」,『國史館論叢』23. 國史編纂委員會, 1991.

———.「資料를 통해 본 韓國의 獨島領有權」,『한국독립운동사연구』10. 1996.

———.「朝鮮後期의 欝陵島 經營-搜討制度의 確立-」,『震檀學報』86. 1998.

———.「癡菴發掘 沈興澤報告書 副本에 대하여」,『癡菴申奭鎬博士誕生100周年紀念 韓國史學論叢』(『白山學報』70). 刊行委員會, 2004.

———.「安龍福의 活動과 欝陵島爭界」,『歷史學報』192. 2006.

申奭鎬.「獨島 所屬에 대하여」,『史海』. 1948.

———.「獨島의 來歷」,『思想界』8. 1960.

愼鏞廈.「朝鮮王朝의 獨島領有와 日本帝國主義의 獨島侵略-獨島領有에 대한 實證的 一硏究-」,『韓國獨立運動史硏究』3. 1989.

李丙燾.「獨島의 名稱에 대한 史的 考察-于山·竹島名稱考-」,『趙明基博士華甲紀念佛敎史學論叢』. 1963.

李瑄根.「近世 鬱陵島問題와 檢察使 李奎遠의 探察成果-그의 檢察日記를 中心한 若干의 考察-」,『大東文化硏究』1. 1963.

李俊九.「17세기말 號牌·戶籍이 말하는 울릉도·독도 파수꾼 安龍福과 朴於屯」,『朝鮮史硏究』14. 2005.

李 燦.「韓國古地圖에서 본 獨島」,『鬱陵島·獨島學術調査硏究』. 韓國史學會, 1978.

이 훈.「조선 후기의 독도(獨島) 영속 시비」,『독도와 대마도』. 지성의 샘, 1996.

田保橋潔.「鬱陵島その發見と領有」,『靑丘學叢』3. 1931.

———.「鬱陵島の名稱に就いて(補)」,『靑丘學叢』4. 1931.

鄭杜熙.「朝鮮初期 地理志의 編纂」,『歷史學報』69. 1976.

池內宏.「朝鮮高麗朝に於ける東女眞の海寇」,『滿鮮地理歷史硏究報告』8. 1921.

池內敏.「前近代竹島の歷史學的硏究序說－隱州視聽合紀の解釋をめぐつて一」,『靑丘學術論文集』25, 2005.

崔南善.「鬱陵島와 獨島」,『六堂崔南善全集』2. 高麗大學校附設 亞細亞問題硏究所, 1973.

崔文衡.「러시아의 鬱陵島活用企圖와 日本의 對應」,『獨島硏究』. 韓國近代史資料硏究協議會, 1985.

———.「발틱艦隊의 來到와 日本의 獨島併合」,『獨島硏究』. 韓國近代史資料硏究協議會, 1985.

崔書勉.「古地圖から見た獨島」,『統一日報』. 1981年 5月 27~2;9日.

호사카유지(保坂祐二).「林子平圖와 獨島」,『일어일문학연구』58:2. 2006.

———.「지도와 문헌으로 본 19세기 일본의 대독도 인식」,『독도와 교과서』(서울대학교 사범대학 학술회의 발표문). 2006.

黃相基.「獨島問題硏究」. 서울大碩士學位論文, 1954.

Ⅲ. 색　인

ㄴ

ㄷ

ㅂ

ㅅ

ㅇ

ㅈ

ㅍ

ㅎ

Ⅳ. 용어 해설 색인

송 병 기(宋 炳 基)

고려대학교 사학과 졸업. 동대학원 문학박사. 단국대학교 인문학부(사학과) 명예교수. 국사편찬위원회 편사연구관(編史研究官), 한국학중앙연구원(옛 한국정신문화연구원) 수석연구원(편찬부장), 단국대학교 사학과 교수 역임.

주요 저서로 『근대한중관계사연구』(1985), 『한국인의 대미인식』(공저, 1994), 『울릉도와 독도-그 역사적 접근-』(1999), 『개방과 예속』(2000), 『국역 윤치호일기』 1 (2001), 『독도영유권자료선』(2004), 『한국, 미국과의 첫만남』(2005) , 『고쳐 쓴 울릉도와 독도』(2005) 등이 있다.

울릉도와 독도

2007년 7월 10일 초판 인쇄
2007년 7월 15일 초판 발행

[값 20,000원]

저 자 송 병 기
발 행 단국대학교출판부
등 록 1968.2.27 :No.제03-00095호

서울시 용산구 한남동 산 8번지
(전화 02-709-2195 팩스 02-792-9281)

편집 · 성두현 / 표지디자인 · 이어진

인 쇄 DNBAD

Published by Dankook University Press

Printed in Seoul, Korea

ISBN 89-7092-368-3 93910